天下雜誌
觀念領先

# 京瓷哲學

稻盛和夫

暢銷紀念版

穩健經營的哲學與實踐

Kazuo Inamori
稻盛和夫 著　陳柏誠、陳惠莉、呂美女 譯

京　セ　ラ　フ　ィ　ロ　ソ　フ　ィ

創業時期的日本京瓷公司（京都市中京區西之京原町）

京瓷創業時的成員（作者為最後一排，左邊數起第六位）

京瓷員工聚會的情形

國內外經營者齊聚的「盛和塾世界大會」（二〇一三年）

稻盛和夫在盛和塾的懇談會上受塾生圍繞（二〇〇一年）

# 稻盛和夫　京瓷哲學（暢銷紀念版）⊙ 目錄

建立信賴關係
貫徹完美主義
認真、拚命投入工作
累積樸實的實力
燃燒自我
喜歡上工作
探究事物的本質
在漩渦中工作
以身作則
將自己逼入絕境
在相撲台中央進行比賽
真心面對
無私的判斷
具備平衡的人性
體驗重於知識
經常從事創造性的工作

貫徹健全資產的原則
把能力看成未來進行式
讓所有人徹底了解目標

# 第4章 為了推展每天的工作

提升盈虧計算意識
以節儉至上
只有在必要時，採購必需的東西
貫徹現場主義
重視經驗法則
製造最新、最完美的產品
傾聽產品在說話的聲音
貫徹一對一的對應原則
貫徹雙重查核的原則
單純看待事物

1.本書以一九九八年到二〇〇〇年間，稻盛和夫在他們主持的經營課程「盛和塾」上的演講紀錄彙編而成。文中的各種記錄、專有名詞及職稱等，都保留著演講當時的原始資料。

2.內容的架構採取京瓷公司的內部教材《京瓷哲學手冊》，以逐項解說的形式編撰而成。其中，「京瓷哲學」的各項名稱與說明內文則以左邊的方式進行標記。

◉＝「京瓷哲學」的項目名稱

＝「京瓷哲學」的說明內文

# 前言
# 「京瓷哲學」是怎麼產生的？

稻盛和夫

自從京瓷設立至今，我都一直向員工說明在經營上不可或缺的「京瓷哲學」，並且與員工一起實踐。我認為，也正因為如此，才得以奠定今天的京瓷。所以，我想以《京瓷哲學手冊》為基礎，詳細說明「京瓷哲學」的真諦。

## 關於「京瓷哲學」

首先，我想說明「京瓷哲學」是經過怎樣的過程產生的。

我出生於鹿兒島。自鹿兒島大學畢業之後，任職於京都的陶瓷公司。當時是一九五五年四月，正是二次世界大戰後剛滿十年，日本終於從戰後的廢墟中開始復興。

然而，我所任職的公司，卻依然處於戰後的混亂狀態而持續虧損。我當時的第一份薪資大約是八千日圓左右。從鄉下的大學畢業，好不容易才找到工作，但是對於未來的人生，我仍然感到非常不安。在當時的公司，我所研究的精密陶瓷，成了現在京瓷的主力商品。

當時，剛從大學畢業進入公司的我，獨自進行著精密陶瓷的研究，為此，我更加地不安。因為公司是如此不可靠，我只想著「儘早離職，前往更好的公司」。然而，那個時代很難找到工作，即使大學畢業也無法進入好的公司，況且，我也才好不容易進入這家公司而已。就算辭職，也無處可去。在那樣的情況之下，我只能抱著不滿的心情，默默地工作。

之後，我為年輕的熱情找到了宣洩的出口，全心投入精密陶瓷的研究。雖然我待的公司即使遲發薪資也見怪不怪，但若將自己的不平不滿發洩於外，也沒有意義。因此，我將熱情投入研究之中。不可思議的是，研究出奇地順利，並且留下了不錯的成果。

為了逃脫窘迫惱人的現實環境，我拚命地投入研究工作中。然而，這個過程讓我建立了自己的人生觀與哲學。在摒除所有雜念、全心投入研究的狀態下，自己的內心形成了類似人生觀的想法。後來，我也以此想法作為基礎，建構起「京瓷哲學」。

同時，我也漸漸認為，這樣的人生觀或哲學非常重要。

我在二十七歲時，成立了京瓷這家公司。當時我認為，自己的人生以及京瓷這家公司的未來，似乎都是由自己心中的想法、人生觀，或是哲學所決定。

## 為了使員工團結一致，經營者必須持續磨練自己的「想法」

我中學一年級的時候，二次世界大戰結束。在那個年代，戰時當然不太能夠讀書。戰後，在滿目瘡痍的環境下，光求溫飽就很困難，更別說讀書了。

當年，據說繼沖繩之後，美軍可能會登陸鹿兒島，但鹿兒島市內也遭到空襲，且被燒得體無完膚。

在那般的情況下，生活真的很辛苦。況且，我也不太會讀書。在大學時代，我沒有錢買制服，總是穿著夾克、木屐上學。這樣的鄉巴佬，為了工作來到京都，不只不會講標準語，關西腔更是完全不懂。儘管如此，在離開鹿兒島未滿四年之際，我竟然受任經營京瓷這家新公司。

從那一刻起，身為公司的負責人，我必須團結公司的員工，並且努力經營公司，以維持員工的生計，包括認同我而離開前公司的七位夥伴，以及新進員工。到底應該如何團結員工呢？我陷入苦思。當年我只是一介技術員，這對我而言真的是個很難的問題。當時我想：「假如我沒有宏偉的想法與人生觀，絕對無法吸引別人跟隨。為了好好經營公司，我是否應該磨練自己的想法、人生觀與哲學呢？」

此外，我的人生似乎也受到自己的想法、人生觀或哲學影響。有這種想法之後，我開始重視個人哲學。

## 「想法」會深深影響人生
## 人生、工作的結果＝想法×熱情×能力

我認為，人生與工作的結果由「想法×熱情×能力」這樣的方程式所決定。

我並非出身一流大學，而是畢業於地方的大學。因此，在「能力」這一點上，或許我完全不能說是一流。

然而，我真心認為，比任何人都還要努力的「熱情」，依自己的意志，可以達到不同的境界。根據上述的方程式，「能力」與「熱情」之間，並非相加，而是以相乘來計

算。因此我相信，即使「能力」稍不如一流大學的畢業生，只要擁有強烈的「熱情」，仍然可以留下美好的結果。

舉例來說，「能力」八十、「熱情」十的人，相乘的結果是八百。另一方面，「能力」四十、「熱情」九十的人，相乘的結果則是三千六百。若以加法來看，差距不大，但若以乘法來計算，差距則會大幅拉開。

此外，人生與工作的結果，也由「想法」決定。這正是我經常提到的經營哲學，也是人生觀。「想法」的數值從負一百到正一百都有。舉個極端的例子，假設我們都這麼想：「反正世上充滿矛盾，而且不公，那麼從此自己就以小偷為業吧。」這是負面的思考，即使「能力」與「熱情」都有一百，而「想法」是負十的話，相乘的結果將會是負十萬。

換言之，假如「想法」是負面的，結果肯定會變成負數。

當我想出這個方程式時，我認為世界上有很多人雖然從好學校畢業，也絕非不努力，然而業績卻不好、工作不順利、人生也不順遂。這大概是因為「想法」有些負面的關係。即使只有少許的負面「想法」，計算之後將全部變成負數。比方說，「那個人的人品有些問題」。整體來看，這樣的評價所造成的影響不是只有一點點，因為相乘後將導致全為負數的結果。

另一方面，「學校沒畢業，也不怎麼有教養。不過工作很熱心，人品也不錯」，這樣的人經營的公司卻很成功。這種例子比比皆是，到底是為什麼呢？即使許多人認為這沒有什麼，我卻認為「想法」的影響確實很大。我意識到，我們應該擁有正面的想法。

戰前的修身、道德等教育課程，教導我們什麼是正確的想法。然而，這些課程在戰後卻被全盤否定了。這是因為戰前的日本政府利用這些修身、道德課程，進行了軍國主義的思想教育。

我認為，「想法」的重要性無庸置疑。因此，在京瓷，我提出了「我們應該以好的想法，過自己的人生」。

## 在反抗、反感中，設法推展「京瓷哲學」

在《京瓷哲學手冊》中，有一些沒有通融餘地、自有道理而嚴格的生存之道。換言之，從一九五九年創立京瓷以來，我在公司內部持續闡述：「我們是以這種想法經營公司的，因此我希望各位也能抱持這種想法。」

京瓷創立於戰後十四年，當時正值民主主義、自由主義抬頭，校園紛爭興起等左翼風潮顯著的時期。在那樣的時代背景下，要求員工遵守「京瓷哲學」如此克己、道貌岸然而且嚴格的生活方式，在年輕員工之間出現了許多聲音：「為什麼要強迫我們接受這種想法？」「京瓷這家公司想要統治我們的思想嗎？」「想擁有什麼想法不是個人的自由嗎？」

我們把原本應該享有的個人自由思想，說成「讓我們一起抱持這種想法」，引來了員工強烈反抗。特別是大學畢業的知識份子，知識程度愈高者，反抗愈是強烈。

這件事讓我相當煩惱。對於無法贊同「京瓷哲學」的人，我告訴他們：「你的想法與我的想法不合。即使是優秀的一流大學畢業生，假使想法合不來，那也沒有辦法，辭職去別的公司也可以。」請他們離職。儘管有人因為無法共享思想、哲學而離職，我還是希望全公司的員工能共同抱有「京瓷哲學」。

當我們強迫員工接受「我們應該如此思考」時，員工必然會反抗，「公司箝制我們思想、哲學、想法」。我自己確實也曾經疑惑是否做得太過，但還是一邊煩惱，一邊設法持續深入推展「京瓷哲學」。

## 目標不同，攀登的山也會不同

在京瓷剛成立不久之際，是個無論怎麼說明哲學都無法被理解的時代。那時曾經發生這樣的事情。

在京都有一家華歌爾公司。在京都的商業界中，華歌爾的創辦人塚本幸一先生是位極為重要的人士。年輕一輩的經營者經常有機會與塚本先生一起喝酒。

有一回，我們一群年輕的經營者一起去喝酒。我一邊喝酒，一邊談及「京瓷哲學」這個一本正經的話題，隨即有一位經營者回應：「稻盛先生，我並不那麼認為，我的人生觀有別於稻盛先生所說的內容。」

當時，總是一邊微笑，一邊喝酒的塚本先生氣勢洶洶地表示：「喂！你在說什麼！對於稻盛所抱持的想法，你竟敢說『我並不那麼認為，而是這麼想』。這難道是你可以評論的嗎？關於經營哲學這樣的內容，就連我都要向他學習，幾乎什麼話也搭不上。何況是你，竟然說『我並不那麼認為』。」塚本先生勃然大怒。

那位經營者為什麼會如此不滿而說出那樣的話，事出突然，我也大吃一驚。後來我才從塚本先生的話中，理解了其中的道理，那就是彼此方程式中的「想法」不同所致。

譬如說，為了攀登人生這座山，登山前的準備會依想爬的山而有所不同。如果要爬低海拔的山，準備健走型的輕裝即可。不過，如果想爬冬天的八甲田山，防寒、露營等各種冬天登山的裝備則不可或缺。想爬世界第一高峰聖母峰的話，就必須學習攀岩的技術。

換言之，隨著我們所過的人生，將會有各種不同的「想法」。

「雖然你為了對抗稻盛而回應『我並不那麼認為，而是這麼想』。然而，你不應該與稻盛相比。假使你經營的公司規模與京瓷相當，或許還可以討論一下彼此的想法。不過，你是繼承家業的第二代經營者，而且公司的規模與收益都遠不及京瓷，因此，你與稻盛的想法是能夠相提並論的嗎？」

後來我才意識到，或許這就是塚本先生想表達的意思。

自己想帶領公司朝什麼方向發展？或者，自己想設定什麼樣的人生目標？為了達成目的，所需要的「想法」都不同。假如想攀登更高的山、營造高規格的公司、創造更充實的人生，我們就必須擁有與目標相符的美好「想法」。隨著目標設立的不同，「想法」也會不一樣。

創立京瓷以來，我持續對員工說：「請採取稍微克己、認真，以及嚴格的生活態度。」當然，也有反抗的員工。

假如當時採取以下說法，我想員工大多會理解：「我想爬這座山，所以我們需要這個裝備。因此，我們需要這種『想法』。」「如果你想過馬虎一點的人生，那也沒有關係。但我希望公司能以這樣的態度（想法），攀登更高的山峰。」在發生塚本先生事件很久之後，我才有了如此的體悟。

## 京瓷以「世界第一」為目標

京瓷，以資本額三百萬日圓、員工二十八名，在宮本電機的援助下成立。當時，我們租借了宮本電機位於京都市中京區西之京原町的倉庫，並以一樓為工廠、二樓為辦公室，開始營運。

公司成立之初，只有二十八名員工，我就不斷告訴員工：「要成為世界第一的公司。不僅是京都第一、日本第一，我們要讓京瓷成為陶瓷業界世界第一的公司。」

如此，我們莫名地設定了「成為世界第一」的崇高目標，並且朝此目標努力。為了達成這個目標，當時我認為應該採取「認真、稍微克己的生活態度」。如今回想起來，這樣的「想法」正是京瓷成為世界級企業絕對必需的要素。

京瓷創業後二十年左右，一流大學畢業的同仁們也不再反抗了。我認為，那是因為「這樣的想法得以團結公司的經營理念，使得公司變得非常優秀」，這樣的實績，令他們無法反駁。

## 經營者的器量，決定公司的發展

在上述「人生、工作的結果＝想法×熱情×能力」的方程式中，重要的部分不只是「想法」而已。由於「能力」是每個人與生俱來的東西，因此無論我們現在多麼努力，在能力上也不會有飛躍性的成長。然而，「熱情」卻可以由我們的意志來決定。

在我主辦的「盛和塾」課程裡，我經常告訴塾生們「要付出不亞於任何人的努力」。由於參加盛和塾的塾生們大多是公司第二代、第三代的經營者，因此我才會以父執輩的身分嚴格地教誨他們。塾生們即使不聽上一輩的教誨，在盛和塾裡他們卻很聽從我的指導。

「因為繼承了完善的公司，所以請付出不亞於任何人的努力。同時，也請努力讓公司加倍成長，以報答上一輩的恩情。雖然許多人都說『我有努力』，但那可能只是你自己這麼想而已。你真的付出了『不亞於任何人的努力』嗎？」

雖然這麼說，「請付出不亞於任何人的努力」卻是非常嚴格的事情。

「轉頭看看四周吧。當你熟睡時，是否還有人在繼續努力？請你不要輸給別人，持續努力。假如沒有付出那般的努力，工作是不會自己順利進展的。」

這就是所謂「不亞於任何人的努力」。

不亞於任何人的努力，就是「熱情」，這是自己可以決定的事。此外，最重要的就是「想法」。

公司經營者所抱持的人生觀、哲學、想法，將決定所有的事情。經營者的器量與人格，將決定公司最後的發展。雖然俗話說「螃蟹只會挖和自己一樣大小的洞」，要人量力而為，但是如此一來，就無法打造出超越自己器量與人格的公司。因此，提高公司的目標，打造自己更美好的人生，就能提升自己的人性，磨練自己的人格，除此之外別無他法。

## 關於《京瓷哲學手冊》

為了紀念京瓷創立三十五週年，公司在一九九四年製作了《京瓷哲學手冊》。同時，為了讓員工能隨身攜帶、隨時參考，在當時伊藤千介總經理的提案下，我們將《京瓷哲學手冊》製成了小冊子。在手冊的開頭，我寫下了標題——「關於京瓷哲學」，其內容如下：

距今三十五年前，在周遭人士的溫暖援助下，我與七位夥伴共同成立了京都陶瓷股份有限公司。

在公司成立之初，雖然沒有充裕的資金，也沒有華麗的建築與機器設備。但是卻有如同家人一般，可以同甘共苦、互相幫助，以及心連心的工作夥伴。

因此我下定決心，要以人心作為基礎，經營這家公司。因為我認為，沒有其他東西比人心更善變、更無法依賴，但只要能夠締結堅實的信賴關係，反過來說，就沒有其他東西會比這更堅強而足以依靠。

以人心作為基礎，在經營京瓷的過程中，雖然也曾經遭遇過種種困難，但都在苦惱中一一克服。在每次自問自答的過程中，所有與工作及人生有關的心得，就是「京瓷哲學」。

京瓷哲學是透過實踐所得到的人生哲學。它的基本即是我認為的「人類正確的生活態度」。因此，我向全體員工持續闡述，如果懷抱這種生活態度，每個人的人生都會幸福，公司全體也會繁榮發展。

正因為認同這種想法的員工們，相信人擁有無限的可能，並且努力不懈，才造就了今日的京瓷。

為了讓京瓷持續成為美好的公司，也讓每個人都能邁向美好的人生，我認為讓每個人都能體悟並實踐京瓷哲學是最重要的事。

在京瓷創立三十五週年之際，我誠心希望每個人都能比以往更認真地接受京瓷哲學，並且融會貫通，成為自己的想法。

這種分享很重要。無論是哲學或經營計畫，所有的想法都要與員工分享，獲得員工的共鳴與贊同，是非常重要的事。

## 京瓷的經營理念

一般而言，在成立自己的公司時，最初的動機大多是「想賺錢」。然而，我的情況並非如此，因為京瓷是身邊的人協助我成立的公司。

京瓷以資本額三百萬日圓成立，而當時的我只有一萬五千日圓而已，這一萬五千日圓尚須養家活口，因此我連一塊錢也沒有出資。資本額三百萬日圓都是由信任我技術的人所提供的資金。當時的出資者告訴我：「我們信任你的技術，出資成立公司。我們將你的技術換算成資金，你一毛錢也不用出。」因此，我不僅獲得股份，也成為了最大股東。我並沒有出錢買股份，而是出資者們以我的名義登記。由於有這樣的過程，可見我並非為了賺取私利而成立公司。

當初，京瓷的定位與成立是「為了讓稻盛和夫的技術問世」。換言之，在前公司，我所研發的成果並未獲得公司經營者的青睞，而京瓷正是為了讓稻盛和夫的技術可以問世才成立的舞台。這就是京瓷的開始。

公司成立後的第三年，有十名高中畢業的員工表明想與我進行集體談判。他們拿著連署書告訴我：「剛成立的公司令人很不安。公司可以發出多少年終獎金呢？明年的加薪又如何呢？假如無法提供未來五年的保障，我們將提出辭呈！」

為此，我捨棄了技術公司的浪漫想法，將公司的目的、經營理念變更為「追求全體員工精神與物質雙方面的幸福，同時也為人類、社會的進步發展做出貢獻」。換言之，公司的目的並非追求稻盛和夫個人身為技術者或大股東的成功，而是以「追求全體員工精神與物質雙方面的幸福」。為避免公司被解讀為只是追求員工的幸福，我們也強調了「為人類、社會的進步發展做出貢獻」這樣的內容。

在這樣的過程中，我們彙整了「京瓷哲學」。在《京瓷哲學手冊》的開頭，指出以下的內容：

為了高聲宣揚經營理念，我們以「追求全體員工精神與物質雙方面的幸福，同時也為人類、社會的進步發展做出貢獻」作為京瓷的經營目的。

追求精神與物質雙方面的幸福，意指追求經濟上的安定與富足，同時也透過職場的自我實現，追求生存價值與工作意義等人類精神上的富足。

此外，我們也將不斷磨練技術，持續提供美好的商品給消費者，並藉此為科技進步做出貢獻。同時，透過公司的持續獲利，我們所繳納的大量稅賦也將有助於公共福祉的提升。

今後，為達成上述經營目的，我們必定盡一己之力，讓京瓷進一步發展，並且成為每一位員工可以安心託付的公司。因此，我們一定要體會並且實踐京瓷哲學，以此作為公司經營的行動方針，以及幸福人生的思考準則。

第1章

# 為了度過美好的人生

# 1 提高心性

## 人生的目的是努力淨化、美化內心

經營企業，我認為最重要的是「心」。「心」就等同於人生方程式「想法×熱情×能力」中的「想法」；而「熱情」，也是心的產物。從表示人生與工作結果的方程式來看，我們也可以了解「心」是何等重要。

我是讀理工科的人，大學時，有機化學，特別是合成樹脂等石油化學是我專攻的領域。雖然化學物質所產生的地球污染被視為問題，我卻夢想成為一個透過化學反應製造出新物質，使世界變得更豐富的技術人員。

本來擁有這種想法的人，都會有所謂技術萬能的想法。不過，從年輕的時候開始，我就認為「心」比技術、科學更重要。進入社會後，我也一直認為「心」應該是人生中最重要的部分。因此，在我的談話中，「心」經常佔有很大的比重。

一九九九年，山口大學迎接創校五十週年。山口大學的校長廣中平祐先生，是京都大學的名譽教授，同時也是世界知名的數學家。廣中先生出身於山口縣，四年前接受山口大學的聘請，就任校長，最近即將迎接第二任期。由於我與廣中先生相互熟識，於是我接受了廣中先生「創校五十週年紀念演講」的請託。

「應該講什麼內容比較好？」思考過後，我決定談論有關「人生意義」的內容。身為一個人，活在這世上，人生的目的、意義究竟是什麼呢？關於這件事，我想了好幾個月。幾經思考，我得到的結論是，「提升心靈」正是人生的意義。「提升心靈」、「美化心靈」、「純化心靈」、「淨化心靈」、「培養美麗的心靈」等，雖然說法不同，但這樣的努力正是人生的目的。而「提升心靈」也將使人生變得有意義。這是最後我體會到的心得。

## 內心清淨，人生之路將會平坦安樂

為什麼「提升心靈」是人生的目的、意義呢？

在飯店的房間裡，都有佛教傳道協會免費提供的《佛教聖典》這樣的書籍。其中，關於心靈，釋迦牟尼佛有如下的描述：

此世界由心領導，被心牽引，受心支配。
由迷惑心，現出充滿煩惱的世間。

一切事物皆以心為前導，以心為主，由心所造成。
若人以污染心說話或身行，
則苦就跟隨其人。
如同車子跟隨輓車的牛一樣。
但是，若以善心說話且身行，
則安樂就跟隨其人，
猶如影隨形。
行惡者，將因惡報而受苦。
行善者，將因善報而快樂。

心污濁，

則其道不平，
因此會跌倒於地。
若心清淨，
則其道平坦，因而安樂。

樂於身心清淨者，
是破魔網而行走佛之大地者。
心靜者可得安樂，
而得以日夜更加精進、修心。

一旦心生煩惱，我們的人生之路將坎坷不平，也會因而跌倒。反之，若心清淨，人生之路將平坦安樂。釋迦牟尼佛如此描述了人類的心靈。

上述的道理也適用於公司的經營。如果內心清淨，公司將會安定發展。所謂「提升心靈」，就是將內心引導至善良的方向，讓內心變得更加美好。美好的心靈也將成為人生與經營好轉的基礎。

## ◎調和宇宙意志的心靈

觀察世上的現象後，我們不得不認為，在宇宙之中，物質的生成、生命的誕生，以及進化的過程，都不是偶然的產物，而有其必然的關係。世上存在著促使萬物進化的趨勢。這股趨勢可說是「宇宙的意志」。這個「宇宙的意志」充滿了愛、真誠與和諧。每個人的想法所散發的能量與「宇宙的意志」是否一致，將會決定我們的命運。

符合宇宙的意志，以美麗的心靈所描繪的美好想法，將開啟光明的未來。

在上述釋迦牟尼佛的開示中提到：「若心清淨，人生之路將平坦安樂。」然而，只是這麼說恐怕太過理論，現代人很難理解。過去，我自己也無從理解。直到我意識到宇宙之中似乎存在著「宇宙的意志」。

我們所處的太陽系，屬於銀河系的一部分。據說，在銀河系中，比得上太陽系的星系有好幾億個。此外，在宇宙之中，比得上銀河系的銀河也似乎多到數不盡。

儘管銀河是如此浩大，然而，根據現代物理學家的說法，宇宙的起源似乎只是極小量超高溫、超高壓的粒子團。這些粒子團在一次大爆炸後，形成了宇宙。據說，直至今日，整個宇宙也還在持續膨脹當中。最近，根據宇宙物理學家的觀測資料，已證明「大爆炸」（Big Bang）的理論是正確的推論。

「為何浩瀚的宇宙起源於少量的粒子團」，或許會令人感到不可思議，然而，以最先進的物理學知識試算之後，也獲得了證實。如此一來，或許我們也可以說，宇宙起源於「空」。

佛教說：「色即是空。」它教導我們，看似存在的東西其實全部都是空。在現代物理學中，「極少量粒子團爆炸之後，形成廣大的宇宙」這樣的理論，也可以說明原本這個宇宙是空。此外，也有宇宙起源於真空的學說。真空就是「什麼也沒有」的狀態，然而，這個真空狀態卻蘊含著巨大的能量。

在此，我們來思考一下原子的構造。在原子的週期表中，氫是第一個元素，也是質量最小的。氫有一個原子核，還有一個電子在周圍環繞。原子核則是由質子、中子與介子所構成。

如果使用最新的大型加速器，讓中子與質子進行猛烈的高速撞擊，將會從中釋出粒子。由此可知，幾個粒子結合之後，能夠製造出質子、中子與介子。

在宇宙開天闢地之際，原本的粒子緊密相連之後，製造了質子、中子，以及介子。同時，透過介子的作用，使質子與中子結合，構成原子核。在原子核的外側，捕捉到一個電子之後，就形成了氫元素。

原子之間的緊密相連，稱為「核融合」，這也是氫彈的原理。換言之，藉由核融合，氫原子間的相互結合，將會形成一個質量很大的原子。在週期表上，現在大約有一百種原子。雖然原本只有一種粒子，但透過後續不斷的結合，形成了各種構成現在物質世界的原子。

進一步而言，原子之間的結合形成了分子，分子之間的結合則產生了高分子。此外，高分子加上所謂ＤＮＡ的遺傳因子後，就轉變為生物。在地球上，最早誕生的生物是類似阿米巴的原生動物。這些阿米巴反覆進化之後，則形成了如同我們人類的高等生物。

原來，宇宙是起源於少量的粒子團。後來，這些粒子團一刻也不停息地反覆結合，因而形成了現今的宇宙。換言之，宇宙上存在著一股永不停息、朝向進化發展的趨勢。我認為，或許可用「宇宙的意志」來表示這股趨勢吧。

一刻也不停息的趨勢，或說是類似意志的東西，普遍存在於宇宙空間之中，引導著萬物朝進化的方向發展。因此，「我不進步也可以」、「我的公司不成長也無妨」等想法，是不被宇宙容許的。也就是說，「不管什麼樣的公司都將成長」。萬事萬物都被引導至進化發展的方向。

宗教家說：「宇宙充滿愛。」在佛教，則以「慈悲心處處存在」來表示。相同地，引導萬物朝向進化發展的意志，也存在於這個宇宙之中。

關於宇宙的起源，當我聽到先前介紹的知名數學家廣中平祐先生，以及京都大學教授、宇宙物理學權威佐藤文隆先生的闡述時，我說明了自己的想法：「這應該可以用『宇宙的意志』來說明吧。」當時他們回答我：「或許也可以這樣解讀。」即使如廣中先生、佐藤先生，徹底以自然科學為根據進行思考的人，也表示可以用形而上學或精神上的想法來理解。

## 以充滿愛的心態生活，將開啟美好的人生與經營

在宇宙中流動的意志，是慈悲萬物、疼愛萬物，並希望萬物變得更好的想法。這與只希望自己變得更好的想法是相對的兩極。因此，我們應該在心中擁有愛，使宇宙中森羅萬象的萬物都可以變得更好。

或許有些企業的經營者以排擠他人、扯人後腿來追求自身的利益。但是，畢竟這樣的心態並不符合宇宙的意志，因此公司的經營將不會順利。

反之，假如經營者的內心充滿著與宇宙意志和諧一致的愛，公司的經營將會順利發展。此外，只要有這樣的心態，即使認為「自己的公司沒有進步或成長也沒有關係」，公司仍會持續發展。為了擁有充滿愛的心態，先前所提到的「提升心靈」將不可或缺。

或許有人會想：「不考慮自己，只為了使每個人變得更好，公司就會發展順利嗎？」當然，也不是任何事情都只為了他人就好。

宇宙萬物，包括無生物在內，都是一刻也不停息地持續進化、發展。即使是無生物的粒子、很小的動植物等，也都是不斷進化、拚命追求生存。經營者也應該持續以不輸給任何人的努力來發展公司，並抱持「自助天助」的想法認真工作。

我們並不是為了擊敗別人而工作，而是為了自己的生存、公司的發展而拚命工作。心有餘力，能幫助別人也不錯。重要的是，我們必須先認真，把自己的公司經營好。

## 提升心靈的努力與不斷的反省

「如何擁有充滿愛的心態？」要做到並不容易。事實上，包括我自己在內，也沒有這樣的心態。雖然沒有，但是「想要擁有這樣的心態」卻很重要。

幾乎所有人都沒有意識到心靈的重要，也不關心提升心靈的事情。然而，我們卻必須提升、美化我們的心靈。雖然這麼說，由於我們充滿煩惱與欲望，所以很難做得到。不過，即使做不到，我們也要認為「必須做到」而反躬自省。因為有反省，我們就會記得去努力。對人生而言，這件事非常重要。

真正擁有美麗心靈的人，應該也是「開悟」之人。一般人即使很努力，也不表示能夠開悟。兩千五百年前，釋迦牟尼開悟至今，幾乎不曾再出現過開悟之人。

因此，我認為至少也應該為此而努力。如此，自己想要努力提升心靈、淨化心靈的人，也可以稱為修行之人。對於修行之人而言，上天所給予的人生，將成為美化心靈的道場。

雖然我好像在說很偉大的事情，不過，我也想透過如此認真的訴說，淨化自己的心靈。「你的心靈可以淨化到什麼程度呢？」「你的心靈可以提升到什麼程度呢？」真的要回答這些問題，或許會讓你感到困窘。不過，也正因為如此，我才想告訴大家這些事情。捫心自問之後，肯定會感到自責：「我是怎麼了？」在這樣的內心糾葛之中，我們將得到提升。我認為，反覆進行的這個過程，正是我們的人生。

聽了我的談話之後，有塾生說：「倘若企業最終無法超越經營者的器量，那麼我想擴大自己的器量。」所謂的「器量」，當然不是指肉體的部分，而是指心靈、人格、人品。換言之，擴大器量，即是淨化、提升、及培育心靈之意。

如同釋迦牟尼佛所說的：「人生，決定於你自己的心靈。」企業也無法超越經營者在人生道路上累積修行所獲得的「心量」。

## 以愛、真誠與和諧的心為基礎

為了在人生與工作上有美好的結果，想法與心態扮演著決定性的角色。引導人邁向成功的是，以愛、真誠與和諧所呈現出來的心靈。這是我們人類所擁有的靈魂層次的本質。「愛」，是將別人的喜樂視為自己的喜樂的心情；「真誠」，則是凡事為了世界及人類的心情。此外，「和諧」則是希望自己與周遭每個人都能夠享有幸福生活的心情。

源自於尊重「愛、真誠與和諧」的想法，將成為引導我們邁向成功的基礎。

我曾經說明，我們應該經常擁有一顆充滿愛、真誠與和諧的心。

我認為，「愛」、「真誠」與「和諧」是我們的本質。

人類不只存在於肉體之中，也存在於心靈之中。在我們的心裡，環繞著各種想法。

如果我們追究想法的根源，我認為當中應該是含有「靈魂」這種靈性的東西。

換言之，詢問「自己是什麼呢？」這樣的問題，也就是在追究人類的本質。

印度的瑜伽，試圖透過冥想來貼近自我的根源。據說，閉上眼睛，唱誦著曼陀羅，聚精會神之後，意識將變得清明。最後，我們將可探索到真正的自我。有人說，這是「達到真我」；有人說，透過覺醒的意識，雖然實際感受到自我的存在，但是其他的意識卻消失了，只有探索到「存在」的感覺。

佛教說：「山川草木，悉皆成佛。」教導我們山、川、草、木等，所有一切都是佛。有關於此，以前父母親也曾教導過我們「一粒米中也住著佛」。

如此，關於人類的本質、根源，雖然有各種不同的表現方式，這個本質還是可以用「愛」、「真誠」與「和諧」這三個詞來表現。或許各位並沒有意識到，不過各位本身也都充滿了愛、真誠與和諧。或者也可以說，「你自己就是佛」。

在我們擁有充滿愛、真誠與和諧的靈魂的同時，我們也擁有肉體。為了維持這個肉體，我們必須不斷透過食物攝取營養。因此，我們擁有與人爭奪食物、保護自身肉體的欲望。

原本人類的本質應該是充滿愛、真誠與和諧的美好事物。但是，由於靈魂身穿著肉體，一開始會出現來自肉體的欲望。

我們需要有勇氣，盡可能克制遮蔽靈魂的欲望，展現出充滿愛、真誠與和諧這些自我本質的靈性。如此，我們將能經常自我提升，並且讓自己的內心保持在充滿愛、真誠與和諧的狀態，同時也可與孕育萬物的宇宙意志、宇宙之心調和。但是，這樣的成功不會長久。

## 以美麗的心描繪願望

如果不是以美麗的心來描繪願望，我們無法期待願望成真。如果是自私自利的強烈願望，或許會帶來一時的成功，如果是違背世道人心的願望，願望愈強，將愈有可能與社會產生摩擦，並且導致更大的失敗。

為了讓成功能夠持續，我們必須描繪美麗的願望與熱情。換言之，滲透到潛在意識的願望本質將是關鍵。同時，只要擁有純真無私的願望，並且持續努力的話，願望一定會實現。

先前提到的《佛教聖典》中，釋迦牟尼佛曾說過「心想事成」，也就是說，心裡所想的事情將全部轉化為現實。

雖然我也這麼認為，不過，這卻是非常難以證實的事。每個人應該都會「想」，然而，公司並沒有因為稍微許下無私的願望，就順利發展。事實上，不僅不如預期，反而，由自私自利的經營者所經營的公司順利發展的例子卻比比皆是。

因此，我認為在公司的經營上，即使我們說：「你會心想事成。」也很難令人信服。假如善有善報、惡有惡報的結果可以成真，惡行將無法橫行。然而，事實上因果報應卻曖昧模糊。我們看到許多認真努力的人，人生與公司經營並不順遂，而自私自利的人卻成功的例子。因為如此，「覺得世界很奇怪、很不公平」，也就沒有人會想接受我提倡的一本正經的生存之道。

然而，如同「因果報應」所言，人生與經營事實上都會分毫不差地呈現出內心的想法。只是期間比較長。若以大約三十年的期間來看的話，應該就會首尾一致了。

假如內心的想法化為事實的時間是一週、一個月，再長也頂多一年的話，每個人應該會更加重視心靈與想法。而事實上，有些想法花了三十年才終於有結果。有些想法，即使過了三十年，甚至這輩子都沒有結果。因此，這樣的說法很難令人信服。

一九二〇年前後，在英國倫敦郊區有些相信靈魂的人，週末會聚在一起舉行招靈的活動。據說在活動上，一個名為銀樺（Silver Birch）的印第安人的靈魂都會現身。《銀樺的靈訓》即是將祂的話語集結成書，大約有十冊，記錄銀樺透過靈媒所傳達的內容。閱讀這些書之後，我感到相當驚訝。

銀樺在談及「因果相報」時，指出：

「每個人應該都不相信，現世的所思、所想、所行都是善有善報，惡有惡報，只是這個因果報應的期間比較長。假如從『包含來世』這個比較長的期間來看的話，因果報應將分毫不差。」

換言之，假如不只以此生來思考，而試著統計到來世的話，因果報應將是成立的。

即使不是純真無私的想法，願望也能實現。強烈地希望透過擊敗別人、扯同業後腿，而讓自己公司更好的人，如果能夠付出不輸給任何人的努力，公司也會壯大。極端而言，即使是貪得無厭的人，也會成功。然而，這種人的成功，絕對不長久。也就是說，以長遠來看，這樣的成功不會一直持續。

當然，不努力的人不列入討論。倘若有人擁有無私之心，並且像佛陀一樣只為了別人而努力，也打從心底有「自己不需要富有，為了他人竭盡心力正是我的人生」的想法，我認為是非常好的事情。

然而，如同之前所說的，雖然希望自己的公司能夠成長，卻只考慮別人，那麼公司應該不會成長。關於這樣的說法，有人抱怨：「塾長，您不是說過，如果追求利他，公司也會變好嗎？」這些人並不了解，為了讓自己的公司變好，首先，必須付出不輸給任何人的努力。同時，也應該以純真無私的心來努力。如果以排擠他人、只追求自身利益的想法而努力，將來一定會沒落。

泡沫經濟後，很多人因為各式各樣不當的行為而被問罪。在泡沫經濟的頂峰時意氣風發，接二連三在銀座、大阪蓋大樓。在熱鬧的大街上耀武揚威，一個晚上幾百萬、幾千萬揮金如土的人，在短短的十年間早已不見蹤影。

由此可知，身為經營者的我們並非只是滿足於一己之欲，也必須考慮全體員工的幸福。假使公司倒閉，為公司拚命工作的員工將流落街頭。因此，經營者應該為了避免公司倒閉，站在第一線努力。我認為，長遠來看，只要經營者以純真無私的心描繪「希望自己的公司更好」的願望，必定能獲得回報。

## 擁有樸直之心

所謂樸直之心，指的是承認自己的缺點，並努力改善的謙虛態度。

能力過人、脾氣暴躁，以及自我意識強的人，往往不聽別人的意見，而聽了也會抗拒。然而，真正可以成長的人，則是擁有樸直之心，能夠經常傾聽別人的意見，且會自我反省、自我檢視。若能擁有樸直之心，身邊將會聚集抱持相同態度的人，事情也會順利進行。

**正所謂「忠言逆耳」，刺耳的話語才是真正促使自己成長的動力，我們必須虛心接受。**

如果將先前提到的「以愛、真誠與和諧的心為基礎」、「以美麗的心描繪願望」，以及「擁有樸直之心」，還有稍後將提到的「常保謙虛之心」等的用詞並排，可以發現這些都是語感溫順的用詞。

特別是「擁有樸直之心」一詞，可能會被解讀為「往右就往右」這樣老實順從的含意。事實絕非如此。

最近，在一場政府高官的聚會中，我談論了佛陀的教誨。正因為是知識份子的聚會，心態就更為重要。因此，我才會談論有關佛教的話題。當時，有一位曾做到事務次長的優秀官僚舉手發問：「日前我去了緬甸。我覺得緬甸是很好的佛教國家，人民也的確都很樂觀的樣子。可是，他們的貧窮卻超乎想像。稻盛先生談到『清淨之心』、『樸直之心』、『知足』、『感謝之心』、『謙虛之心』等佛教的教誨，那些過著非常貧窮卻十分知足的緬甸人民，真的幸福嗎？我深表質疑。緬甸是一個近乎獨裁的軍事極權國家，在那樣的體制下，人民都很順從。稻盛先生的意思是，我們要成為毫無抵抗的順民嗎？」

我並非要大家只是順從而已。

在佛教的教誨之中，釋迦牟尼佛首先舉出「精進」。無論是修行、工作，我們都應該認真去做。這個「精進」是第一步。

然而，如果只是為了追求自我欲望而努力，成功不會長久。釋迦牟尼佛說：「人的欲望無窮，所以適當的知足很重要。」如果是以「為了讓世界更美好，而想更加努力工作」這種美好心態所描繪的願望，即使無止境也沒有關係。但個人的欲望，我們應該盡可能克制。

我的意思，絕不是卑躬屈膝地滿足於現狀，而是為了克制一己之欲，必須懂得「知足」。

## 樸直之心是進步之母

「擁有樸直之心」，我認為是人生中非常重要的事情。

盛和塾的塾生們看來還是擁有樸直之心。想要學習經營哲學這種一本正經的課程，在心中應該都有顆樸直之心吧。抱持冷眼旁觀、心態不夠樸直的人，應該也不會想聽我說話。

我認為，「樸直之心」是進步之母。因為如果缺乏樸直之心，人類將不會進步。

提倡「樸直之心」重要性的人，正是松下幸之助先生。小學都無法順利畢業的松下先生卻創建了松下電器（現Panasonic）這家大企業。松下先生的原動力，正是「樸直之心」。

松下先生在戰前就已經很成功。假如當時松下先生因此而驕傲自大，很可能他的事業就結束了。然而，隨著年齡增長，松下先生卻說：「我沒有學問，學校也沒有畢業。」而且也不改學習態度，「即使是口耳相傳的知識，也要接受別人的教導，讓自己成長。」因此，松下先生廣納別人的意見，不斷學習，藉此成就了生涯的發展與進步。

所謂「樸直之心」，是指承認自己的缺點並努力改進的謙虛態度，而這正是成功的關鍵。因此，我將「樸直之心」列為「京瓷哲學」中重要的項目。

## 常保謙虛之心

隨著世界變得更加富裕，抱持自我中心的價值觀，並且強烈主張自我的人也變多了。然而，這種想法卻引起每個獨立自我之間的競爭，導致需要團隊合作的工作無法順利進行。

假如因為自己的能力或些微的成功就驕傲自大、桀驁不遜，將得不到周圍同事的協助，也會阻礙自己成長。

為了讓集團的方向一致、氣氛和諧，並且成為高效率運作的職場，了解「因為別人，才有自己」，以這樣的認知為基礎，持續保有謙虛的態度非常重要。

我也強調要「常保謙虛之心」。謙虛，如同樸直，也是學習的原點。

在中國的經典中，有「謙受益」這樣的說法。意思是，傲慢的人得不到幸運、幸福；只有謙虛的人才可以擁有。

對於「謙虛」，或許有些人覺得不體面。然而，這種想法並不正確。驕傲自大的人，常是因為自己沒有什麼稱許之處，才需要藉此滿足自我表現欲。假使保守、謹慎，展現謙虛，卻被視為笨蛋，錯的是那些把人當笨蛋的人。

對於經營者而言，公司發展得愈好，愈需要保持謙虛之心。有些中小企業的經營者，只是賺了一點錢就驕傲自大。如此一來，公司將無法進一步發展。難得上天給了公司好的收益、好的發展，一旦傲慢自大，喪失謙虛之心，公司可能立刻面臨賠錢的窘境。因此，請大家一定要將「常保謙虛之心」這件事銘記在心。

經營企業必須讓集團的方向一致，並且維持心連心的工作氣氛與高效率的工作環境。為了塑造如此美好的企業環境，經營者自己應該抱持謙虛的態度。從經營者開始以身作則，公司員工也會起而效之。

此外，我們也應該呼籲員工擁有謙虛之心。然而，若是課長、部長及董事們都傲慢自大，團隊將無法運作，集團的方向也無法凝聚。職級愈高的人，應該更加謙虛地融入員工之中，認真地訴說工作的夢想，並且努力營造一個美好的職場環境。藉由經營者與員工所擁有的謙虛態度，將可建立企業內部良好的人際關係。同時，以此為基礎，企業將永續發展。

## 擁有感謝之心

如果公司內部缺乏人和，將無法創造令人滿意的商品。因為商品會反映製造者的心態。然而，總是「我要……」這種利己的想法，無法營造公司內部的和諧。

我們今天之所以能夠盡情地工作，絕對不只是因為自己至今的努力，而是因為有消費者、客戶、同事，以及家人等周圍許多人的協助。

記住這一點，經常保持感謝之心，並且讓彼此成為互相信任的工作夥伴，這是很重要的。

為了讓彼此成為相互信任的夥伴，進而一起工作，對周圍的人常保持感謝之心很重要。

正因為有消費者、客戶、同事，以及家人等許多人的協助，我們才得以走到今天。對於周圍這些人，我們必須懷抱感謝之心，這也是人生中最重要的事。

我提倡以「六大精進」（後述）來磨練心志。其中，為了度過美好的人生，我也列出「活著，心懷感謝」這件事。

所謂的「感謝」是什麼呢？首先，如果沒有謙虛之心，將無法產生感謝之心。在嚴峻的環境中，公司之所以能夠經營，是因為有員工的協助，以及客戶的訂單。此外，我們也應該懷抱著「託所有周圍的人之福，才得以成就今天的自己」這樣的謙遜、感謝之心。

相反地，不平、不滿，以及愚痴等心態，肯定會讓人生變得晦暗與不幸。不平、不滿，以及愚痴的相反則是「感謝」。感謝會使人生變得美好。換言之，擁有感謝之心，將會招來幸運之神，自己的內心也會變得美好，生命充滿光明與希望。

六大精進

1. 付出不亞於任何人的努力
2. 謙虛不驕傲
3. 每天都要反躬自省
4. 活著，心懷感謝
5. 累積利他的善行
6. 不作情緒上的煩惱

## ◎常保明朗之心

無論遭逢什麼樣的逆境與艱辛，總是以開朗的心情揭示理想、懷抱希望，並且不斷地努力，如此才能造就今日的京瓷。

人生美好，充滿希望。經常想著「我正開展著美好人生」是很重要的。絕對

**不要訴說不平、不滿，也不要擁有晦暗鬱悶的心情，更不可憎恨與嫉妒他人。否則，這樣的想法將使人生變得灰暗。**

**這是非常單純的道理。對於自己的未來抱持希望，並且開朗、積極地行動，是使人生與工作變得更好的首要條件。**

不可思議的是，人生順遂的人，肯定都擁有光明開朗之心。內心晦暗，老是抱怨，心懷不平、不滿的人，無法活出美好的人生。當然，「付出不亞於任何人的努力」這種鬥志是必要的。此外，也必須相信自己的未來與人生必定會充滿好運。

雖然說我希望大家都想著自己的未來充滿好運、美好的人生正等著自己，我們卻無法預知未來會發生什麼事。因此，可能會有人認為，我們能想著如此過分樂觀的事情嗎？事實上，每個人都可以展開光明的人生。首先，我們必須相信，並且不斷地付出努力。如此一來，美好的未來必定等待著我們。

總之，這是相信與否的問題。相信自己的人生會是美好而光明，不畏困難、辛苦與苦難地描繪未來。激勵在嚴峻的現實中幾近失敗的自己，樂觀奮起。這樣的態度將使人生獲得開展。

## 樂觀、善意地接受人生的遭遇

無論發生什麼事，正面、善意的解讀很重要；負面、惡意的解讀會使人生愈來愈黯淡。假如對方真的惡意挑釁，我們也可以懷疑那個人應該是愚昧，而微笑避開。

看到你的反應，或許有人會鄙視你：「那個人真笨，怎麼都不生氣？」對於這種無意義且充滿惡意的誹謗，大可不必理會，一笑置之。

話雖這麼說，卻連我自己也不一定做得到。如果被別人瞧不起、視為笨蛋，我也會生氣。但是，我會盡力避免負面解讀。反之，藉由同情對方「那個人是個可憐之人，或許是因為內心貧瘠，才會說出這樣的話」，努力讓自己不要生氣。換言之，我們必須經常正面思考。

從小，我就是個淘氣的孩子王。從小學高年級一直到國中、高中，總是與別人起衝突。雖然現在我的個子算是比較高的，但是到高中前期為止，我都還是偏矮。儘管如此，由於好強的個性，我經常與人起衝突。

衝突的原因很單純。只是與他校的學生擦身而過，雙方互看不順眼，互嗆「看什麼！」或認為對方太狂妄。因為當時缺乏利他之心，所以總是為了無聊的理由與人發生衝突。

國中三年級時，我變得稍微成熟一些，對於「為什麼總是與人發生衝突」，自己也感到丟臉。或許當時也正值思考人生的時期吧，出現了另一個自己來勸戒衝突不斷的自己：

「啊，因為看不順眼、被人輕蔑，而且缺乏利他之心，就立刻與人起衝突。看看你的朋友，對於小事，他們不都是一笑置之嗎？只有你會以這些小事作為衝突的理由，真是可悲！」

然而，另一個自己卻說：「一笑置之只是因為沒有勇氣而卑躬屈膝，並且克制自己的怒氣。相較於此，還不如擁有與人衝突的勇氣。」結果，進了高中，仍是衝突不斷。

不過，我愈來愈覺得總是衝突不斷的自己很沒有用。相反地，不要為了每件小事都生氣，即使對方惡言相向，也要有一笑置之的修養。如此深切地反省之後，我就決心停止衝突了。

世上所有的現象，都是自己的心招引來的。以憤世嫉俗的負面心態，將無法度過令人滿意的人生。因此，每天都正面、善意地面對所有事物，是非常重要的事情。

# 2 從事更好的工作

## ◉為夥伴竭盡心力

在人類的行為中，最美好、最令人尊敬的，莫過於幫助別人。通常，人都會先想到自己。然而，「幫助別人、帶給別人快樂，是最幸福的事」這樣的想法存在於每個人心中。

以前，在美國的寒冬曾發生過一起飛機意外事故。當時，有一名男性乘客在自己即將獲救的瞬間，讓一旁幾近精疲力竭的女性乘客先行獲救，自己卻沉入水中。人類的本性就是如此美好。

只要擁有「為夥伴竭盡心力」這種同志之間的關係連結，不惜為所有人努力，我們將可以建構美好的團隊。

我經常提到：「為了世界、為了人類竭盡心力，是人類最崇高的行為。」相較於為世界、為人類，「為了夥伴而竭盡心力」是範圍比較狹隘的利他行為，但卻十分重要。為了世界、人類及夥伴而竭盡心力，是美好的心靈所進行的行為。透過這樣的行為，我們的心會更加美好與純真。換言之，為了提升人品，這是非常重要的行為。

這個行為相當於佛教中的「利他」。在佛教中，十分重視「為別人竭盡心力」這種利他的行為。釋迦牟尼佛說，利他行為的累積是開悟之道。

## 為夥伴而工作的精神是阿米巴經營的精髓

此外，「為了夥伴竭盡心力」，也形成京瓷阿米巴經營的基礎。

在創業初期，京瓷便施行所謂的阿米巴小集團的獨立收支制度。因為我們認為，如果不是由佔少數的經營者來思考公司的經營，而是全體員工都以經營者的心態、想法及精神來營運公司的話，我們將可以創造出強而有力的公司。將公司組織分成小集團，每個小集團都當作一家公司獨立運作。如此一來，我們將可以掌握每個小集團的收益是否增加、是否有資源浪費的作業。這就是稱為「阿米巴經營」的管理手法。為了提升經營效率，很多企業都採用事業部門的獨立收支制度。不過在京瓷，我們進一步施行了小集團化。

在事業部門的獨立收支制度下，有些事情會成為問題，也就是成果分配的問題。例如，公司分成許多事業部門，而且採取獨立收支制度，結果發生一個部門獲利很多，另一個部門卻出現虧損這種不均衡的案例。在這樣的情況下，如何處理？

一般而言，或許會發給獲利部門的同仁獎金與高薪，也就是依據成果進行利益的分配。尤其在美國，幾乎所有的企業都是這麼做。

這是極為冷酷的做法。業績好的時候，雖然可以領到十個月這種不知上限的獎金，但是當業績不好的時候，即使年節將至，也領不到獎金。

關於阿米巴經營，許多人認為不可思議之處是成果分配的部分。對於業績好的阿米巴組織成員，我們不會調薪，也不會發給更多的獎金。許多人似乎相當不認同這一點。在京瓷，假使有個阿米巴組織在業績上有所貢獻，並且成為公司全體的領頭羊，為其他夥伴做出了貢獻，我們也不會給予薪資或獎金等金錢上的回報。集團只會給予稱讚與表揚而已。

經常有人感到不可思議地說：「這樣的事情，貴公司的員工似乎都很認同呢。」由於自創業以來，我一直說明：「為了夥伴竭盡心力，並且不求回報，是人類最重要的事情。」因此，即使自己的小集團出現利潤，京瓷的員工也不會提出「給我更多獎金，給我加薪」的要求。

為何不給予金錢或物質的回報呢？這是因為考量了人類的心理。假使業績好的時候，可以獲得更多的獎金與加薪，如此一來，獲得獎金與加薪的同仁將士氣高昂，也會熱烈期待更多的獎金與加薪。

另一方面，看到這樣的結果，業績沒有成長的事業部門同仁將會意志消沉。假如一部分的事業部門呈現蓬勃發展，而另一部分的事業部門成長停滯，公司全體也將無法順利發展。

此外，即使鼓勵意志消沉的事業部門：「請你們加油。如果業績改善，獎金與薪資一定會調升。」應該也不容易有效果吧。人一旦努力了一、兩年都沒有進展，會愈來愈憤世嫉俗。

進一步而言，業績好的事業部門也不會總是一帆風順，將來也會有業績下滑的時候。如此一來，向來都是領高額獎金的員工，如果被告知：「因為業績不佳，這次沒有獎金。」心裡會怎麼想呢？考量人類的心理，他們也會感到意志消沉。同時，如果因此衍生無法繳交房貸等等的現實問題，屆時也會轉變為不滿的情緒。

假如一方面有長年業績不佳、意志消沉的事業部門，另一方面原本期待可以引領公司成長的事業部門也處於低迷，公司的人際關係將會崩解。公司整體也將陷入悲慘的狀態。換言之，如同公司的業績上下浮動，員工的心也無法安定。

對於很努力的事業部門同仁，公司會給予讚揚，周圍的同事也會表達感謝：「由於你們的努力，公司得以發展，我們也能獲得獎金。」換言之，我以給予榮譽的方式作為回報好業績的方法。這是因為我們想藉由每個人的努力，實現每個人精神與物質雙方面的幸福。因此，自從創業以來，我們就持續強調「為了夥伴竭盡心力」的重要。

## ◉建立信賴關係

自從創業以來，京瓷就以心靈相通的員工關係作為經營的基礎。彼此懷抱感謝與誠意，在信賴關係上，進行工作。我們很重視聯誼會和各式各樣的公司活動，因為這是全體員工敞開心胸、加強聯繫的機會。

即使是上司與部屬的關係，如果有信賴關係為基礎，彼此也能談論內心想說的話。如此，每個人都能夠看清楚問題點，工作將可順利進行。

為了建立如此的信賴關係，個人平常就必須努力，創造相互之間心靈的聯繫。

為了建立信賴關係，最重要的活動就是京瓷重視的聯誼會。此外，我們也嚴格規定，公司的活動必須全員參加。

一九六〇年代之後，公司的規模愈來愈大，我們也比照當時的日本企業，舉辦了類似慰勞旅遊的活動。在《京瓷哲學手冊》中，我們也有「以大家族主義經營事業」的項目。因此，為了在公司中建立如同家人的關係，我們會舉辦兩、三天的溫泉之旅等活動。

當時，公司的員工大部分都是國中、高中剛畢業不久的年輕人，其中也有年齡相差了一個世代左右的員工。

當公司宣布慰勞旅遊的計畫時，有些年長的員工會企圖搗亂，「和像小孩一樣的同事一起泡溫泉、喝酒，實在沒樂趣。當天，我們不去慰勞旅遊，要自己去打麻將。」也有人說：「與其去那樣的地方，不如領了錢去我們自己想去的地方。」

當時，我對這些員工大發雷霆。慰勞旅遊並不只是大家一起去玩。慰勞旅遊的目的是為了加強員工之間的情誼，強化彼此的信賴關係。換言之，這是為了建立同事之間的關係，而非上司與部屬之間的關係所營造的機會。由於不了解其重要性，以為慰勞旅遊只是遊玩而已，才會認為「打麻將比較愉快」。

從以前開始，日本企業之所以有旅遊的文化，原本並不是為了獎勵員工，而是為了加深員工之間的情誼。後來，慰勞旅遊漸趨形式化，最後似乎已淪為一般的旅遊而已。

## 加深情誼，首先要從相互認識開始

為了加深情誼，我們應該怎麼做呢？彼此互相認識是開始，也是結束。上司了解部屬嗎？相反地，部屬了解上司嗎？這正是建立信賴關係的基礎。

信賴關係並不是靠著約定與規定來建立。「我們曾經談過話」、「我們一起喝過酒」、「那個人知道我」、「我也認識那個人」等等，這些單純的交情才是建立信賴關係的基礎。當然，也有「互相尊敬」這種高尚的關係。在企業內部，彼此互相認識是信賴關係的開始，也是結束。只要如此即可。

因此，最好的方法就是圍坐在一起喝酒。正經八百的談話並不會產生信賴關係。稍微喝點啤酒，說著：「你啊……」這樣的寒暄，對方將會突然有種「總經理竟然記得我」的親切感。這是非常重要的事情。

對我而言，聯誼會也是公司很重要的活動。如今，公司的規模已經變大，我無法參加公司所有的聯誼會，而改由董事和部長代表出席。在此之前，我都會出席公司舉辦的大小尾牙。進入十二月後，每天都有各部門的尾牙，因此，我曾幾乎每天連續出席。

隨著公司的發展，尾牙的規模也逐漸變大，從五十人到一百人規模都有。出席五十人左右的餐敘時，大家圍坐在一起，喝點小酒。但是因為每個人都幫我倒酒，最後總是喝得太多。此外，有一年，雖然感冒發燒，我打完針後，還是出門去參加尾牙。

在大家一起圍坐，一邊互相倒酒一邊喝酒時，如果有人搗亂我就會出聲喝止。偶爾也會大發雷霆，讓大家感到掃興。不過，我不會一直生氣，轉到下一桌之後，我就與他們聊別的話題。以這樣的感覺，進行聯誼會。

喝酒之後，座位也失去了秩序。喝醉了，酒灑了，衣服髒了，簡直就是杯盤狼藉。彼此之間不再是總經理與員工，而像是與朋友一起喝酒。

在這樣的氣氛中，員工洋洋得意地當著總經理的面，生氣地說：「你是笨蛋嗎？」透過這樣的接觸，加深彼此的情誼。我這麼做，就是要建立超越道理的人際關係。

總之，為了強化「我也是在京瓷工作的一員」這樣的認同意識，我一向很重視聯誼會這種活動的價值。

## ◎貫徹完美主義

有些人經常妥協於九〇%的完成度，認為「這樣應該就可以了」。然而，這樣的人無法製造出完美的商品，也就是「嶄新的商品」。只要心底存有「如果錯了，用橡皮擦擦掉即可」這種漫不經心的想法，說真的，將無法獲得令自己與周圍的人都滿意的成果。

業務也好，製造也好，最後一〇%的鬆懈將會失去訂單，也會產生瑕疵品。

為了使自己的努力可以化為更實質的成果，在工作上我們必須不斷要求完美。

從年輕的時候開始，我就以「貫徹完美主義」作為努力的宗旨。「貫徹完美主義」，或者說是「要求完美」，除了與我自身的性格有關，我認為也有部分來自從事「製造商品」的經驗。

譬如說，在製作陶瓷商品時，首先要將多種原料混合，在成形後，以高溫窯爐進行燒結。其次，燒結完成的陶瓷品再經過研磨、表面的金屬化處理等漫長製程後，才能完成商品。在上述的製程中，只要一出差錯，所有的付出都將白費，包括材料費、加工費、電費等所有的費用。

換言之，在整個製程中，即使只是百分之零點幾的誤差，之前所有的努力都將化為泡影。這是從事製造業的我們所得到的經驗。因此，我們必須一刻也不容妥協地貫徹完美主義，追求完美。這就是製造商品的世界。

再舉陶瓷為例，在混合數十種原料的情況下，即使只放錯一種原料，全部的付出都將付諸流水。原料的份量不能錯誤，同時，混合的方式不對也不行。事實上，我以前做實驗時，曾發生過這樣的事情。

在實驗室混合原料粉末時，我使用瑪瑙做的研磨缽及研磨棒。我想合成陶瓷品，所以將計算後的原料份量投入研磨缽裡進行混合。由於研磨缽與研磨棒之間的摩擦，瑪瑙的成分——二氧化矽也會混入其中。這一點也必須事先預測，加以計算。

此外，為了將原料完全混合，混合的時間愈長，瑪瑙因摩擦所釋出的二氧化矽也將增多，這點也必須考慮進去。

為了製造陶瓷品，我們會混合氧化鎂與氧化鈣的原料粉末。如果想像成麵粉，應該比較容易理解。當我們將不同顏色的麵粉混合在一起，最初呈現斑駁的狀態，拚命混合之後，會變成單一的顏色。

如果是液體，很容易就可以混合均勻。不過，固體的粒子，我們並不知道什麼樣的狀態，可以稱作完全混合。即使粒子變得更小，小到直徑只有千分之一毫米，以顯微鏡來看，仍是未完全混合的狀態。因此，即使想要充分混合原料，「到底要混合到什麼程度？」也成了問題。

不管是使用研磨缽，還是使用球磨機這種迴轉機器來混合，我們應該在什麼時間點判斷已經完全混合了呢？即使球磨機不停地運轉，也不會充分混合。到底該混合到何種程度才好？這簡直就是哲學的問答。

因此，我一邊使用研磨缽混合原料，一邊思考著「即使是混合這個製程，也很不簡單。如果所有的環節沒有完全做好的話，我將無法製造出理想中的商品。我應該怎麼做才好？」。

假如沒有貫徹完美主義，由於些微的疏忽而導致某個製程失敗，無法完成商品的話，不只會損害到自身，也會因為交期延誤而造成客戶極大的困擾。

在公司規模還小的時候，我們只生產電子工業用的陶瓷零件，而且幾乎都是接單生產。業務人員拜訪客戶，討論商品規格。客戶會如此要求：「請製造這種陶瓷零件，並如期交貨。」我們就會接受訂單，並且回覆：「我們將如期交貨。」之後，客戶會配合彼此約定的交期，安排使用該零件的生產計畫。因此，我們必須在交期之前完成製造與交貨。

由於交期有限，假如在緊要關頭有些微閃失，將會導致失敗。客戶訂購的商品，如果從混合粉末到完成總共需要十五天，卻在出貨前夕失敗的話，需要再十五天來重新製作。屆時，我們必須告訴客戶：「請再等十五天。」

如此一來，公司的業務員將會被嚴厲斥責及抱怨：「假如只仰賴像你們這樣的破公司，我們公司豈不就倒閉了。」

面對客戶的反應，我們的業務員只能請求對方原諒。然後，難過地回來報告：「總經理，客戶已經氣憤到不想再交易了。」正因為備嘗辛酸，所以我知道，即使只是小小的失誤也會導致嚴重的後果。因此，至今京瓷一直以完美主義作為公司的宗旨。

## 不容許用橡皮擦輕易更改

這個原則也同樣適用於其他方面。

在《稻盛和夫的實學》這本會計學的書中，我介紹了以下的一段小插曲。

在公司規模還小的時候，我曾經讓一位會計部長傷透腦筋。如果有我不理解的地方，我就會拚命詢問。不只是複式簿記，連一丁點會計也不懂的男人，卻這也問、那也問。因此打從一開始，會計部長就露出不悅之情，但因為我是公司的高階主管，所以也拿我沒辦法。同時，他也會認為因為我的年紀比較輕，不只說了一些莫名其妙的內容，還提出了一些幼稚的問題。

我問：「這個帳目裡的錢在哪裡呢？」

他回答：「沒有錢。」

「如果沒有，跑去哪裡了？」

「如果沒有從各方面查查看，不會知道。」

「那樣可不行！」

「雖然這麼說，如果是這種規模的事業，資金也會轉變成應收帳、庫存、半成品等形式。」

對於這樣的說明，我依然無法被說服，接二連三地繼續追問。雖然一開始對方看不起我，但在追問、回答，一來一往的過程中，我們發現了數字的錯誤。

當我指出：「這個數字與剛剛的說明不一樣，是不是不合呢？」對方回答：「怎麼會這樣？」他可能也覺得不太對，道歉後，隨即拿起橡皮擦，想要修正數字。

我怎麼也無法理解他的行為。

如果是製造商品的話，商品應該就報銷了。會計人員卻認為可以先用鉛筆寫數字，往後若發現錯誤，用橡皮擦擦掉重寫就好。如此一來，錯誤將永遠不會消失。當時，我真的非常生氣。

換言之，有些東西是不可用橡皮擦擦掉的。

行政人員似乎認為用橡皮擦擦掉後，再進行修正沒有關係。然而，我卻認為這是不可以的。任何的工作，即使只有少許的錯誤，也會造成無法彌補的結果。我們必須這麼想，並且謹慎地工作。我不容許「最後數字正確就好」這樣的想法。即使對於行政人員，我也要求完美主義。

## Best 與 Perfect

這是公司成立剛滿二十週年左右的事情。法國有一家知名的公司「斯倫貝謝」（譯註：Schlumberger，創立於一九二六年，是世界上最大的油田技術服務公司。總部設在休士頓，並在巴黎和海牙成立準總部機構）。在開採石油時，到底挖多深才會碰到石油層呢？斯倫貝謝是利用電波測量地層的專業公司。在鑽井時，如果以鑽塔胡亂挖掘，在碰到石油層的瞬間，石油將會瞬間噴出而引發大火。因此，事先預設再幾十公尺將會碰到石油層或瓦斯層，實屬必要。斯倫貝謝公司擁有這種非常特殊的技術。

當時，斯倫貝謝公司的總經理得知我經常在報章雜誌上發表各種看法，於是，他在拜訪日本時特地到訪京都。當時，我完全不清楚斯倫貝謝是什麼樣的公司，但見了面之後，我才知道這位總經理擁有美好的哲學思想。

這位總經理系出法國名門，父親是知名銀行的行長，母親是印度著名詩人泰戈爾的姪女。他自己本身似乎也是接受斯倫貝謝公司的請託，而出任總經理。不僅是位優秀的國際人，同時也是傑出的哲學家。此外，據聞他與當時法國社會黨的政治家是朋友，因此，他也一度傳聞將被選為法國政府閣員的重要人士。

這位總經理無論如何都想與我見面，談論經營哲學，因此來到京都。一整個晚上，我們相談甚歡，不愧是領導斯倫貝謝成為世界一流企業的優秀人士，這位總經理讓我深受感動。

他也表示受我感動，並且提出如果可以的話，他想邀請幾位京瓷與斯倫貝謝的要員，前往美國亞利桑那州斯科茲代爾（Scottdale）的私人別墅，進一步長談經營哲學。

於是，我帶領了幾位京瓷的幹部前往拜訪。在遍布仙人掌的沙漠中，他有一棟漂亮的別墅。第一天，他招待我們打高爾夫球；隔天，我們則終日討論經營哲學。

在斯倫貝謝公司的宗旨中，有著「盡力做到最好」這樣的標語。不管是在俄羅斯、中國等任何國家，如果沒有利用斯倫貝謝的技術，都將無法開採石油。這家公司的宗旨是「Best（盡力做到最好）」。而在京瓷，我們是以「Perfect（完美）」作為目標。

這成為我們討論的內容。斯倫貝謝以「最好」為目標；而京瓷以「完美」為目標。「最好」是指「優於其他東西」、「最好的東西」。然而，我提出「從商品製造的精神來看，即使是最好的東西，只要有一點小瑕疵，全數都將白費。因此，必須是完美」。關於「最好vs.完美」，我們持續議論到深夜。最後，總經理同意我的看法，並表示「正如同您所說的，今後我們將放棄最好，改以完美作為公司的目標」。

雖然說是完美主義，但是事實上，人畢竟還是無法做到完美。儘管如此，抱持貫徹完美主義的意志去努力卻很重要。

## 認真、拚命投入工作

所謂「拚命工作」就是勤勉與誠實。

在我們的內心，真正可以感受的快樂是在工作之中。假如忽視工作，而想從玩樂與興趣的世界裡找到快樂，或許一時之間會很開心；但是，絕對無法獲得真正的快樂。在人生中佔比最大的工作上，如果沒有獲得充實感，最終應該會感到美中不足。

認真、拚命投入工作而有所成就時，將會獲得難以取代的快樂。

**釋迦牟尼佛所說的精進，就是認真、拚命的努力。**

在佛教裡，所謂的「開悟」，等同於提升心靈與人性，以及美化心靈的意思。提升人性與美化心靈的最高境界，即是開悟。釋迦牟尼佛表示，精進是開悟的方法。為了開悟，我們必須精進。

所謂的「精進」，就是認真、拚命的努力。藉由認真拚命的努力，不只可以獲得開悟的回報，同時也能提升人性與人品，以及美化心靈。

寺廟的修行僧都要做準備飯菜、打掃庭院佛堂等各種工作。禪宗將這些工作視為修行，相當重視。這是因為禪宗的基本想法是，一心一意、認真拚命地投入這些工作，等同於冥想。冥想就是透過坐禪，藉以集中精神與提高意志。

認真、拚命，也就是全心全力地投入某件事情，這樣的努力將會使人類變得非常美好，因此，釋迦牟尼佛將「精進」列為修行的第一要務。

## 人生的富足是從投入工作中產生

在這個世上，特別是在商品製造的世界，有所謂的名人與達人。這些人都是因為在生涯中，認真、拚命地投入工作，才達到頂尖。如果只是少許的努力，將無法達到那樣的境界。

換言之，名人與達人不只會工作，同時他們的心靈與精神狀態也已達到非常崇高的境界。如果只是能製造出好東西，雖然可以說是擁有高超的技能，卻不能說已達到名人、達人的境界。所謂的名人、達人，當然擁有優異的技能，同時也能夠製造出反映個人內心狀態、令人感動與印象深刻的美好作品。假如沒有認真拚命地投入工作，將無法製造出這樣的作品。

有人說：「人生並非只有工作，也要有嗜好與娛樂。」然而我認為，這只是無法投入工作的人，想從嗜好等替代性的領域中，找出自己的快樂而已。

藉由認真投入，找出快樂，這才是專業經營者工作能力的展現。因此，我認為即使是中小企業的經營者，為了守護員工、家人以及客戶，認真、拚命地投入工作是非常重要的。

## 透過工作，才能形成真正的人格

以前，美國戰略國際問題研究所（CSIS）曾經舉辦過以「領導力、創造性、價值觀」為題的研討會。研究所的艾布夏爾先生（David Manker Abshire）曾擔任北大西洋公約組織（NATO）的大使，他在閱讀了我所寫的《新日本　新經營》的英文版（For People and For Profit）之後，似乎被我的想法所刺激，而舉辦了一場以「領導者的應有之道」為主題的研討會，藉以深入討論。我想引用當時的演講內容：

在人類社會中，有著各式各樣的集團，從社區、學術社團、義工團體等小集團，到國家這種數億人規模的大集團。在每個集團裡，都有帶領集團的中心人物，也就是所謂領導者的存在。

翻閱歷史，領導者不僅會帶給集團很大的發展，也會將集團帶往悲慘的命運。因此，如果說我們的命運會受集團領導者所左右，一點也不為過。

關於領導者的資質，中國明朝著名的思想家呂新吾，在說明政治應有之道的《呻吟語》一書中提到：「深沉厚重是第一等的資質。」換言之，領導者最重要的資質，應該是經常深入思考，並且擁有冷靜沉穩性格的品德高尚之人。

此外，在《呻吟語》一書中呂新吾也提到了「聰明、辯才是第三等的資質」。換言之，頭腦聰明、才能具足、辯才無礙，只是第三等的資質而已。然而，聰明且辯才無礙，被呂新吾稱為只是第三等資質的人才，卻不分東西方，普遍地被拔擢為領導人。這樣的人才確實能成為公司的領導者，然而，他們到底是否具備優秀領導者的人品，卻是一個疑問。

現今，世界上許多社會紛亂的原因，不外乎是讓只擁有第三等資質的人才成為領導者。為了建立更美好的社會，我們必須讓呂新吾所說的，擁有第一等資質的人才，也就是優秀的品德高尚之人成為領導者。

然而，人格並不是天生、永遠不變的特質，而是會伴隨著時間而變化。或許，有些人天生就擁有美好的人格，有些人則並非與生俱來。但是，即使是天生就擁有美好的人格，終其一生都持續不變的例子卻很少。這是因為人格會隨著所處的環境，時時刻刻往好或壞的方向變化。

例如，有許多努力謙遜的人，一旦獲得了權力之後，就變得傲慢自大，導致晚節不保。另一方面，也有一些在前半生憤世嫉俗，反抗社會生活方式的人，由於某種因緣而轉變心態，歷經勞苦，備嘗辛酸，晚年成為品德高尚之人的例子。

假如人格會如此地轉變，就不能只以當時的人格作為選擇領導者的判斷基準。

既然如此，我們應該如何選擇領導者呢？首先，必須先思考人格是如何形成，以及如何才能提升人格等問題。

人格的養成並不是透過灌輸很多的知識，而是透過每天的工作，才得以提升。換言之，我認為藉由認真投入工作，不只能夠獲得生活的溫飽，也能夠提升自我的人格。

這是我在戰略國際問題研究所的研討會上的演講內容。最後，我以二宮尊德的例子作為演講的總結。

我曾說過：「晚節不保的人太多了。因此，在充滿正義感的年輕階段，我們更應該貫徹正確的事。」從年輕時候不斷歷經辛勞，認真投入工作所培養的人格，即使到了晚年也不容易改變。所以，在華盛頓的演講中，我提出我們應該選擇歷經上述過程並培養出高尚品德之人作為領導者。

認真拚命地投入工作，對於人格與人生的形成也很重要。因此，我總是說：「請大家認真拚命地工作。」

## ◎累積樸實的實力

擁有遠大的夢想與願望很重要。然而，即使提出了遠大的目標，我們也必須每天做好看似樸實、單純的工作。因此，有時候我們可能會覺得「自己的夢想與現實之間有很大的差距」，為此感到苦惱。

然而，無論在何種領域，在得到美好的成果之前，我們都需要不斷地累積改良改善、基礎實驗、資料蒐集，以及為了獲得訂單四處奔走等踏實的努力。

我們不可以忘記，偉大的成就並非一蹴可幾，而是要一步一步踏實地努力後，才可以達成。

我認為，不斷踏實地努力非常重要。

無論是多麼偉大的成就，唯有一步一步不斷踏實地努力，才可以達成。在人生之中，想要達成一項成就，並沒有如噴射機般，簡單就可以抵達目的地的便利交通工具，只有靠一步一步不斷踏實的努力才可達成。

即使了解這一點，人還是會覺得自己所描繪的目標與現實之間有很大的差距，因而擔心憂慮。「雖然希望自己的公司成長，但是，真的只要一點一滴認真踏實地做著現在的工作，就可以成為日本第一的公司嗎？結果會不會什麼都不是？」

事實上，我也曾經如此感到苦惱。希望公司可以更加發展，不斷認真踏實地工作著，並且逐一解決橫阻在眼前的問題。即使每天都這麼努力，還是會擔心公司無法擴展。

這麼做就如同在冥河的河灘上，徒勞無功地堆積石頭一樣。一個堆完，再堆下一個，不斷進行這種樸實的勞動。然而，在進行的過程中，部屬與同事會逐漸聚集過來。這些人也一個一個地堆積石頭，同時他們的部屬也跟著堆積。如此一來，隨著公司的成長，工作夥伴也逐漸增多。即使一個人一次只能堆一個石頭，也會變成同時有百人、甚至千人一起堆積石頭的公司。

雖然一個人能做的工作沒有什麼了不起，但是，很多人團結一致，持續努力的話，將可以完成偉大的成就。這是我所注意到的事情。

## 每日的創意想法，將支持樸實的努力

儘管這麼說，每天持續著樸實的工作，也會愈來愈覺得厭煩。因此，我自己就思考了避免厭煩的祕訣，同時，也是加速樸實努力的方法。那就是「構思創意」。

「構思創意」聽起來似乎很難，它是指明天比今天，後天比明天一定要更加改良、改善之意。例如，即使同樣是堆石頭，以板車搬運也好，幾個人接力搬運也好，我們可以思考各種方式。今天用這個方法試試看，明天則思考更有效率的好方法。我一直持續進行這種創意思考。

如果一邊設法創新，一邊從事日常工作，由於今天想比昨天做得更好，即使只是普通、單純的作業也會改變。結果，創意的想法不僅使工作不再厭煩，也會帶給工作極大的躍進。

京瓷是一家擁有多種尖端技術的公司。例如，京瓷大量生產行動終端裝置，供應給第二電電（現KDDI）的行動電話分公司（現au）。以前，京瓷並不是製造通訊機器的公司，但如今已是日本最高等級的製造商了。

這些技術並非京瓷原有的技術。此外，關於陶瓷，京瓷也不是一開始就擁有尖端的技術。

同時，在太陽能電池與合成寶石的領域，我們也具備非常廣泛的技術。雖然我們原本就擁有相關知識，但卻不是一開始便擁有優秀的技術人員。創業至今，每天都一點一滴不斷地改善改良，所以，才獲得如此高度技術的結果。即使是一點一滴的努力也好，全體員工的創意集結，成為京瓷廣泛技術的基礎。

## 持續擁有創新精神，中小企業將轉變為大企業

假設中小企業的經營者認為：「承繼來自父母的事業，或自己創立的事業，總覺得好像沒有未來性，想要再開創新的事業。」即使這麼想，卻沒有人才與技術，結果，上述想法也只是無法實現的夢想。

在創立京瓷的時候，我自己也同樣感到苦惱。創立不久的新公司，雖然夢想很大，

規模卻很小。想要聘雇員工，好學校畢業的優秀人才也不願意來。即使提出「在敝公司，我們將善用你的技術」的懇求，優秀的技術人員還是選擇進入一流的大公司。當時我心想：「終究，自己的希望是可望不可及，不會順利實現吧！」

同樣地，我也認為很多人會這麼想：「即使持續現在的工作也沒有發展性，所以想做些新的事情。」但是，由於缺乏人才、技術與資金，最後自己也覺得不可能而放棄。然而，事情並非如此。

例如，假設有人經營一家纖維相關的縫製工廠，而客戶要求製造某種商品。當拿到版型等必要的材料後，進行剪裁、縫紉作業。假設公司僱用了三十名左右的員工從事這項加工作業。這家小公司擺放了三十部工業用縫紉機，以按件計價的承包方式進行加工，並且支付相應的工資給員工。

即使如此，就算只是鈕扣洞的縫紉作業，也可以嘗試其他方法，進行改良。譬如說，目前為止，雖然都是以縫紉機縫製，下次也許可以用別的方法試試。挑戰新事物，一定會遇到瓶頸，而不得不思考：「這個應該怎麼做才好？」在這個時候，我們可以請教前輩以及業界的朋友等，「鈕扣洞的縫製不是很順利，是否有什麼好的方法呢？」此外，與朋友見面時，也可以請教同樣的事情。甚至，如果大學有縫紉專業的老師，我們也可以去請教。

在請教各種人士的過程中，也會遇到有人這麼說：「如果是這個問題，雖然不是紡織業，但是另一個產業也在做同樣的事情。」於是前往所說的地方看了之後發現，雖然是完全不同的產業，卻以料想不到的方式做同樣的事情。「啊！原來如此，竟然有這麼好的方法。」我們就可以將這個方法導入自己的領域，進行改善。

只要持續改善，雖然至今都是取得版型、布料後，進行剪裁、縫製，並且採取按件計價的方式承包工作。在不斷設法改善縫紉機縫製方法的過程中，公司將成為擁有各種縫製技術的專業廠商。

如此，不只能夠以縫紉機縫製柔軟的布料，導入工業用的強力縫紉機後，也可以縫製類似皮革夾克等強硬的布料。不久之後，如果聽到「陸上自衛隊好像需要用強韌布料做衣服」，就可毛遂自薦：「我們公司能夠提供縫製服務。」而取得新的訂單。透過新訂單的承接，我們又可以學到新的技術，吸收為自己新的專業知識。如此，我們將可以循序漸進不斷學會各種技術。

換言之，雖不是透過大學獲得學問，但藉由口耳相傳的知識，也可以發展技術。對於別說是大學，就連高中也是好不容易才畢業的經營者而言，如果可以用這樣的方法學習也很好。京瓷，就是這麼發展過來的。

這個原點是源自於松下幸之助先生。松下幸之助先生連小學都沒有畢業，很早就去當學徒，主要是靠口耳相傳的學問來增長知識。為什麼只靠口耳相傳就可以增長知識呢？這是因為有「創意的構思」。松下先生經常感到疑惑，並且不斷用心思考「為什麼」。松下先生的這種精神讓松下電器發展為世界級的企業。

我認為，累積樸實的努力很重要。在經驗累積的過程中，不斷用心創新，持續改善、改良，可說是中小企業變身為大企業的方法之一。

## ◎燃燒自我

**如同東西有可燃物、不可燃物與自燃物一樣，人也分為一接近火源就燃燒的**

可燃型的人、就算接近火源也不會燃燒的不可燃型的人，以及自己本身發熱燃燒的自燃型的人。

想達到某種成就的人，就必須擁有燃燒自我的熱情。以高中的棒球而言，發自內心喜歡棒球的年輕人們，以甲子園這個遠大的目標作為努力方向，團結一致，充滿活力，努力練習。這樣的場景，讓我們感受到未來的可能性，以及精力充沛的躍動。他們是燃燒自我的自燃性團體。

為了要燃燒自我，除了喜愛自己的工作之外，也必須擁有明確的目標。

公司的經營者，都會經常思考公司的方向。景氣不好的時候，我們應該要更加燃燒熱情、拚命努力。同時，也要振奮、激勵部屬：「如今公司的訂單減少很多，大家都要採取一些行動。即使我沒有一一指示，你們也要自己思考，做些努力。」

這時候，有人會表情淡漠、冷言冷語，並且完全沒有主動燃燒的熱情。換言之，雖然我們主動積極、充滿熱情，但一定會有一、兩位如同冰塊的人，似乎要冷卻我們的熱情。這樣的人真的很討厭。特別是中小企業，即使這樣的人只有一個，也會使整體的氣氛沉悶不振。

我經常這麼想：

「公司沒有這種員工也好。如果希望公司更好，即使我不靠近也可以自我燃燒的自燃型的人，以及我靠近就跟著一起燃燒的可燃型的人將不可或缺。」

最困擾的是不可燃型的人。由於京瓷是生產陶瓷這種不可燃的商品，因此，我也曾經參雜著玩笑，抱怨「我們公司淨是一些可燃型的員工」。

如果有很多像我一樣，隨時可自我燃燒的人，那該有多好。雖然我這麼想，但卻很難有這樣的人。

然而，在公司內部，這邊也燃燒，那邊也燃燒，如此可以自我燃燒的員工到底有幾位，將會決定公司的好壞。

因此，如何培養「自燃型的人才」將是左右公司經營的關鍵因素。

## 培養自燃型的人才

那麼，如何培養「自燃型的人才」？這個問題與下個主題「喜歡上工作」也有關係。燃燒自我的「自燃型人才」，並不是因為別人的指示才工作，而是在別人指示之前，自己就會主動工作的人。

想要錄用可燃型的人才，我們首先要注意的是，人的性格。可燃性的人才具有好勝的特質，其次，則是「對於任何事，通常都很積極」。擁有這種性格的人，會喜歡自己被交付的工作，並且完全自我燃燒。因此，我們應該盡量錄用這種性格的人才，並且設法讓他們喜歡上工作。

此外，還有一個培養自燃性人才的方法，那就是賦予責任感與使命感。

我認為在盛和塾學習的經營者們，每個人並非原本就是「自燃型」的人。有很多人應該在繼承家業的瞬間，因為意識到「必須守護自己的公司」這樣的使命感與責任感，成為促使自我燃燒的重要因素。

讓擁有積極、好勝性格的人才喜歡上工作，是培養自燃型人才的方法之一。此外，對性格並不那麼積極、好勝，但卻認真老實的人才，賦予其責任感，是另外一種培養人才的方法。即使是被動、懦弱的人才，如果讓他負責管理三、四位部屬，並且告訴他「請你負責守護這個部門」。他也應該會燃燒自我喊出：「一起加油！」

## ◎喜歡上工作

為了完成工作，我們需要很多能量。同時，這些能量也會激勵我們，讓我們燃燒自我。

因此，燃燒自我最好的方法，就是喜歡上工作。不論是什麼工作，如果全力投入、順利完成的話，將會產生極大的成就感與自信，同時也會帶來挑戰下一個目標的企圖心。在重複這樣的過程中，我們會更喜歡工作。如此一來，不管怎麼努力也不覺得辛苦，同時，也將會獲得美好的工作成果。

在達到這種心境後，我們才能夠達成真正美好的工作成就。

一九九九年三月，我前往京瓷歷史第二久、位於鹿耳島的川內工廠，並且向數百名幹部、員工，說明「走過美好人生的五大要點」。其中，我提到「京瓷迎接創業四十週年，在這期間，我認為我自己走過了美好的人生。不過，真正重要的是，所有的人都應該享有美好的人生。為此，我們必須留意五個要點。」首先，是「喜歡上工作」這件事情。

這確實是我個人的實際感受。我深深地覺得，在大學畢業後所任職的公司裡，多虧「喜歡上工作」這一點，才造就了今日的我。因此，在人生與工作上，我認為「喜歡上工作」非常重要。

一九五五年，我從大學畢業。當時正逢韓戰之後的不景氣，很難找到工作。在老師的介紹之下，我好不容易進入了位於京都，製造絕緣體的松風工業。然而，這家公司的經營狀況卻非常不好。由於戰後十年連續虧損，因此，早已被銀行控管。員工薪資晚一、兩個星期發放也不足為奇。同時，因為業績不好，所以，公司與工會之間也經常發生勞資糾紛。

另一方面，我分配到的員工宿舍，也是破爛不堪，不只榻榻米的表面剝落，連內部的稻草都漏出來了。因為這種種狀況，所以從一進公司開始，我就老是抱怨。原本我應該要心存感謝，畢竟是因為老師的介紹，我才得以進入這家公司。不過，我還是一味地說公司的壞話。

當時，同期進入公司的大學畢業生有五個人。一旦我們聚在一起，就會互相抱怨「沒有想到是如此破爛的公司」。而且，雖然辭職也沒有地方可去，大家還是異口同聲地說著「好想早點辭職」、「誰會第一個辭職呢？」等等的話題。長此以往，也無法讓人喜歡上工作。

後來，有人接連離職。夏天過後，只剩我和另一位京都大學畢業、九州天草出身的男同事兩個人留了下來。

有一天，我們兩個人講好「一起去自衛隊」，還到京都的桂屯駐地索取報名表，並且前往伊丹的自衛隊參加了幹部候補生的考試。結果，我們兩個人都錄取了，可以進入幹部候補生學校。但我卻因為辦理入學手續所需的戶籍謄本來不及從鄉下寄過來，因而無法入學。結果，這位朋友說了「稻盛君加油。我自己去了！」之後，就精神抖擻地起程了。最後，連可以發牢騷的對象都走了，只剩下我一個人留在這家破爛的公司。

於是，我轉變自己的心情，「抱怨似乎損人不利己。既然如此，不如試著拚命投入工作。」之後，我便埋首於精密陶瓷的研究。有趣的是，竟然出現了不錯的研究成果。

在大學時，我原本的專門領域是有機化學，特別是石油化學、塑膠等等。至於陶瓷的領域，我只是在上班之前，臨陣磨槍，研究了一下而已。相較之下，無機化學並非我喜歡的領域。

然而，一旦投入研究，而且有了不錯的結果之後，就變得愈來愈有趣。因為有趣，就更想投入，繼之而來的，是更好的結果。如此，短短一年左右，我成功合成了新的高週波絕緣材料，這是日本首次的研究成果。

其實，比我的研究早一年左右，美國的奇異公司（ＧＥ）也成功地合成這個材料。由於我是獨立完成日本首次的研究成果，因此獲得周圍很多人的讚賞。高興之餘，也產生了自信。同時，我的人生也從此開始順利翻轉。

「喜歡上公司」與「喜歡上工作」這樣的想法，造就了今日的我。如今，我依然銘感於心。

苦。

## 因為喜歡，將會不辭辛勞

此外，如果喜歡的話，就不會感到辛苦。討厭的話，不管做什麼事，都會覺得很痛用心投入研究的時候，我從員工宿舍把鍋碗瓢盆都搬到研究室，在那裡一邊生活，一邊做實驗。這麼做一點也不覺得辛苦，反而快樂得不得了。

俗話說，「天涯亦咫尺」。意思是說，如果是喜歡的人，即使是相隔千里，也會感覺彼此距離很近。

打高爾夫球也是如此，如果只是說：「我們去走十八洞看看」，恐怕馬上就累了。相反地，如果是喜歡打高爾夫球的人，就可以一邊追著球，一邊走完十八洞的距離。

京瓷創業以來，我始終以日繼夜地投入工作。鄰居總會驚訝地詢問妻子：「您先生到底是幾點回家呢？」老家的父母親也時常來信關心：「那麼努力工作，身體會不會受不了？」從旁人的角度來看，可能會覺得辛苦，但我卻因為喜歡做，並不會感到辛苦與疲累。

此外，如同所謂的「喜歡所以精通」，工作也會更加熟練。

我認為，「喜歡上工作」應該是完成重大的工作成就，最重要的事情。

## ◉探究事物的本質

我們透過徹底探究一件事，將能夠體會到真理與事物的本質。所謂的「探究」，就是全心投入一件事，藉以掌握其中的核心本質。徹底探究一件事情的體驗，將可適用於其他各方面的事物。

乍看之下是無趣的事物，只要將公司所交付的工作視為天職，並且全心投入，持續努力的話，一定可以從中發現真理。

一旦了解事物的真理，無論任何事、處在任何環境，我們將可以自由自在發揮所長。

之前，我們談到了「貫徹完美主義」、「認真拚命投入工作」，以及「不斷付出樸實的努力」。如果一整天落實上述這三件事，我們將能夠探究到事物的本質。

貫徹完美主義、用心投入工作，在持續三、五年，甚至十年的過程中，我們將會逐漸探究到事物的本質。我認為，這個過程與禪宗的師父坐禪開悟的過程是一樣的。

禪宗的師父並非每天只是坐禪修行，他們必須自己煮飯、打掃、澆水、種菜，以及準備三餐。這些日常的種種工作與坐禪一樣，都是修行。

換言之，「用心投入一件工作」就是修行。例如，在準備餐點時，我們就必須忘卻雜念妄想，專心一意。這個過程，將會開啟悟道之路。如果只是一年到頭、從早到晚像不倒翁一樣坐禪修行，也不會開悟。

我意識到，在全心投入精密陶瓷的研發，以及用心經營公司的過程中，我自己掌握到了某種類似核心的本質。

以前，我曾經在電視上看到一段廟宇修繕師傅的談話，內心深感佩服。這位師傅大約六、七十歲左右，小學畢業之後，似乎就持續從事廟宇的修繕工作。在電視節目中，修繕師傅與大學的哲學教授進行對談。師傅講得頭頭是道，連大學教授也招架不住。

俗語說，「一技之長」。所謂「徹底探究木工的工作」，並非只是使用刨刀建構出完美的建築物而已，同時也適用於培養自己美好的本性。換言之，我認為擁有一技之長、探究事物本質的人，也將能夠通曉萬事萬物。

## 在投入工作中，形塑不變的人格

探究事物本質的人，也洋溢著某種不同的風格。即使沒有接受學校的高等教育，也能夠培養出美好的人格。

如前所述，我曾受邀前往美國華盛頓，在戰略國際研究所的研討會上，以「領導者人格的重要性」為題，發表演講。

美國的有識之士，指出柯林頓總統的醜聞，讓他們不只對於總統這個代表國家的領導者的資質感到懷疑，同時也對於美國的領導現狀強烈感到憂心，因而開始思考「領導者應有的條件」這件事。

在我所寫的《新日本　新經營》一書中，我列舉了幾個作為理想的領導者應有的資質。然而，在演講中，我並沒有談論書中的內容。一開始的時候，我提出了「因為擁有美好的人格，所以能夠成為經營者」這樣的人格論。然後，我說明了有關「如何培養這種人格？」的內容。

然而，我們必須注意的是，人格會「改變」，而非完全固定不變。例如，原本以為是老實、優秀的品德高尚之人，成為領導者之後，在周圍人士的阿諛奉承中，逐漸變得傲慢。最後，人格完全改變。

相反地，也有些人在年輕時為非作歹，讓周圍的人傷心難過，但卻在晚年時覺醒，轉變為完美的品德高尚之人。換言之，人格是會變的，會隨著環境與情況而改變。

那麼，是否可以培養不變的人格呢？在演講中，我舉出了在內村鑑三的《代表的日本人》一書中所提到二宮尊德的故事。

二宮尊德是日本江戶時代的農民。雖然他可能在私塾裡念過一些書，但卻稱不上是「鑽研過學問」。從晨星到夜空，每天扛著鋤頭、鐮子等，辛勤地在田裡工作，儘管如此，二宮尊德卻完成了讓農村由貧轉富的豐功偉業。

日本各地的諸侯，在聽聞了尊德的事蹟後，紛紛邀請他前來重建窮鄉僻壞的農村。尊德接受了這些請求，接二連三地將貧窮的農村重建為富足的農村。

不久之後，江戶幕府將軍也聽到了這樣的傳聞，於是邀請尊德前往將軍府。對於當時的情況，內村鑑三做了如此的描述：「雖然出身貧窮，也沒有什麼教養的一介農民尊德，穿著與武士一樣的禮服前往京城，並且與當時的武將們一起談話，言行舉止皆相當合宜。」

換言之，人格是靠投入工作而培養，而不是靠鑽研學問與閱讀書本來培養。

在那次的研討會中，我以「透過不斷投入工作培養人格的人，應該被選為所有組織的領導者。如此，集團將不會陷入不幸之中」這樣的結論，結束了我的演講。

## 一事通，萬事皆通

即使現在，我也會集合很多人談一些類似說教一樣的內容。然而，談論的內容並非專業的領域，而是我個人多年來在陶瓷的研究、製造、販賣，以及公司經營方面的經驗。不過，一旦徹底探究一件事物，其中的道理將可適用於萬事萬物。

本來，我並不是一個可以在華盛頓的學者、官員等美國知識界人士面前說話的人。我只是一個在京都這個城市，四十多年來始終不厭煩，持續從事著普通的陶瓷工作的人。然而，在這個過程中，我所體會到的心得，在具備美國中樞地位的華盛頓也可以適用。我認為，一旦徹底探究一件物，其中的道理也將適用於一切的事物。

此外，在日本，雖然我沒有特別學習經濟相關的知識，但是，如果我在經濟團體等地方發言，大家也都會尊重我的意見。我認為這並不是因為我擁有權威，而是由於曾經投入心血、探究某種事物的人所發表的言論，將會切中真理。因此，才會受到尊重。

提到經營者，有些是繼承家業，有些則是自行創業。而關於產業別，有運輸業，也有紡織業、零售業等各式各樣的種類。重要的是，如果「不想就這樣結束自己的一生，想做更多不同的事情」的話，我們就必須喜歡上工作，並且為了更美好的明天，不斷地構思創意，持續努力下去。

## ◎在漩渦中工作

工作，無法靠一個人完成，必須由上司、部屬，以及許多人，大家一起合作才能完成。在這樣的情況下，我們自己一定要積極、推動工作，周圍的人才會自然地提供協助。這就是所謂「在漩渦中心工作」的意思。

公司到處都有工作的漩渦。一留意才發現到，有時候別人才是工作的中心，自己只是圍繞在周圍的配角而已。如此，將無法體會到工作真正的喜悅。換言之，我們必須讓自己成為漩渦的中心，並且積極融入周圍的環境中工作。

我經常對員工說明「成為漩渦的中心」這件事情。

在公司，我們會提出像「加強員工教育，提升員工素質」等各種議題，其中，也會有「這是總務的工作嗎？還是人事的工作呢？」這種責任區分不明確的工作。

在這樣的情況下，當某個問題被提出後，必定有「下班後，大家集合一下。針對日前總經理提出的加強員工教育、提升員工素質一事，我們討論一下」這樣的提案人出現。

這種提案人並不限於年紀大的資深員工，有些年輕的員工也會召集自己的前輩，發表自己的提案。

如此，大家將會聚集到提案人的周圍，形成一個漩渦。一個議題將形成一個漩渦。當許多這樣的漩渦到處在運轉的時候，公司必定充滿朝氣與活力。

「自己懶散的話，部屬與晚輩就會掌握主導權，自己只能圍繞在周圍。因此，讓自己成為中心，善用周圍的人吧！」

我經常如此鼓勵無法激起漩渦的資深員工。

並非以命令來指揮人，只要提出問題，人自然就會聚集，而且在周圍形成一個漩渦。公司需要這種風氣。

例如，假使有一個這樣的議題：「讓我們今年的營收倍增」。這時，如果有個年輕的新進員工提案說：「課長，總經理說營收要倍增，我們是否可以集合大家，討論一下要怎麼做呢？」那麼，這個年輕人就是領導人。這麼做並不是因為想要帥，而是因為擁有目標意識。在公司中，我們需要能夠成為漩渦中心的人。

我經常呼籲員工：「我希望你們能夠成為激起漩渦的人。沒有這種人才的企業將無法發展。」

## ◎以身作則

在工作上，為了獲得部屬與周圍許多人的協助，我們必須以身作則。即使是別人不想做的工作，我們也必須要有率先投入的態度。

不管說了多少好聽的話，如果沒有伴隨著行動，我們將無法擄獲人心。希望別人做的事，如果自己率先去做，周圍的人也會跟進。

雖然以身作則需要勇氣與信念，但是只要經常銘記在心，身體力行，就可以自我提升。公司高層當然更不用說，公司裡的所有人也應該努力營造一個以身作則的職場環境。

身為領導者，必須站在第一線工作。我認為，「領導人是以工作時的背影來教育部屬」，所以，我從一開始就努力站在第一線工作。

然而，也有人會認為，領導者站在最前線，真的理想嗎？戰爭時，在第一線與步兵一起辛苦作戰的是中士、軍官等，總司令一般是在後方指揮作戰。

領導者應該在什麼位置呢？從公司成立開始，我經常思考這個問題。

我所閱讀的「領導學」等相關書籍中，寫到「領導者，最重要的是不可誤判形勢」。如果是公司，總經理的職責是綜觀所有的領域，包括技術、製造、業務、財務、教育訓練、人事、總務等等廣泛的範圍，並且下達各種準確的指示。因此，有許多的經營者就盲目接受了「領導人應該站在可以綜觀全局的制高點，指揮全軍」這樣的意見，並且身體力行。不過，我實在不這麼認為。

在戰爭電影中，當士兵在最前線挖戰壕，並且在傾盆大雨中，冒著槍林彈雨誓死抵抗敵軍時，我們會看到隊長出現在最前線，與士兵並肩作戰的身影。他激勵著在最前線的戰壕中，啜飲著泥濘的雨水，瀕臨崩潰的士兵。看到冒著生命危險、在最前線堅持到底的隊長時，我們會讚賞：「真是優秀的領導人！」

雖然，這麼做或許可以守住這個防線，然而，在其他沒有看到的戰線，可能因為被敵軍擊破，結果紛紛敗退，以致全軍覆沒的情況。此時，應該也會有人批評說：「那個笨蛋隊長自己耍帥前往最前線指揮作戰，陶醉在『勇氣十足的優秀隊長』這種讚美聲中，而無法綜觀全局，最後，導致全軍覆沒。」

或者，如果是在後方指揮作戰的話，也有人會說：「在最前線，雙方都已彈盡援絕，而展開了刺刀的肉搏戰。敵我混戰中，士兵們渾身是血。這時，遠在後方的指揮官卻不知道前線的狀況如此悽慘。只是在後方的小山丘上紮營，氣定神閒地看著戰況。若是這樣的話，無論有多少戰況報告，都無法傳遞第一線的急迫感，而導致誤判戰局。」

在後方比較好，還是前往第一線比較好？我也曾經認真思考。

我認為，兩者都有道理。在後方綜觀全局、指揮作戰也有道理；前往最前線與士兵們同甘共苦，並且在生死關頭的掙扎時激勵部屬也有道理。只是，我了解到，不可極端偏頗任何一方。

儘管如此，在聽到了日俄戰爭乃木希典將軍與大山巖元帥的故事之後，我強烈地認為領導人似乎應該前往第一線，與士兵們同甘共苦。

**雖然領導人擁有站在最前線的勇氣**

在日俄戰爭時，兩軍在聳立於俄羅斯的軍港旅順港後方的二〇三高地，曾發生壯烈的爭奪戰。由於只要佔領二〇三高地，並且以大砲轟炸旅順港的話，將可贏得這場戰爭。因此，當時的乃木將軍，率領日本的陸軍，企圖攻佔二〇三高地。

然而，當時俄軍早已在二〇三高地上，構築了陣地，也佈置了整排的機關槍。在肩負著三八式步槍的日本士兵採取攻勢時，俄軍以機關槍連續掃射，以致日軍死傷遍野。儘管如此，日軍還是有勇無謀地連日採取突擊。即使日本士兵的鮮血已染紅了二〇三高地，乃木將軍依然像是笨蛋似的，只會不停地喊著：「衝啊！衝啊！」當時，在日本湧起極大的譴責聲浪，甚至要求撤換乃木。

二〇三高地是一個絕對必須攻陷的軍事要地。為了攻擊東鄉平八郎所率領的日本艦隊，俄國的波羅的海艦隊已在接近中。一旦敵艦駛入旅順軍港，對日本將非常不利。因此無論如何，日本方面一定要壓制住旅順港。為了奉行這個戰略，乃木將軍才會在前線拚命作戰。

在背後調動乃木將軍的是當時的滿洲軍總司令大山巖。大山元帥在遠離二〇三高地的地方擺好陣勢，聽著遠方隆隆的砲聲。

前線的乃木將軍，在戰力一天一天地消耗中，誓死作戰。在那樣的情況下，據聞有一天早上大山元帥起床時，用他的鹿兒島口音對著副官說：「今天是在哪裡作戰呢？」

雖然也有傳聞說，因為大山元帥就是那麼大膽的人物，所以日本才會贏得日俄戰爭。不過，聽到這件事，令我感到相當驚訝。雖然大山巖是我們鹿兒島的偉大人物，我卻認為這樣的人不可以擔任指揮官。

依照中國的說法，大山巖是大人物，一旦擺出將軍的態勢，對於小事也會面不改色。如此，部屬將會產生信任而安心工作。因此，領導人絕不可以是不知所措、心神不定的膽小鬼，而應該更有膽量。這就是中國所謂的「英雄」。

在聽到這個故事的瞬間，我認為，「領導人不可待在後方。無論如何，都要前往第一線，和大家一起努力。」從此之後，我就將「以身作則」作為領導的宗旨。

或許，站在後方綜觀全局也很重要。不過，接著一定會有人以此為藉口，這些人會主張：「我並不輕鬆。是為了綜觀全局才會待在後方。」這是因為他們不想辛苦，只想輕鬆，所以才會這麼說。對於這些逃離前線，躲在後方享樂，卻謊稱「我在綜觀全局」的人，我想這麼告訴他們：

「你在說什麼！既然是領導者，請到前線工作看看，你自己也去拿訂單回來。自己無法取得訂單的人，不要指示別人『你去拿訂單』。」

然而事實上，一直待在前線而導致誤判戰局的可能性也有。因此，領導者必須臨機應變地在前後方移動。換言之，前往第一線激勵部屬，與大家一起辛苦工作，同時也能返回後方綜觀全局。不過，最重要的是，領導者必須要有站在員工的最前面，辛苦工作的勇氣。

「以身作則」不只是公司總經理的問題，其他負責業務、製造的課長、部長也必須以身作則。總之，我們不能對人頤指氣使，自以為了不起，而必須成為以身作則的領導者。

## 將自己逼入絕境

無論遭遇到什麼困難的情況，絕對不可以逃避。在陷入掙扎痛苦的困境時，只要有「無論如何」的迫切感，我們會突然注意到平常忽視的現象，而找到解決的線索。

如同在火災現場的蠻力一樣，被逼迫到絕境時，只要以真摯的態度面對遭遇，我們將會發揮出平常料想不到的力量。

人往往會選擇比較容易做的事情，但是，如果能夠經常將自己逼入絕境，將會創造出驚人的成果。

我認為在不景氣時，特別要牢記這件事。在解決問題之際，我經常有意地將自己逼入絕境。換言之，以正面處理問題的態度，將自己逼入困境，而不是逃避嚴酷的現實。

以前，在研發過程中，曾經有過這樣的體驗。

即使連續幾天熬夜實驗，也都無法獲得好的研究成果。在痛苦掙扎的困境中，我依然不分晝夜地持續進行實驗。

在如此緊迫的情況下，有一天我好像突然覺醒，長期以來的緊張感緩和了下來，解決問題的靈感瞬間閃過。我依照這個靈感試著實驗之後，順利地獲得了成果，這是我的經驗。

雖然從地方性的大學畢業，進入京都的松風工業任職後，我就開始研究精密陶瓷，但是，我並非擁有這方面專業知識的優秀研發人員。原本，我是專研自己喜歡的石油化學，特別是合成樹脂相關的有機領域，同時，也打算以有機化學為畢業論文的研究主題。然而，卻到處找不到相關工作。最後，好不容易決定到無機化學領域的產業任職。才匆匆忙忙地將研究主題改為無機化學的領域，而臨時抱佛腳地完成了畢業論文。當然，我也選修了無機化學的課程，並且修得學分。所以也並非完全不懂。只是，對於無機化學，我原本並不感興趣。

投入無機化學的研究過程中，我在很短的時間內，成功合成了新的陶瓷材料。後來，我才得知美國奇異公司的研究單位已經研發成功了同樣的材料。換言之，在晚了奇異公司一年左右的時間，我以完全不同的方法，合成相同的材料。這個研發成果，不僅是當時公司的主力商品，後來也為成京瓷創業初期的主力商品。

一般而言，我應該是無法做到才是。因為我只是地方性的大學畢業，又並非這個領域的專家。當時，我只是想「無論如何，我必須完成這個研究」，同時也將自己逼入可說是「沉迷的境界」，埋頭研究。過程中，在突然放鬆的瞬間，我獲得了研發的靈感，我想答案就在其中。

在《京瓷哲學手冊》中，有如此的描述：「將自己逼到極限，拚命努力的話，不久之後，將會出現『神的啟示』。」

雖然靈光乍現的是我們自己，但是，這就彷彿是上天憐憫辛苦中的我們，而給了我們啟示。因此，我也告訴員工：「我們要一心一意努力到連上天都想伸出援手。如此，我們一定可以獲得啟示。」

## 餘裕中產生的創意，只是單純的隨想

在此，我想稍微提一下，大學時代畢業論文指導恩師的事情。

好不容易找到了工作之後，我就匆匆忙忙地跟著無機化學的老師學習。那位老師的人品很好，同時，也很喜歡喝酒。聽說，如果酒喝完的話，他會拿實驗室的酒精，以熱水稀釋後繼續喝。真是一位生性快活的老師。喝醉之後，也經常帶我們這些學生回家，繼續喝到天亮。即使是半夜，也會向師母提出「去買酒回來」這種不合理的要求。由於老師這種天真爛漫的性格，使他相當受到學生們的敬慕。

畢業幾年後的某一天，我久別重回母校。當時的我全心全意投入京瓷的商品研究與公司經營。所以，在與老師喝酒聊天的時候，似乎也散發了那樣的氣氛。此時，老師告訴我：「稻盛，那麼辛苦，身體會受不了。人，如果不放鬆的話，將無法浮現出好的創意。身為技術人員的你，必須不斷想出美好的創意，進行開發。因此，你不可以如此思慮過度。」

然而，我卻如此回覆老師：

「老師，這是不對的。美好的創意靈感只有在被逼入絕境、努力研究時才會產生。雖然老師說，如果不放鬆，就不會有好的創意。但是，我認為，餘裕中產生的創意，只是單純的『隨想』而已。這種程度的隨想，無助於工作的推展，也無益於最尖端的研究。」

也許這麼說很沒有禮貌，但從事學術研究的老師們，很少有「即使豁出生命，也要貫徹自己的研究」這種迫切性的想法。那些留下卓越的研究成果、取得諾貝爾獎的研究人員應該都是將自己逼入絕境，從事深入研究的人。

我想起當時年輕的自己，是這樣反駁老師的：「如果想要留下真正美好的成果，如此天真想法是不行的。」

## 將自己逼入絕境，不可能也會變成可能

關於「將自己逼入絕境」，我想再說一件事情。

將自己逼入絕境，是「熱中」的意思，也就是「只埋首於一件事，無視於其他事情」這種精神意識集中的狀態。

俗話說：「火災現場的蠻力」。當鄰家著火，火勢延燒到自家之前，為了保護身家財產，瘦弱的婦人竟然將很大的衣櫃搬了出來。火勢撲滅後，自家並沒有受到波及，想把衣櫃搬回原位，此時，即使用力推拉，卻一動也不動。為什麼當時可以搬得動這麼重的東西？真是不可思議。

雖然先前我提到了「神的啟示」這種精神層次的內容，但是，「火災現場的蠻力」也證明了，一旦集中精神，將會產生肉體與物理方面巨大的能量。

此外，也有這樣的例子。對一位瘦弱的女子，施以催眠術，請她雙手交叉，並暗示她：「妳的手如同鋼鐵般強硬，不管懸吊什麼東西，妳交叉的雙手都絕不會鬆開。」如此，即使一個大男人真的去扯她的手，也不見鬆開。在魔術的世界裡，也有類似的場面。

如果是普通狀態的成人，被用力拉扯時，會站不穩。然而，以催眠的形式，集中精神的瞬間，卻發揮了極大的力量。催眠術也好，所謂「火災現場的蠻力」也好，都是同樣原理。換言之，透過將自己逼入絕境，我們不僅可以獲得精神方面的靈感，也能夠發揮物理方面想像不到的力量。

此外，「將自己逼入絕境，熱中埋首於研究之中」這件事，還有另一個意義。

如果竭盡全力將自己逼入絕境，直到「這已經是極限」的地步，內心將會感到「已經盡了全力」的驕傲，並且也會達到「其餘就交給上天吧」的心境。

不景氣時，周圍的公司都紛紛倒閉，自家公司的客戶訂單也愈來愈少。然而，即使如此，也要竭盡全力投入工作。這種「竭盡全力」將會產生安心的感覺。

我也是竭盡努力到「已經盡了全力，其餘就交給上天吧。如此，公司還是倒閉的話，我也沒有辦法。」這樣的地步。假如只有努力一半，萬一公司倒閉了，我將會感到懊悔：「當時，我如果能夠再努力一點就好了。」

這是非常重要的事情。由於每個人大都是努力到一半而已，所以，最後都陷入了「支票沒有兌現」、「籌不到錢」、「已經快要倒閉」，以及「啊！如果當時努力該有多好」這種擔心與後悔的困境之中。同時，也可能積勞成疾。最壞的情況，甚至可能喪失性命。

我們應該要竭盡全力，直到能夠達觀地認為「我自己已經盡力了」，其餘的就交給上天吧。換言之，在達到安心立命的境界之前，將自己逼入絕境。

## ◎在相撲台中央進行比賽

所謂的「在相撲台中央進行比賽」意指，經常將相撲台的中心視為相撲台的邊界，並且以一步也不能後退的心情，承擔工作。

以商品的交貨期為例，我們並非配合客戶的交貨期，完成商品的製作。而是要將交貨期提前幾天，想像為這是相撲台的邊界，竭盡全力，嚴守這個期限。如此一來，即使發生料想不到的事故，也還有從容應對的可能，不至於造成客戶的困擾。

換言之，我們必須經常一邊採取預防措施，一邊準確地進行工作。

這個項目也出現在我所寫的《成功的熱情》一書中，英文版《*A PASSION FOR SUCCESS*》是由美國麥格羅．希爾公司出版。以前，關於這個項目，曾經有過令人非常開心的事情。

摩托羅拉公司製造手機終端機的部門，有位年輕的事業部門主管說：「我們以『在相撲台中央進行比賽』（Wrestle in the center of the Ring）作為事業部門的宗旨。」為此，我不僅感到相當驚訝，同時也感到非常高興。

在公司成立不久時，我意識到這件事。中小企業的經營者，由於應收帳款回收的延遲，以及支票兌現日期的逼近，經常忙著籌錢。例如半夜跑去朋友家，請求協助：「可否設法幫忙籌個五十萬日圓？如果明天沒有準備好這筆錢的話，支票會跳票，公司也會因此而倒閉。」或者，跑去銀行，為了貸款而低頭拜託。然而，卻怎麼也借不到錢。面對期限逐漸逼近，一籌莫展地到處奔走。我想，大家也都看過這樣的經營者。此外，也有人在拚命到處籌錢，設法讓支票兌現後，以為完成了一件重要的工作，因此而感到滿足。

不過，支票兌現應該是理所當然的事情。這樣的經營者並沒有做到加分的動作。儘管如此，他們卻顯露出彷彿自己也是企業家的表情。見到這些人，我有以下的想法：

「支票的兌現日期是之前就決定的，因此，我們應該知道，要在事前準備好資金。既然如此，為什麼會在兌現日期即將到來時還到處奔走呢？」

這些人就會找藉口：「我原本可以借到錢的，但是因為那個人手頭不方便……。」

然而，我還是認為這很奇怪。不只是籌錢，交貨期的問題也是一樣。

我經常以相撲為例，如此說明：

「逐漸被逼到相撲台邊界的相撲選手，在驚險急迫的情況下，將對手扔出界外。既然有力氣在邊界將對手扔出界外，為什麼不在相撲台中央就使出這樣的力氣呢？由於被推到了相撲台的邊界，容易被懷疑腳是否先踏出去了，勝負的判定也會有爭議。因此，請在相撲台的中央大顯身手，而不是被逼到邊界時，才勉強使出全力。」

所謂的「在相撲台中央進行比賽」意指，「在從容不迫時，就竭盡全力投入工作中」。當業績不斷下跌時，既然已經知道單單持續本業，業績將無法改善時，就要設法提出對策。等到資金及體力都已耗盡，即使想改善，也無能為力。如果想要發展別的事業的話，一定要在有能力的時候去做。假如在發展順利的時候，因為安心而不做任何事；等到發展不順，才勉強想改善的話，條件也將轉趨不利。

想要大展身手，請在最佳的情況下好好發揮，這就是「在相撲台中央進行比賽」的意思。

## 總是以滿分為目標，提前準備考試

小時候，我是個淘氣大王，不怎麼念書。上小學之後，一開始我的成績很好，出乎父母親的意料。因此，他們很高興地說：「我們家的小孩很了不起。」然而，當我漸漸習慣學校的生活，朋友也愈來愈多之後，我開始不念書。以前，我們是用甲乙丙丁作為成績的評比，小學畢業時，我一個甲也沒有，全部是乙。儘管如此，我還是想進入全縣最好的「鹿兒島一中」。雖然老師說：「一個甲都沒有的人應該考不上。」但是，我還是堅持地說：「無論如何，我想去讀。」並且參加了入學考試。果然不出所料，我沒有考上。此外，在我的評分表上也被評為「品行不佳」。由此可見，「落榜」也是理所當然的事情。最後，我進了當地的中學校就讀。上了中學之後，我依舊老是在玩，一、二年級的時候，還經常大打出手。此外，我也曾經在全校同學坐在觀眾席上，在眾目睽睽之下，大打群架。

由於每天從早到晚都與人爭吵，幾乎沒有在念書。

就這樣，在進入高中生涯的第一年時，朋友在回家的路上看書，我偷看了一下他在看什麼書。那是一本名為《螢雪時代》的書，當時覺得是很難懂的書。

我問他：「我還以為是漫畫，你在讀很難的書啊？這是什麼書呢？」

他回答我：「看來你似乎在狀況外。這是考大學的學生所閱讀的書，我想考大學。」

由於我曾經想過高中畢業之後，就在當地的銀行上班。因此，聽到朋友這麼說，我很驚訝，同時，也慌張地拜託他：

「不好意思，這本書可以借我嗎？」

他拒絕我說：「不行！因為這本書是最新一集，所以不能借。」

但是，我還是繼續懇求：「舊刊也可以。」最後，他把《螢雪時代》的舊刊借給我。

回家閱讀之後，我有了恍然大悟的想法。

或許是因為當時也正值開始思索未來出路的時期，以往我對自己的價值觀是「吵架很厲害」、「棒球很強」這些事情。但是，從此之後，我開始覺得成績不好是一件很令人羞愧的事情。

因此，從高中二年級的學期中起，我就開始念書了。因為在此之前，我幾乎沒有在念書，所以，重讀了國中一年以來的物理、化學，以及數學等科目，以準備大學考試。我的頭腦並不聰明，因此只能靠努力來彌補。

或許是因為努力的結果，我幸運地考上了大學。

一般而言，所有人都是在大學入學之前，努力念書，考上大學之後就開始玩。然而，我卻因為沒有錢玩，而且求知若渴，在大學的四年期間，我都很用功念書。當時我穿著木屐上學，下課後，就到縣立圖書館，繼續閱讀到深夜才回家。由於在此之前，我不大念書，自覺落後同學很多，因此，我就像是「死讀書」的學生一般，從早到晚用功讀書。

一到考試的時期，如果是考物理，事前會公布考試範圍。因此，考前如果有複習考試的內容，充分準備的話，不管怎麼出題，應該都能回答，取得好成績。以我而言，我會在考前一、二週，就做好無論如何出題都能取得滿分的充分準備，直到迎接當天的考試。

我想，大家也都應該知道，考試期間的準備大概常有預期外的事情。例如，朋友邀約「一起去看電影」，因為考量到朋友之間的交往也很必要，就一起去了。或者，在家裡因為受到誘惑，就跟著兄弟姊妹一起去玩了。總之，由於受到各種瑣事的阻撓，即使知道必須準備考試，直到最後，卻什麼也沒做。

一旦想著：「由於沒有時間，只複習了三分之二，如果能多準備就好了。如果沒複習到的範圍，沒有出題的話，該有多好。」以這樣的心態去參加考試，結果都是「偏偏，還是出題了」而懊惱。原本想做好準備的人，應該都有這樣的經驗。在高中初期，我自己也曾經有過幾次相同的失敗經驗。

我非常討厭這樣的事情。與其事後後悔莫及，不如事前充分準備。

如果認為在考試前一天複習完成即可，而訂定了剛好來得及的計畫，後來一定會因為某些狀況，而無法如期準備完成。換言之，「如果我們可以將計畫提前，預留時間，即使發生問題，應該也能夠在考試之前，全部複習完畢。」

基於這樣的想法，在大學面對考試時，最遲我也會訂在考前一個星期完成複習的計畫。

由於我小時候曾經得過結核病，因此，一旦感冒，就會出現類似肺炎的症狀，並且為發燒所苦。我曾經有過幾次在考前感冒發燒，臥床不起的經驗。幸好早就複習完畢，即使抱著高燒參加考試，也大概都取得滿分的成績。

因此，我們必須預留因應突發狀況的時間，也就是，必須留意「在相撲台中央進行比賽」這件事。由於從學生時代開始，我就如此銘記在心。因此，看到在支票到期日之前，擔心著支票是否可以兌現，而到處奔走的經營者，我總會想，「這麼做是不行的。

這樣的經營者，將會使公司倒閉。」

## 教導死讀書的學生，認識人性的另一面

這是以前在京都舉辦大學同學會時的事情。雖然鹿兒島大學的工學院有化學、電機、機械與建築等四個科系，但是，由於整個工學院同年級的學生少到只有六十到七十人而已，因此，大家的感情都很好。儘管科系不同，我們也經常聚在一起。此外，因為我們說過「無論如何，也要去京都」，所以，我們就在京都舉辦了同學會。

其中，有一位和我一樣畢業於化學系，任職於貿易公司，一直從事著電子相關工作的朋友。在與這位朋友喝酒時，我想起了以前的事情。

這位仁兄比我年長一歲，由於留級，變成跟我同年級的玩伴。當時，他似乎都不上學，總是跑去打柏青哥。他看不過去如此死讀書的我，於是就邀請我一起去玩。

「稻盛君，你打過柏青哥嗎？」

「沒有。」

「既然如此，我帶你去玩玩。」

他帶我去一家位於鹿兒島最繁華鬧區的柏青哥店。在那裡，他給了我一、兩百日圓的遊戲籌碼，並且告訴我：「你也玩一玩。」當時，還是一顆顆投入珠子，手動式的柏青哥機台。

坦白說，我並不想去。對於當時每天都在圖書館念書的我來說，多少有些瞧不起這個朋友。「如此懶散又不念書，一定會再被留級。」不過，由於沒能徹底拒絕邀約，我覺得有點倒楣。

我一邊想早一點回去念書，一邊心不在焉地打著柏青哥。結果，迷迷糊糊就輸了。另一方面，朋友狀況不錯，整箱都是珠子。我稍微看了一下之後，由於環境吵雜，空氣也不好，我說「因為輸了，所以想走」之後，就回家了。

幾天之後，朋友又邀我「一起去打柏青哥」。雖然不喜歡，我還是跟著一起去了。結果我又輸了。我再次拍拍他的肩，先行離去。在第三次，當我告訴他「我先回去」時，他說：「稻盛君，等我一下，再一下我就玩好了。」並且留住我。

當時，還有一位比我高，綽號「鐵五郎」的好賭之人。這個人也賭輸了，呆呆地站在一旁。我和連書都不念的鐵五郎並排站著，我想，當時我應該露出了不悅的神情吧。

總算把珠子兌換成現金之後，我們一起走出柏青哥店，這位朋友毫不客氣地走進了隔壁一家大食堂。雖說是大食堂，因為是在一九四〇年代的後期，也只是一個類似臨時搭建的小屋而已。這家店有所謂「嚇一跳烏龍麵」這種兩球烏龍麵的有名餐點。當時是相當難得的盛宴，朋友招待了鐵五郎和我享用這道美食。

當時，他將勝利取得的東西，分享給別人，而非自己獨佔。這種行為給了我極大的衝擊，彷彿是腦袋受到重擊一般。這位朋友邀請了每天只會去學校與圖書館的同級生，並且用自己的錢讓同學增廣見聞。最後，還用自己在柏青哥賺來的錢，招待了我這個無趣的同學。目前為止，我所鄙視的他，愈看愈像是偉大的人物。

相較之下，在朋友說「你也好好玩」並且提供金錢援助時，我卻沒有好好享受，一賭輸就馬上回家。我不只深切體悟到自己的器量竟然這麼小，同時也感覺到自己修養的不足。

之後，大學四年級的時候，我曾經與這位朋友一起去位於宮崎縣日南的紙漿工廠，進行一個月的現場實習。在研究方面，如果有不懂的地方，我會教他；在社會的人情世故，以及玩樂方面，我則向他學習。他相當成熟，而且與社會人士也能對等地往來。因此，我總是戰戰兢兢地尾隨著他，學習應對進退。「原來如此，在這個時候需要這麼打招呼。」

在同學會上，當我說起這段回憶時，他則是回答說：「有那樣的事嗎？」接著，我告訴他：「如今，在各種場合中，我經常談到『人應該如何？』這件事。當時，你所教導的事情，也成為了我思想的一部分，並且被我有效利用。」聽到我這麼說，他也很高興。

雖然有點離題，但是「在相撲台中央進行比賽」這個原則，是原本只會像書呆子般讀書的我所想到的事情。我認為，在人生的各種場合，我們都應該實踐這個重要的原則。

## ◉真心面對

為了完成負責的工作，我們必須直率地相互指出彼此的缺點與問題點。不可敷衍了事，應該要不斷地以「什麼是正確的事情呢？」為基本，真心、認真地討論事情。假如看到了缺點與問題，但卻因為過於擔心被別人討厭，而什麼都不講，藉以維持和諧的話，這麼做是大錯特錯。

有時候即使是說得口沫橫飛，鼓起勇氣挑戰彼此的想法，也很重要。透過這個過程，將會產生彼此之間真正的信賴關係。如此，我們的工作會做得更好。

如果想要解決問題，原本我們應該真心、率直地討論：「我認為，你的做法這裡有問題。你應該這麼做才對吧。」然而，如果我們對主管這麼說的話，日後將會因為處事不夠圓融，而產生問題。因此，所有人都不會明講。此外，對同事也是如此，假如因為直言不諱而破壞了人際關係，我們將會很困擾。結果，無論如何，我們都只是在講場面話而已。

如此息事寧人的做法，雖說是一種處世之道。然而，公司裡，只靠場面話與情理無法成事。我們必須真心面對彼此，真誠地討論工作。

實際上，大部分的人都沒有真心面對彼此，推動工作時只是表面應付，「只要延續到目前為止的做法，應該就可以了吧。我們不需要勉強採取革新的做法，而使事態惡化。」這是敷衍應付工作的人內心的想法。

在大企業裡，只要善於交際、阿諛奉承，而且處世圓融、做事平穩，似乎就可以獲得晉升。然而，在中小企業，由於每日都是嚴峻的考驗，只靠表面應付根本無法成事。如果希望讓公司成長的話，我們就必須真心地互相討論。話雖如此，我認為這並不容易做到。

例如，當我說：「貫徹京瓷哲學的基本原則——『身而為人，什麼是正確的事情？』很重要。」大家也會回答：「我知道。」然而，大家還是會擔心周圍的情況，猶豫一旦說出真心話，可能會造成嚴重的後果。

此外，假設公司內部發生了有點異常，但不至於違法的問題。如果我們發現之後，告訴主管「那個員工的行為有點奇怪」，我們將會成為搬弄是非之人。而且，要是被周圍的人認為，「那個人想要表現，所以搬弄是非」，也很不好。結果變成即使覺得奇怪，也視而不見。如此一來，只要問題沒有惡化到相當程度，大家便不會向公司高層報告。

再舉一個例子。假使有一位人品好又有能力的主管，因為過於熱中工作，導致身體不適，因而時常休息。如果是正常的狀況，主管休息期間，若工作有所延遲，身為部屬的人應該向公司報告狀況，並且妥善處理。但是，假如向公司報告，主管可能因而被革職，如此一來，辛苦建立起優秀部門的主管會很可憐。在這樣的人情考量之下，部屬隱匿了事實。然而，如此隱匿不報的做法，有時卻演變成為事業部門非常嚴重的問題。

為了避免這種事情，我們必須真心面對，就算說得口沫橫飛，我們也必須揭露事實，相互討論。不過，真心的討論，也有規則。首先，我們當然不可以總是挑剔對方的缺點，相互扯後腿。儘管是事實，我們也必須禁止這種言行。換言之，我們一定要以「為了大家好」為立足點，積極地、建設性地真心討論事情。如果是這樣的討論，一定會有很好的創造性結論。

## 無私的判斷

當我們要決定一件事情時，如果有一點點私心，判斷將會偏頗，而導致走向錯誤的方向。

人總是有自私的想法。如果每個人都忘了相互關懷，最先只想到「我」的話，將無法獲得周遭的幫助，工作也將無法順利進行。此外，這樣的想法也會降低集團的道德感與活動力。

在日常的工作中，我們應該克制只為自己好的利己之心，並且經常一邊自問自答：「身而為人，這是否正確？」「自己是否懷有私心？」一邊做出判斷。

「以無我來思考」，更極端來說，「以犧牲自我來思考」，這就是我所說的「無私的判斷」。

在我創設第二電電這家公司的時候，每晚睡前我都會嚴格地捫心自問：「動機是善良無私的嗎？」這也是我創業的原點。我們必須做出客觀、正確的判斷，而不是做出對自己好的判斷。為了讓事情順利成功，這一點非常重要。

然而，在考慮事情時，我們都會有私心。這是因為人類都有想要保護自我的本能。在思考事情的時候，先說：「喂！現在開始來想想吧。」然後才開始思考的人應該沒有吧！一般來說，我們都是在事情發生的當下，直覺地做出判斷。在那樣的情況下，人類都會依照本能，進行判斷。由於這個本能只會考慮自己而已，所以無論如何，都會做出利己的判斷。

在判斷事情的時候，我們必須先暫且不考慮自己。當然，如果是經營者，優先考慮自己公司的利益是理所當然的事。然而，在做判斷的時候，我們也可以暫且考慮一下自己公司以外的事情。

目前為止，我們都是一心一意朝不想有損失、利己的方向思考。然而，面對與對方的想法相互糾葛的難解問題，在摒除自我之後，我們會一下子找到雙贏的最佳解決方案。在進行判斷時，我希望大家一定要記住無私的判斷。

雖然說我們要做出無私的判斷，但是具體而言，怎麼做才好呢？我來教導大家技巧。在發生事情的瞬間，我們會考慮：「應該怎麼辦？」在做出結論之前，我們可以先「等一下」，深呼吸，然後回想：「說起來，稻盛先生曾經提過『請忽視自我，再思考看看』。」接著以第三者的立場想想看。如此，我們應該會找到最佳的解答。

在上位者假如充滿私心，判斷錯誤的話，公司的未來將會留下嚴重的禍根。正因為如此，無私的判斷這件事才會特別重要。

## 具備平衡的人性

所謂「取得平衡的人」是指，不管對於任何事情，都經常懷抱著「為什麼？」這樣的疑問，並且擁有邏輯性，徹底追究問題的合理態度，以及親和、完整人格的人。無論具備多麼優秀的分析能力，以及堅持多麼合理的行為，若只有如此，應該無法獲得周圍人士的協助。相反地，若只是當一個大家都認為的好人，也無法確實地推展工作。

**為了進行美好的工作，我們必須兼具科學家的合理性以及「為人付出」的品德。**

我們必須兼具科學的合理性以及豐富的人品，同時取得不偏不倚的平衡。

由於我本身是化學的專家，而且也是從事陶瓷研發的研究人員。因此，我擁有科學性、合理性的思考習慣。也因為如此，導致我非常愛講道理，並且希望以科學、合理的方式來處理事情。然而，如同之前提到的，學生時代的我，是一個死讀書的人。朋友透過玩樂，讓我窺見了人性美好的一面。當時我學到的是，不只是科學、合理的想法，豐富的人性也很重要。同時，對於經營者而言，兩者必須兼備，缺一不可。

以前，業務同仁們在拜訪客戶，返回公司後，向我報告當天的拜訪內容。其中，有位同仁報告說：「哎呀，這件事很難。我也覺得莫名其妙。」對於這種不合理的報告內容，我嚴加指責。

我經常談論「形上學」以及「精神」領域的事情；但在公司經營、業務活動，以及研究開發等方面，我一概不容許不合理的發言。由於莫名其妙的事情，將會造成困擾，因此，所有公司活動的相關問題，都應該要有合理的證明。同時，如果無法證明，就不值得談。在這裡，所謂提出「莫名其妙」的報告，意指毫無道理的內容。以往在會議上，我經常怒斥員工「不要說些無聊的話。全部的發言，都應該有科學的道理。」

如此，科學思考型的人都會希望徹底想通其中的道理。換言之，「死後的世界也好，佛教的世界也好，那些莫名其妙的說法，可以相信嗎？我並不相信無法解釋的事物。」

以我的情況來說，在公司的工作以及研究上，我是徹底的合理主義，絕對不容許不可思議的事情。然而，如果稍微遠離公司的工作，我卻相信佛教的世界這種相反的精神領域。

當兩種相反的人性失去平衡時，就會產生問題。有些人埋首於佛教的世界，而且在相信形上學與宗教之後，將相關的信念帶進經營的領域。此外，好像也有些顧問以極端的博愛主義來進行指導。這是毫無道理的做法。在經營論方面，雖然我也說明「利他」

的重要性，但那是因為有確實的合理性，我才如此說明。

在商業的世界，徹底的合理主義者，在其他的領域也必須是能夠思考形上學的浪漫主義者。換言之，假如不能取得雙方面的平衡，將無法成為一流的經營者。

## ◉體驗重於知識

「知道」與「做得到」，完全是兩回事。

例如，以陶瓷燒成時的收縮率預測為例，就可以了解這個事實。雖然想以文獻等所獲得的知識為基礎，在相同的條件下，進行陶瓷的燒成，但是，實際上每次得到的結果卻經常不同。書上的知識與理論，有別於實際上發生的現象。因此，唯有根據實際的體驗，才能得到真正的本質。

不管是業務部門也好，管理部門也好，道理完全一樣。唯有立於這樣的基礎，知識與理論才有意義。

所謂「體驗重於知識」意指，相較於別人的教導與書本的知識，我們應更加重視自己的體會。

關於這一點，我以「研究」為例，進行說明。

例如，假設我們想將幾種陶瓷原料依照某種比例混合，並且藉由攪拌使其混合均勻。接著，在成形之後，以高溫的窯爐進行燒結。這時，即使我們完全按照書本與文獻記載的方式去做，包括使用的原料、混合的比例、成形的方式，以及燒結的溫度等，我們也無法製造出與書上相同的成品。

如果是以粉末狀態進行混合的話，混合的程度不同，燒結後的成品也會不同。如果以氣態、液態進行混合的話，將可分別達到氣態、液態分子大小的均勻混合程度。雖然在書本與文獻上有寫著「這個成分，請依照這個比例進行混合」，但是，關於要混合到什麼程度，卻沒有記載。

此外，在成形之際，我們是藉由加壓使粉末定形。這時，成形後的密度，也就是粉末的堅固程度不同，燒結後的品質也會有所改變。關於這一點，雖然在書本上有寫到「成形」，但是，關於以多大的壓力成形比較好，卻沒有記載。如果只是把粉末混合，然後成形的話，我們將無法製造出自己期盼的成品。

關於燒成，也是如此。雖然在書本上有寫到「以幾度來燒成即可」，但是，如果突然將陶瓷製品放入那個溫度的窯爐之中，東西將會破裂粉碎。換言之，應該一開始是低溫，之後再逐漸加溫。不過，關於每次加溫幾度，以及加溫的速度等，書本上並沒有寫到。我們必須自己思考、運用經驗去執行。

如果是接受過學校高等教育的人，應該都知道書本上所寫的內容，因此，他們應該也可以說明：「如果以這種成分的原料加以混合、成形，並且以某個溫度燒結的話，我們就可以製造出這種陶瓷製品。」然而，如同我所說的，「知道」與「做得到」，是兩回事。

我認為，如果想要擴展非自己專業的新事業領域，公司的經營者們都會聘僱專家。此時，我們應該以「知識」與「實際體驗」這兩個角度來聽取專家的建言。這個道理與「只知道陶瓷理論，卻沒有製造過陶瓷的人，應該無法生產出陶瓷的相關製品」的道理是相同的。我們不能將「知道」與「做得到」這兩者等同視之。

此外，行銷也是如此。在大學學習過行銷的人，滔滔不絕地談論現代的流通理論，並且向總經理建議：「這個問題，這麼做就可以了。」此時，由於總經理並沒有學過行銷，也的確覺得有些佩服。於是，總經理就指示：「那麼，就請你試試看。」結果，這位沒有銷售經驗，也不懂銷售禮儀的男士，當然不會成功。

由於每個人都是知識、理論優先於行動。因此，即使只知道理論而已，也認為自己應該可以做得到。然而，這只是錯覺。這些人必須透過實踐來驗證理論。我們可以告訴他們：「既然你說這麼做可以銷售出去，那麼請你銷售看看，證明一下你的說法。」然後讓他們去實踐。如此一來，除了理論之外，自己也能夠有所體會的話，就正好是「如虎添翼」。

在顧問指導經營訣竅的時候，這種說法也適用。如果接受指導，首先，我們可以看看那個人是否有實績。缺乏實績的顧問，沒有意義。由於在這裡的各位經營者都實際付諸行動過，因此，我們遠比光說不練的人更了不起。付錢給總是攪和理論的顧問，並且接受他們的指導，是最不明智的行為。

如果要聽建言，請選擇有實績的人。我認為，比起口才好的人，聽取有實際經驗，並親身體會的人所提出的建言，更有意義。

## ◎經常從事創造性的工作

雖然將公司所交付的工作視為終生的工作，並努力去做很重要，但卻不只是如此就好。在認真努力的同時，每天都思考、反省：「這樣好嗎？」並且進行改善、改良也很重要。我們絕對不可以只是漫不經心地重複著與昨天相同的事情。

在每天的工作中，對於公司交付的任務，經常思考：「這樣好嗎？」同時也抱持著「為什麼？」的疑問，不斷思考著「今天比昨天更好」、「明天比今天更好」的改善與改良方法，將會導引出創造性的工作。藉由如此不斷的努力，也將會有長足的進步。

這一點表達了我從京瓷創業至今一貫的態度。

以中小企業的經營者來說，有些人是繼承家業，也有些人是自己開創新事業。無論如何，這些人在看著已顯著發展的大企業時，自己應該也會想：「我們的公司也想變成那樣。因此，我們也想嘗試看看被稱為有前景的資訊、通訊業務。然而，儘管這麼說，我們不只沒有那方面的技術，也沒有人才與資金。因此，終究是不可能的事。」

換言之，雖然有很多想要努力的新事物，卻因為條件不足，始終也只能停留在中小企業的規模而已。

大學畢業之後，進入陶瓷器公司上班的我，以當時學到的陶瓷技術為基礎，在大家的支持下，成立了京瓷這家公司。創業初期的技術水準很低，當然企業規模也不大。不過，在創業四十年後的一九九九年，我們成為合併營收超過七千億日圓的公司。此外，如果加上一九八四年所創立的第二電電一兆兩千億日圓的營收，我們則是營收大約兩兆日圓，值得自豪的企業集團。

那麼，如果說到原來的我是否具備那樣的創造性？答案是否定的。在今天我親自參與的事業中，我自己非常了解的技術領域極為有限，反而幾乎都是員工的技術與努力的結果。

也許是因為我是技術人員出身的緣故，「重複相同的事情」並不符合我的個性。因此，我經常留意「為了今天比昨天更好，明天比今天更好，後天比明天更好」，每天都要不斷用心努力，毫不懈怠。此外，或許也可以說是科學的態度。對於所有的事物，我也會提出「為什麼會變成這樣呢？」、「沒有更好的方法嗎？」這樣的疑問，然後自己想辦法。

另一方面，我也會不斷呼籲員工：「即使是打掃，我們應該也可以思考各種不同的方法。例如，今天從這邊開始打掃看看；明天從那邊開始打掃看看。此外，也可以試著利用拖把來打掃得更乾淨等等。我們應該下工夫去思考怎麼打掃才會更有效率、更有效果，而不是每天都重複同樣的事情。經常以這樣的認知努力工作很重要。」

一直以來，我自己都是如此，持續不斷地構思新的創意。回首過去，自從出社會到現在，我覺得我不曾走過相同的道路，也就是「習以為常的道路」。我也認為，我不曾回過頭去，反而都是一直向前看，持續邁進。現在我所走的路，對我而言，也是全新的道路。我看著前方，持續走下去。

松下幸之助先生也是如此，總是一邊嘗試新的事物，一邊走出自己的路。松下先生在小學輟學後，前往大阪當學徒，後來，創建了松下電器這家大公司。缺乏學歷的松下先生，為什麼能夠創建如此世界級的電器製造公司呢？原因並不是他將所有的事情都交付給了優秀的員工，而是因為他不但了解高深的技術，也會親自激勵部屬。

松下先生以「由於我沒有學問……」作為開場白。同時，也以謙虛的心情與態度，擷取旁人的智慧。松下先生透過「口耳相傳」的學問，一點一滴累積智慧，並且以此為基礎，想出了創造性的事物。

如此的態度，正是中途輟學的松下先生之所以能夠創建名列世界之冠的松下集團的原點。相較於博士級優秀技術人員的意見，松下先生以「口耳相傳」的學問為基礎的發言，反而更有分量。這是因為松下先生每天都以自己的創意構思，不斷追求創新的緣故。

為了「明天比今天更好，後天比明天更好」，我們要經常絞盡腦汁。即使只是微小的地方，也要持續改良與改善。這樣的態度就是「從事創造性工作」的意思。

以之前所提的打掃例子來說，如果是更進一步下工夫思考的人，可能會開始想：「難道沒有比拖把更有效率、清潔效果更好的東西嗎？」而且，也會提出以下的建議：「總經理，可以買新的吸塵器嗎？因為使用吸塵器不僅遠比拖把、掃把更有效率，同時，只需要我一個人就可以打掃。如果這麼做，一時之間可能會覺得買了貴的吸塵器，可是，考慮一年後的結果，可以節省人事等相關費用，打掃成本反而會降低。」

此外，甚至有人會提議：「我們想聘雇員工從事大樓的清潔工作，所以，是否可以讓我們獨立開一家公司呢？」因而連結到新公司的成立。透過到目前為止各種不同的嘗試，員工已經掌握打掃的訣竅，因此，即使展開大樓清潔的業務，應該也不會有困難。

雖然每一天透過創意的構思所產生的改變並不多，但是，持續三年之後，應該也可以引起讓人覺得不可思議的巨大變化，「原本負責打掃的人，竟然能夠經營一家了不起的大樓清潔公司。這是怎麼回事！」

當我見到一些中小企業的經營者時，他們會說：「京瓷擁有高端的技術，令人羨慕。在哪裡可以學習到這樣的技術呢？懇請務必教導我們公司這樣的技術。」這些經營者認為，他們應該可以在某個地方取得帶動公司發展的劃時代技術。

然而，事實並非如此。如果是相當有錢的公司，或許可以花個幾十億購買技術。不過，以這種方式，不斷成長、發展的公司卻不多。一般都是透過每天不斷地努力，才學習到卓越的技術。換言之，藉由投入時間，持續進行一些「這樣的事情，真的可以讓公司順利發展嗎？」的小小努力，幾年後，公司內部將可累積技術。

## 將礦坑變成寶藏的創新構思

我不斷向京瓷員工說明：「每個人每天都要有創新的構思。因為公司發展的原動力並不是學歷與專業知識，而是創新的構思。」其中，我經常舉出以下的例子，進行說明。

在美國有一家名為３Ｍ的公司，這是一家業績很好的化學製造公司，擁有黏著膠帶，以及錄影磁帶等品牌商品。

３Ｍ公司的創辦人是一位很能幹的人，從公司還只是中小企業時，似乎就很富有。當這位創辦人想擴大公司的規模時，剛好有朋友問他：「要不要購買礦山？」聽說有優質的礦石，於是，他決定以高價購買了那座礦山。

然而，事實上，那只是一座開採後的碎石所形成的礦渣堆而已。為了慎重起見，他也請專家來調查這座礦渣堆的礦石，結果專家說：「完全沒有價值。」這位創辦人才發現，特意花了一大筆金錢，卻被朋友騙了。然而，後續發展卻讓人覺得，不平凡的人果然不同。

這些碎石的主要成分幾乎都是石英。看到這座石英的碎石山，這位創辦人就想要

「設法利用這些碎石」。

後來，他們將這些石頭進行篩選，區分出顆粒粗細不同的石頭，然後再試著將這些石頭顆粒撒在塗有黏著劑的紙上。待黏著劑乾燥後，石頭顆粒便附著於紙上。他們利用這些紙摩擦鍋底，轉眼之間，鍋底就變乾淨了。特別是以細小顆粒的紙摩擦後，金屬也變得光亮好看。因為覺得有趣，所以他們決定將它商品化。這就是「砂紙」的誕生。

然而，由於一開始使用便宜的紙張，因此，稍微摩擦後，紙張就立刻變得破爛不堪。於是，他們請教了專家。專家教導他們：「既然如此，你們應該使用具有耐久性的紙張，黏著劑也要用這種的比較好。」之後，他們試著進行改良與改善。

原料決定後，接著購買機器、篩選碎石，以及黏貼紙張等等的工作也都準備就緒時，「砂紙」的量產總算有了目標。他們將做為原料的小石頭打碎，並且按照顆粒的大小進行篩選、分類，從粗到細，製造了各種不同種類的砂紙，進行銷售。結果大為成功，非常暢銷。

接下來這位創辦人想要「製造品質更好的產品」，於是，他便想了種種的方法。如果黏著劑不夠黏，一旦砂粒剝落，就無法有效研磨了。不過，如果黏著力太強，研磨的狀況也會不佳。最理想的狀況是，研磨的同時，砂粒也會適度地剝落，而讓砂紙的表面經常都是新的砂粒。為了研發理想的黏著劑，3M的創辦人也拜訪了大學教授的專家，委託他們進行黏著劑的研究。另一方面，關於紙張的部分，由於無法完全委託給供應商，他們也開始自行製造理想的紙張。

此外，因為他們學習了黏著劑的相關知識，所以，他們就想：「不只是砂紙，我們也可以製造類似黏著膠帶的產品看看。如果有到處都可以黏貼的膠帶，一定會很方便吧。」於是，他們也開始製造類似現在我們所使用的黏著膠帶。隨後，他們進一步擴大用途，不只是用來黏貼紙張的膠帶，同時也製造了絕緣膠帶。由於在捲電線時，絕緣膠帶非常好用，因此也大為暢銷。最後，他們更進一步生產了醫療用膠帶，上市銷售。

不久之後，隨著電子產業的發展，作為卡式錄音帶等的記憶體，錄音用的磁帶也問世了。這種錄音用的磁帶，是先在樹脂做的磁帶表面塗上黏著劑，然後，再塗上氧化鐵的粉末。3M的創辦人自稱：「將粉末均勻地塗在磁帶上是我們的專業。」於是，他們也加入了磁帶製造的行列。如此，他們接連不斷地運用自己的技術，進行多角化的事業推展。

在得知被朋友欺騙而買下礦山時，３Ｍ的創辦人恐怕很灰心喪志，差一點當場倒下吧。然而，當時他看著握在手上的石頭，心裡想：「我要設法利用這些石頭。」於是，他藉此機會不斷地反覆構思，並且從事創造性的工作。最後，他終於創建了今日３Ｍ這樣的大公司。

大部分卓越發展的企業，都應該走過這樣的歷程，而絕對不是一開始就擁有特別的技術。

## 透過創造性的工作，將中小企業發展為大企業

為什麼我要如此拚命地說明這件事呢？那是因為我希望大家都可以了解，公司將會隨著經營者的意志而改變。或許有人認為「京瓷很特別」，但是，事實並非如此，我覺得，每個人都做得到。

在創業當時，京瓷曾經生產映像管的絕緣材料，也就是「Ｕ字型高週波絕緣零件」，供貨給松下電子工業（現 Panasonic）。那時，松下電子工業從荷蘭的飛利浦公司引進技術，開始製造映像管，而且使用了我所開發的Ｕ字型高週波絕緣零件。

其次，我們也開發了稱為「陰極射線管」的零件。電視的構造是，電子從電子槍飛出，撞擊到塗在映像管上面的螢光體而發光，進而描繪出影像。為了送出電子，必須將陰極加熱。因為最近的電視在待機時，經常處於預熱的狀態，因此一打開電視，就會立刻出現影像。不過，以前是不會馬上出現影像的，這是因為從陰極加熱到電子飛出需要時間。

為了讓陰極加熱，我們要傳送高壓電流。因此，如果沒有絕緣，將會非常危險。於是，我們就生產了擁有高絕緣性，而且非常薄的陰極射線管，交貨給松下電子工業。

U字型高週波絕緣零件與陰極射線管，兩者都是製造映像管的主要零件，而這兩個產品也奠定了京瓷發展的基礎。

提供給特定公司的單一產品，一旦暢銷而且出現利潤，我們當然會開始思考客戶的開拓，以及相關技術的應用。我也曾經想過：「將來映像管應該也會繼續成長，因此，我也想將現在生產的絕緣零件，銷售給東芝公司及日立公司。如此，公司將會更加成長。」

此外，因為映像管是真空管的一種，所以，作為真空管所使用的特殊絕緣材料，

「收音機等等的真空管，應該也可以使用。」這也是理所當然的發想。

假如京瓷因為「生產單一商品也能獲利」，而安於生產松下電子工業所需的映像管零件，今日的京瓷會變成怎樣呢？

不久之後，真空管全部被電晶體所取代，因而從市場上消失。雖然映像管依然存在，但是，由於技術的革新，開發了簡單又便宜的絕緣方法，也就是進行直接絕緣材料的塗層，藉以取代原本使用的絕緣零件。如此一來，最初的U字型高週波絕緣零件，以及煞費苦心製造的陰極射線管等產品也就不需要了。假如做錯一件事情，也許，現在的我們也只能一面回想過去的榮景，一面被迫轉換到別的產業。

然而，為了進一步增加訂單，我尋求了所有的可能性。除了真空管之外，我認為「陶瓷應用的可能性，不限於電子的領域」，因此，我考慮了其他領域的擴展。陶瓷產品具有耐高溫、耐磨耗的特性，同時也擁有僅次於鑽石的高硬度。既然如此，如果在容易磨耗的地方使用陶瓷產品，應該很好吧。這麼一想，我就到處東奔西跑，探詢是否有公司正在尋找不會磨耗的零件。

當時，在纖維產業，出現了尼龍這樣的化學纖維。由於尼龍非常強韌，而且在製造過程中，尼龍線也會快速地滑動，因此，在尼龍線滑動的部分所使用的金屬零件很快就被磨耗而不堪使用。我認為，如果可以用陶瓷零件取代金屬零件，這個問題應該就能夠解決。於是，我便著手進行開發。後來，製造纖維的機器也使用了許多陶瓷零件。在這個趨勢下，我進一步到處探詢，「在其他領域，是否還有可以應用陶瓷的地方？」

不久之後，在開拓美國市場的過程中，我們遇見了電晶體。後來，我們也以陶瓷的材質製造了電晶體的頂蓋。在製造過程中，雖然需要非常高度的技術，但是，最後京瓷也設法克服了。此外，在真空管消失之際，京瓷甚至生產了全世界電晶體的頂蓋。後來，雖然電晶體又替換成了積體電路，京瓷也進行了陶瓷積體電路封裝的開發。

原本我們並沒有相關的專業知識。同時，我們也完全沒有料想到「電晶體時代的來臨、真空管的消失」這樣的技術變遷。只是，我們不會滿足於現狀，而不斷專心致力於所有的事物，勇敢挑戰新的領域。這種態度造就了今日的京瓷。

換言之，「經常從事創造性的工作」，正是中小企業成為中堅企業、中堅企業成為大企業，最基本的手段。

## 3 做出正確的判斷

### ◎以利他之心作為判斷基準

在我們心中，存在著「自己好就可以」的利己之心，以及「即使犧牲自己，也要幫助他人」的利他之心。假如以利己之心做判斷，而只考慮到自己的話，將無法得到任何人的協助。同時，以自我為中心的結果，視野也會變得狹隘，而導致錯誤的判斷。

反之，假如以利他之心做判斷，而懷抱著「一片好心」的話，周遭的人都會提供協助，視野也會變得寬廣，而能夠做出正確的判斷。

為了達成更好的工作，我們必須考慮周圍的人，並且以充滿關懷的「利他之心」做出判斷，而不應該只考慮到自己。

當部屬有事前來請教，或者，必須對部屬下達種種工作指示時，經營者必須做出各種不同的判斷。我們往往都會以直覺做判斷，然而，沒有受過訓練的人以直覺做出判斷時，大多數的人都會以「本能」來思考事情。

「本能」是形成我們內心最基本的部分，同時，它也是以保護自身肉體為最優先的考量。因此，它會採取有利於自己的行為與想法。換言之，本能就是我經常談到的「利他之心」的相反，是為了保護上天賜予我們的肉體。因此，本能沒有好壞之分，而是我們的一部分。

人在考慮事情的時候，往往會以自我為中心來判斷。例如，考量對自己是否方便？或者，自己的公司是否會因而獲利？因此，一般而言，我認為，許多經營者都會如此以本能來進行判斷。

不過，這樣的判斷，也許有利於自己，但是，也有可能造成別人的困擾。

舉一個極端的例子來說，例如，有人想要以高於市場的價格賣東西給不懂行情的客戶。這個人明明知道，如果對方以這個價格購買，一定會有損失。儘管如此，他卻以「因為對方說他要買，這不是很好嗎？」為理由，就把東西賣給對方。

如果只以本能思考事情，不僅會像這樣讓別人遭受損失，同時也恐怕會引起日後更大的問題。相反地，如果以利他之心做判斷，優先考量對方：「或許自己會獲利。不過，日後對方一定會很苦惱。」同時提出：「你不需要以這麼高的價格購買，我用合理的價格賣給你。」雖然你會覺得初次交易似乎有所損失，但是，日後肯定會帶給雙方美好的結果。

### 考量「是否有利於對方」，再做出判斷

在《京瓷哲學手冊》中，我提到：「即使犧牲自己，也要幫助對方的想法，就是利他之心。」這份利他之心，不僅適用於公司的經營，同時在國家的治理，以及教育的推行等各種情況下，也是非常重要的判斷基準。

儘管這麼說，以利他之心進行判斷，本來是只有開悟的聖人才能做得到的事情。「利他之心」的終極境界就是「開悟的境界」。因此，雖然我告訴大家，「請以利他之心做判斷」，但是，即使是我自己，也只有達到一半的層次而已。

據說，如果擁有高層次的判斷基準，將可清楚看見所有的事情。因此，如果我們

請教已經開悟的卓越人士，他們將可輕而易舉地下結論，並且告訴我們「那件事可以做」、「請不要做那件事」等。那是因為他們可以看見所有的事情。

可惜的是，充滿著「只要自己好就可以」這種本能的平凡人卻在世間蠢蠢欲動，並且經常埋首於勝敗、得失，以及損益等渾身是血的爭戰之中。擁有利他之心的人在觀察世間時，似乎是從更高的地方來觀察事物，因此，可以綜觀全局。此外，他們也知道，那些自認為以正確的判斷，進行工作的平凡人，只要稍微再進一步就會遭遇挫折。

舉例來說，充滿利己之心的人，雖然前面有水溝，不能通行，但是，假如他深信自己走在正確的道路上，他會視而不見，並且覺得「那條崎嶇不平的道路，似乎比較好走」，而一腳踩在水溝上。結果，撲通一聲掉進水溝裡。充滿欲望的心，對於顯而易見的事物，也會視而不見。

然而，如同剛剛所說的，雖然我提到「請以利他之心做判斷」，但是，對於我們這些沒有修行的平凡人而言，不只無法理解，也很難實行。即使聽到我的呼籲，也馬上又會以是否獲利來思考事情吧。為了避免這樣的情況，怎麼做才好呢？我來教導大家方法。

例如，當我們在思考「是否購買某件商品？是否銷售某件商品？是否要接受別人的委託？」等問題時，答案很快就出現了。由於這些答案是來自本能的想法，因此，在受制於這些想法之前，請稍微深呼吸一下。暫且先將最初的想法擱置一旁，並在做出結論之前，先思考：「請等一下。如同稻盛先生所說的，請以利他之心做判斷。因此，讓我們再想想是否有利於對方，而非只考慮是否有利於自己而已。」稍作緩和，等到確信有利於雙方時，才做出決定。如果沒有這麼做的話，很可能會導致損人利己的結果。因此我認為，在思考過程中，加入這樣的考量非常重要。只要養成這樣的習慣，即使是尚未開悟的、像我們這樣的平凡人，也應該能夠做出美好的判斷。

關於「利他之心」，我想再稍微說明一下。所謂的「利他」是指，幫助他人，讓他人感到喜悅的意思。據說，釋迦牟尼佛在他的前世時，曾經以自己的身體餵食因飢餓而瀕臨死亡的老虎家族。佛教所提倡的最高利他行為是，即使犧牲自己的身體，也要幫助別人。

如果我說利他就是這樣的事情，可能會有人說：「話說得好聽，你不是生意人嗎？一方面追求利益，而且還說如果沒有一〇％以上的利潤率，將無法獲利；另一方面卻想幫助別人，這是極大的矛盾。如果是一邊幫助別人，一邊經營事業的話，就不會有一〇%的利潤。」

事實上，雖然剛剛有提到利他之心的最高境界是，犧牲自己的生命，幫助對方。然而，由於生命有限，因此，在一生之中，我們不能以最高境界的「利他」作為規範，總是犧牲自己。不過，關於利他，也有不同的理解方式。

人生在世，每個人都拚命地度過只有一次的寶貴人生。正因為如此，我們必須與世上所有的萬物共生共存。自己存活，也讓對方存活。地球上的一切生物，所有萬物，都能夠一起生存就是利他。基於此點，絕對不會矛盾。

## 大善之德與小善之罪

重要的是，我們必須思考「真正有利於對方的事情是什麼？」這件事情。

假設有一家即將倒閉的公司說：「事實上，我們現在沒有錢。可以賒帳嗎？」並且懇求「用支票付款」。調查之後，傳聞這家公司下個月左右應該會倒閉，支票似乎也無法兌現。即使如此，對方還是懇求：「請賣給我們。」在這種情況下，我們應該賣嗎？

還是應該拒絕呢？

我想，許多人都會猶豫不決。「如果以利他之心做判斷的話，在那樣的情況下，當然應該賣給對方。不過，如此一來，應收帳款將無法回收，而造成公司的困擾。到底怎麼做才好呢？利他之心與事業經營之間，不是矛盾嗎？」

此時，我會思考「大善與小善」這件事情。例如，因過於寵愛自己的小孩，而放任他為所欲為地成長，雖然每個時刻小孩都很開心，但是，嬌生慣養的結果，小孩會變成不通情理的人，而走向不幸的命運。如此，只考慮眼前，而施惠於對方的善行，稱為「小善」。這樣的善行，即使當時看起來不錯，之後也會引起不好的結果。所謂小善與大惡差不多，沒有意義的「行善」，反而會變成「為惡」。

有一本《五體不滿足》（乙武洋匡著）的暢銷書，我也稍微閱讀了一下。作者真的毫不在乎天生的肢體障礙，樂觀開朗地面對生活。如果是一般人，應該會怨恨父母與社會，並且懷抱著「我又沒有錯，為什麼我必須遭受這樣的不幸呢？」這樣的心態度過人生。不過，乙武先生出生之後，一直都沒有失去樂觀與開朗，也完全沒有抱怨自己身體的殘障，真的是充滿元氣地生活著。無論在別人眼裡自己有多麼不幸，乙武先生也都不這麼認為，反而樂觀地思考所有的事情。因此，他過著美好的人生。

父母疼愛小孩是理所當然的事情。不過，疼愛說起來並不是縱容。無論失去雙手雙腳的小孩有多麼痛苦，養育著《五體不滿足》的作者乙武先生的雙親都是溫暖地照料著他，並且為了讓他能夠盡早獨立生活，所有的事情都由他自己一個人去做。周圍的人看來，如此的做法好像是魔鬼一般的殘酷舉動。不過多虧如此，乙武先生成為一個非常了不起的人。換言之，這就是「大善」。

此外，也有「大善近似無情」這樣的說法。對於年幼且肢體不健全的孩子，為什麼要採取那麼冷酷的做法呢？其實在冷酷無情的行為中，蘊藏著養育美好之人的大愛。

之前，在援助發展中國家的組織——政府開發援助（ＯＤＡ）的廣告上，刊載了這樣的描述：「我們不要送魚給貧窮國家的人，而要教導他們捕魚的方法。」如果只給魚，不僅吃完後什麼也沒有，也會讓他們養成不勞而獲的習慣。換言之，並非提供食物，而是教導他們生存的方法。即使因飢餓而感到困擾，也可以利用所學習的方法，前往河裡、海裡去捕魚。也就是「只要學會方法，自己應該也可以生存」這樣的想法，就是「大善」。

提供魚與金錢的做法，只是小善，其結果將會培育出無法獨立生活的人。基於此點，最近慈善事業也在思考：「怎麼做才是真正幫助對方？」在思考「利他」時，我希望大家都可以充分了解「大善與小善」的意思。

## 利他之心能夠看到賺錢背後的真相

在泡沫經濟破滅後，以金融機構為中心的許多企業都陷入了經營的困境。在泡沫經濟時，那些企業幾乎都聽信了「購買土地和股票就可以獲利」這樣的賺錢消息，因而進行投資。或許，有人會說，「我們公司並沒有受騙上當」，不過，那可能只是因為當時剛好沒有錢，如果有錢的話，可能早就被花言巧語所騙，如今公司也倒閉了。

當時，也有一些人提供那樣的賺錢消息給我，然而，我認為：「沒有這麼好的事情。即使有的話，也有可疑之處。如果可以不勞而獲，每個人的工作與世上的事物都會變得很奇怪。縱然一時之間順利賺到了錢，往後我的人生也一定會變得亂七八糟。」因此，我拒絕了所有類似投資的提案。無論對方如何說明，「可以賺這麼多錢耶」，我都相信其中必有可疑之處，而且以那樣的做法，公司也不會順利發展。

如前所述，一旦以利他之心來思考事物，我們經常會看到周圍的人受花言巧語所騙。因為我們清楚知道，自私自利的人只想著自己的利益而到處奔走。

自己一個人任意行動，撞上柱子，腫了一個包，貼著ＯＫ繃，再前往別的地方。心裡想著：「如果去那裡，大概會跌倒」，果然就被石頭絆倒了。而且，明明全部是自己恣意妄為，他卻認為自己完全沒有錯，都是別人的錯。例如，「那裡有柱子不好」、「是路邊的石頭不好」等，而且還抱怨：「我這麼努力，竟然還不順利，這世界到底是怎麼回事！」然而，那些全都是受制於欲望的自己所做的行為。那樣的想法就是事情不順利的原點。

如果以利他之心來看，將會一目了然。同時，對於別人所提供的可疑消息，也能夠看得十分徹底。由此可見，擁有利他之心是非常重要的事情。

如同剛剛我所說的，請各位注意，不要以「自己好就好」這樣的想法來做生意，必須考慮到對周圍的人，以及對交易方的影響，並且在得到「對大家都好」的結論時，才進行交易。

## ◉膽大心細的結合

雖然膽大與心細是矛盾的東西，但是，唯有兼具這兩個極端的特質，才能夠達成圓滿的工作。

所謂兼具這兩個極端的特質，並不是「中庸」的意思，而是猶如編織布料的經緯線一樣。若縱向的線是膽大，橫向的線則是心細。如此，相反的東西，彼此交替出現。膽大可以使工作有力地進行；心細則能夠讓工作避免失敗。

雖然從一開始就兼具膽大與心細，是一件困難的事。但是，只要透過工作，在各種不同的場合，多加留意的話，我們將能夠兼具這兩個極端的特質。

經營者判斷事情的時候，有時必須做出大膽的決斷，但有時也需要謹慎細心，小心翼翼地做判斷。換言之，經營者必須「兼具膽大及心細」。「膽大」及「心細」如同布料的經緯線一樣交織在一起。我們不能經常膽大，也不可以總是心細。此外，也不是處於兩者中間。所謂的經營者、公司高層，必須兼具令人震驚的「膽大」與讓人焦急的「心細」。

這裡所謂的「兩個極端」，並不是「進行超過資本額的投資」這種膽大，也不是「一再猶豫極小金額的投資，結果卻沒有進行」這種心細，而是一方面擁有深情、溫柔的性格，另一方面也有毫不客氣開除員工的冷酷無情。或者，一方面是嚴謹的理論家，看起來一味堅持合理主義，另一方面，則是具有人性、情感的一面。換言之，在一個人的內心之中，猶如編織布料一般，存在著「膽大與心細」、「溫情與冷酷」，以及「合理性與人性」這兩種極端的特質。

此外，我們也必須能夠臨機應變，在需要大膽時，展現大膽；在需要細心時，顯露細心。

每個人應該都有溫情的一面，也有冷酷的一面。平時很愛護員工，另一方面，卻也會開除怠惰、不認真的員工。如此，自己可能會覺得：「雖然總是說愛護員工，但卻突然開除員工。哎呀！自己是不是莫名其妙的人呢？」

如果從事經營的話，這兩種極端的特質將會交替出現。因此，經營者也會苦惱：

「自己是不是雙重人格？」然而我認為，如果不是這樣，將無法從事經營。

公司的員工說：「我們的總經理是好人。」這樣的公司大多經營得不好。因為，總是好好先生的經營者，事業應該不會順利。當然，「沒有人像我們總經理一樣冷酷嚴格」這樣的公司也不行。人太好或太壞都不可以，一個人必須兼具這兩種特質。

乍看之下，這件事情是相互矛盾。然而，擁有這種矛盾特質，卻不認為這是矛盾想法的天才也不少，經營者也好，政治家也好，一旦我們閱讀這些偉人的傳記，我們將會了解許多人都擁有這種矛盾的特質。

並非和他們做比較，我自己本身也擁有矛盾的特質。曾經有好幾次我感到苦惱：「上次那麼大膽，這次卻這麼緊張害怕，哪一個才是真正的自己呢？」平時非常慈祥和藹，關懷部屬的我，卻也曾經「揮淚斬馬謖」。換言之，一方面我溫情地考慮：「這樣的失敗，不需要開除部屬吧？」另一方面，我卻無情地懲處，「唉，雖然這可能是小事，但是，如果放任不管的話，整個組織將會壞死。」哪一個才是真正的我呢？即使苦惱，卻也沒有結論，我逐漸不相信自己。如果告訴員工這樣的煩惱，將會喪失身為經營者的信用。因此，我都一個人獨自發愁。

當時，我接觸到了美國作家史考特・費茲傑羅（F. S. Fitzgerald）所說話：「所謂第一等的聰明才智，是同時兼具兩種極端的想法，而且，讓兩者正常發揮功能的人。」

我們必須在需要大膽時大膽，需要細心時細心。換言之，也就是讓兩個極端的特質正常發揮功能。在得知這句話之後，我也覺得：「啊，即使擁有完全相反的特質，也不矛盾。」而感到安心。

## 兼具兩種極端能力的中小企業經營者

我說明了我們必須兼具「膽大與心細」、「溫情與冷酷」、「合理性與人性」這些兩相極端的特質，以及臨機應變、靈活運用的能力。關於這方面的困難度，我想稍微說明一下。

例如，本田技研的成功是因為，靠著一支螺絲扳手、一把榔頭，就能夠製造出了不起的引擎與摩托車的製造天才——本田宗一郎；以及在公司的經營面，精通會計、掌握收支的名總管——藤澤武夫，兩人的共同努力。

同樣地，據說松下電器也是松下幸之助先生與名總管高橋荒太郎先生的組合；而索尼（Sony）則是技術員井深大先生與業務專才盛田昭夫先生的搭配，才發展起來的。換言之，由於一個人擁有兩種極端的特質並不容易，所以，自己的不足必須由參謀、總管等人來補強。

然而，這樣的例子並不適用於中小企業。因為人才不足的中小企業，應該無法輕易找到適合的助手。

因此，各位中小企業的高層主管必須兼具相互矛盾的兩種極端能力，同時也要讓它們能夠正常發揮功能。中小企業的經營者並沒有驚人的才能，但卻需要有如此高階的能力。即使哭泣，也必須這麼做。為了能夠做到這一點，至今我也自認為很努力。

對於公司的高層主管而言，這個項目中所闡述的內容非常重要。因此，懇請務必了解。

## ◉藉由有意注意，磨練判斷力

擁有目的，並且對目的集中意識，這稱為「有意注意」。

不管是什麼時候、什麼環境，以及多麼細微的事情，我們都必須用心。雖然一開始看起來非常困難，但是，如果平常可以有意識地持續，「有意注意」也會變成習慣。如此一來，在所有的情況下，我們都可以用心注視事物的現象，無論發生什麼問題，我們也都能夠馬上掌握問題的核心，順利解決問題。

無論是多麼細微的事情，我們都必須在平時養成認真注意的習慣，而非只是漫不經心地處理事情。

「有意注意」是指，「擁有意，注入意」，或者「有意識地注意」。「有意注意」的相反是「無意注意」，例如，某個地方好像有聲音，我們反射性地回頭去看。這種意識的使用方法，我們稱為「無意注意」。相對地，「自己主動、拚命地集中意識」，才是「有意注意」這個用詞所指的意思。

世界上，各種規模的公司都有，從員工只有兩、三人的公司，到幾萬人規模的公司。對於大公司而言，微不足道的事件，卻很可能帶給中小企業改變公司命運的衝擊。

儘管如此，還是有些經營者會認為「就算是這樣，也不是什麼了不起的事情」，而不深入思考，只是充耳不聞。事實上，如果看一下公司的經營者們，如此蔑視微小事件的人似乎很多。

在京瓷這家公司成立時，以董事技術部長的身分參與公司經營的我，思考著：「一個了不起的經營者或領導人必須能夠瞬間做出正確的判斷，否則的話，將來即使公司規模變大，應該也無法維持幾萬名員工的生活。」同時，也思索著：「怎麼做才能夠做出那樣的判斷？」

「如果缺乏天生的敏銳感覺與優秀能力，是否無法做出正確的判斷呢？既然如此，像我這種不怎麼優秀的人，無論怎麼努力，可能都無法做出正確的判斷。」我一邊感到苦惱，一邊思考自己能夠做什麼。於是，我決定「不管看起來多麼簡單的事情，我都要認真思考，努力做出正確的判斷」。從此之後，無論多麼微不足道的事件，我都會用心認真思考。即使是現在，這樣的態度也沒有改變。

我所景仰的中村天風先生，徹底鑽研印度的瑜伽。在日本，他被稱為最了不起的聖人，或者賢人。中村天風先生也說：「如果不是有意注意的人生，就沒有意義。」以及「為了能夠以敏銳的感覺迅速做出判斷，無論看起來多麼微不足道的事情，我們都必須養成認真思考的習慣。」

然而，對於不怎麼重要的問題，一般的經營者都簡單地處置，「這種東西，應該這樣就可以吧。」甚至在極端的情形下，會對部屬說：「一切交給你！」然後，委由部屬自行判斷。

平時就是這樣的做法，一旦大事臨頭，發生關係到公司興衰的大問題時，將無法做出準確的判斷。屆時，即使想要「認真思考」，由於平時並沒有養成那樣的習慣，無論如何想破頭，也只能膚淺地思考。

另一方面，無論是多麼微不足道的事情，都認真思考的人，因為感覺敏銳，隨時都可以迅速地做出準確的判斷。所以，在聽到問題的瞬間，馬上就知道：「啊！那個問題，這麼做就可以解決。」並不是因為過去有同樣的經驗，所以不需要特別思考，而是因為他已經能夠以非常快的速度思考，想出最佳對策。

這與聰明無關，藉由無論是多麼微不足道的事情，都認真思考的習慣，每個人都有可能做到。即使一開始思考的速度很慢，想東想西、猶豫不決，在十年、二十年不斷努力的過程中，將可發揮出了不起的敏銳判斷力。因此，我提出「藉由有意注意，磨練判斷力」。

## 即使沒有時間，也要集中意識進行思考

平時我非常忙碌，因此，如果有人提出「希望與您商量一下」，也不容易挪出時間。在極端情況下，即使公司的幹部提出「三十分鐘左右也可以，想與您談一下」，也會是一個月後，有時大約兩個月以後，才能排到時間。我的行程就是如此緊湊，十分鐘與這個人談話，接著，再與不同的人會面十分鐘。也就是以每分鐘來安排行程。

在如此緊湊的行程之下，所談論的內容還原封不動地留在腦海裡，與下一個人見面談話時，頭腦怎麼也無法切換過來，以致效率不佳。因此，在與下一位見面之前，我會將當下的談話內容從腦海中全部刪除。然後，認真傾聽下一個人的談話內容，並且在做

出結論後，讓頭腦再度放空，繼續與其他人見面。每天，我都進行著這種可說是絕技的事情。

如果從早到晚都這麼做的話，將會疲憊不堪。雖然沒有運動，但光是思考就已筋疲力盡。就像這樣，「思考」會消耗很多的能量。

即使是非常簡短也好，想和我談話的公司幹部之中，有人偶爾在公司的走廊與我不期而遇，就趁機向我提起：「關於上次的事情……」因為我也知道對方不容易找到我，所以也就含糊應答。然而，由於當時我正意識著其他的事情，因此，並不是「有意注意」的狀態。

這些時候，我大概都是馬馬虎虎地回答。這樣的做法往往引起很嚴重的問題。雖然當事人說：「幾月幾日，我和名譽會長商量過，同時也得到了會長的同意。」可是，我卻完全不記得。此時，即使我說：「這個笨蛋，我又沒有聽到。」對方也會回應：「我們商量時，您已經說可以了。」仔細詢問之後，我們確實在公司的走廊談過話。

從年輕時開始，我自己就習慣性地說：「我們必須有意注意。」不知不覺中，部屬也變得有點可憐。因此，在走廊擦身而過時，我會想聽聽他們說話，結果反而引起嚴重的後果。這樣的事情也發生過。

這種事情發生過幾次後，我就一概停止在走廊簡單地商量事情，並且告訴大家：「如果有事商量的話，在我的辦公室也好，在辦事處的角落也好，總之，我希望在能夠集中精神的地方傾聽。」

換言之，傾聽談話時，我們必須全神貫注，絕對不可以隨便聽一下，就做出判斷。對於經營者而言，這是必要的態度，無關公司規模的大小。從現在開始也不晚，請大家養成「有意注意」的習慣。如此一來，判斷力肯定會更加敏銳。

尤其，因為各位經營者關係到十人、百人、全體員工，以及整個公司的命運，所以，不管是多麼細微的事情，也希望各位務必養成全神貫注、深入思考之後，再做出判斷的習慣。

## 貫徹公平競爭的精神

京瓷遵循著「公平競爭的精神」，光明正大地做生意。因此，我們最不喜歡的是「為了賺錢，做什麼都可以。或者，允許稍微違反規定或隱匿數字」這樣的想法。

在運動的世界裡，我們之所以能夠從遵守規則的比賽中享受到爽快的感動，那是因為比賽是建立在公平競爭的基礎上。不管是誰，只要發覺矛盾與不正當的情事，都應該光明正大地指出問題。

為了讓我們的職場經常充滿清爽與活力，每個人都必須公平地競爭，並且擁有嚴格的審判眼光。

所謂「京瓷哲學」，就是徹底追究「身而為人，什麼是正確的事情？」也就是以「正確執行身為人類所認為正確的事情」為根本的精神。在「京瓷哲學」中，有「貫徹公平競爭的精神」這個項目，同時我也經常說明「京瓷哲學」本身貫徹了公平競爭的精神。我所說的「公平競爭」，指的是「公正」的意思。換言之，我一直不斷說明，我們應該以「尊重公平」以及「正確地貫徹正確的事情」作為企業紀律的核心，並且完全不可以做不正當的事。從高層的總經理到員工，全體人員都必須徹底做到這一點。

重要的是，我們必須讓這個「公平競爭的精神」深深地扎根在公司內部。在提到「堂堂正正地貫徹正確的事情」時，雖然大家都覺得「正是如此」，但是，經過一段時間後，這樣的感受會愈來愈淡薄。結果，一旦有人稍微提到賺錢的消息等，我們的內心就會覺得「反正只是，一點點而已……」而感到猶豫不決。

以前，我曾經和一位證券公司的幹部談到這樣的內容。如同各位所知，過去證券公司進行虧損填補的事情被發現，而造成了很大的問題。因為「一定會賺錢」的保證，客戶買了股票，結果，受到泡沫經濟破滅的影響，客戶陷入虧損的窘境。後來，證券公司為了填補這個部分的損失，導致很嚴重的社會問題。

雖然那個事件依然記憶猶新，但據說證券業界又再度進行不正當的事情。最近，國債的價格下跌，證券公司「調整了以前的債券損失，並且以調整後的價格銷售新的債券」。據說，他們似乎是以操縱的價格來進行不正當的交易，而非依照市場行情。

儘管上次填補虧損的問題引起很大的騷動，不過，同樣的事情卻不斷發生。雖然這次不是股票，而是債券相關的不正當交易，但是，問題的結構並沒有改變。從事這些不正當行為的證券公司，也因為「不讓客戶遭受損失」而增加交易，發展得愈來愈好。看到這種現象的其他證券公司就說：「只有那家公司順利發展很沒意思。我們公司也來做。」並且打算如法炮製。

只是動了一點小腦筋，而非做了很大的努力，就獲得客戶的歡心，也讓訂單增加，公司發展得愈來愈好。於是，一旦有一家公司開始這麼做，其他的證券公司也就跟著做了。

這不是金額多寡的問題，而是「不可違反規定」這種基本原則失守的問題。所謂「違反規定」，並不是違反「一些些」、「一下下」或「一點點」，罪責就比較輕微。所謂的規定是，不管是多麼細微的事情，都不可以從事不正當的行為。

當時，即使提到了現在所說的內容，每個人也依然會覺得「原來如此」，而在無意之間自行任意判斷，因而誤入歧途。正因為如此，我們必須對公司內外明確表示，我們公司是以「尊重公平的精神作為企業紀律的核心」，並且依照這樣的方法行事。同時，我們也需要具體列出，「這些事情不可以做」這樣的規定，附加在公司的規章裡。

此外，重要的是，如同在《京瓷哲學手冊》中所提到的，不管是誰，只要發覺公司內矛盾與不正當的情事，都應該光明正大地指出問題。因此，營造一個可以無所顧忌地表達意見的氣氛很重要。換言之，如果公司內部有問題，即使是新進員工也敢直言：「在公司內有這樣的事情，難道沒有錯嗎？」但是，假如每個人都覺得，指正錯誤之後，可能受到主管責罵，或者倒大楣，而視而不見的話，公司將無藥可救。

總之，無論地位的高低，全體員工都必須用嚴格的審判眼光，觀察公司內部的現象，這種氣氛是不可或缺的。

## 營造可以提出建議的企業環境

公司是人的集合體，因此，說別人的壞話是不太好的事情。儘管如此，為了主張自己的正當性，或者為了耍帥，有人會說主管的壞話，並且想扯人後腿。有時，雖然沒有不正當的行為，卻有不像話的人會散布不實的謠言，陷人於不義。世上並不是只有善良的人，也有如此惡劣的人。

正因為如此，社會上必然會有「如果批評別人，反而導致自己的人格被懷疑的話，那就不好了」這樣的氣氛。所以，即使發覺公司內部有不正當的情事，也不會有人出來指正。

如果將這種文化視為好事的話，不正當的行為將會在公司到處蔓延。一旦有一個不正當的行為被允許，看到的人就會覺得「那樣也可以嗎？」然後，也跟著模仿。如此一來，公司的道德觀念將會急速惡化。

所謂不正當的行為，周圍以及基層的員工經常都看得到，而公司的高層卻看不到。因為這些行為大概都是背著上面的人偷偷進行。因此，很多的情況是，等到公司高層發覺時，內部已經相當腐敗了。

為了避免這樣的情形，公司必須制定規則，允許基層的同仁指出不正當的行為。換言之，一旦發覺矛盾與不正當的情事，任何人都能夠光明正大地出來指正。否則的話，無論「不正當的行為很不好」這樣的話說得多漂亮，也無法保證平時員工都會遵守。

關於指正的內容，是否真有其事？或者只是為了陷人於不義的壞話？我們也應有辨別的方法。

例如，在部屬指出主管的不正當行為時，我們只要觀察是「單純的個人指責與中傷？」還是「身為公司的一員，所提出的建設性意見？」這兩點即可。

換言之，如果不是「那位部長無恥下流」的誹謗批評，而是「某某先生做了某件事情，這對公司難道不是問題嗎？我希望這個問題務必要糾正」這種建設性的意見發表，我們就應該採納。

再次複述現在所說明的內容：第一，我們必須營造任何人都能夠指出不正當行為的公司氣氛。第二，在這樣的情況下，我們不接受只是列舉公司與主管的壞話，這種指責與中傷的發言。第三，在真的有不正當的行為與矛盾時，假如是以建設性的觀點，提出指正的話，不管是多麼基層的員工想表達意見，我們都應該表示歡迎，同時，主管也應該傾聽。總之，我希望公司內部一定要營造這種氣氛。

## ◎重視公私分明

在工作上，我們必須清楚劃分公私的界線。

此外，將私人的事務帶進上班的時間中，以及利用工作上的地位接受客戶的招待等等，也都必須特別小心謹慎。同時在上班時間中，禁止使用私人電話，以及在工作上所獲得的東西不可佔為己有，必須與大家分享，也是這個道理。即使只是小小的公私不分，也會引起道德觀念下降，最後，危害到整個公司。

我們應該清楚劃分公私的界線，相對於平常的稍微放鬆，在工作上我們必須嚴格自律。

從公司成立開始，我就不斷嚴格地說明這件事。

或許有點過於極端。舉例而言，在上班時間，我們公司禁止使用私人的電話，同時，私人電話打到公司，以及使用公司電話處理私事等，也都完全不允許。

在公司，每個人都是以先前所提的「有意注意」而認真地工作。這時，為了私事，朋友打電話來，你接起電話後，就聊起「下個星期天一起去玩」等私事。那樣的事情並不是工作，在上班時間，我們應該拚命、認真地工作。所以，關於公司界線的劃分，我非常嚴格管控。

此外，我嚴格地告誡「務必劃分公私的區別」還有一個理由，那就是如同「以一知萬」所說的，只要通融一件事，恐怕會發生毫無止境的公私不分。

例如，有所謂的「工作上的好處」，也就是利用自己職務上的地位，獲取個人的利益。具體而言，在公司從事大宗採購的人員，從設法想要取得訂單的業者那裡，私下收取年節禮品。這就是獲得工作上的好處。對於賣方人員而言，希望給採購人員好的印象是理所當然的事。這種情況並不罕見。

但如此一來，採購人員會覺得：「自己處於那樣的地位，一盒點心、一箱水果之類應該可以吧。」無意中就接受了。不過，一開始只是五百日圓、一千日圓的點心，後來就漸漸接受了高價的禮物。此外，一旦體驗過工作上的好處，將會習以為常，而且人也會逐漸變得卑鄙。換言之，公司內部將會培養出卑鄙之人。

我認為，層次最低的人，是「卑鄙之人」。作家城山三郎有一本《粗野，但不卑鄙》的作品。即使是不懂禮貌的「粗野之人」，也不可以是「卑鄙之人」。因為公司不可以培養出最低俗的「卑鄙之人」，所以，我們必須非常嚴格地清楚劃分公私的區別。

於是，我將工作上所收到的年節禮品全部彙總起來，然後再分發給全體員工。同時，我也強烈地告誡員工，工作上收到的年節禮品一概不可佔為己有。

原本我們應該全數拒絕，但是，這麼做又太不合情理。既然如此，我想我們就以公司的立場先收下，然後，再分給全體員工也可以。

這種做法可能被認為太過僵化，但是，我卻藉此維護了公司的道德觀念。

已經參與公司經營超過五十年的我，深刻地感覺到：「這個規定再怎麼嚴格也不為過。目前為止，在世界各地工作的過程中，我也了解到，人為了滿足自己的欲望，甚至連工作上的地位也都可能會利用。」

雖然是自曝其短，我們在美國的集團公司，就曾經發生過這樣的問題。

在美國銷售京瓷的產品，京瓷會先與銷售業者簽定代理合約。對於銷售業者而言，如果可以取得京瓷的產品銷售權，自己公司的業務應當會大幅成長。因此，他們無論如何都想簽下合約。

曾經有一位營業部長說：「與誰簽定代理合約，將由身為營業部長的我決定。如果想要取得我們公司的產品銷售權，請付給我回饋金。」事實上，我們也發覺這位營業部長的確拿了業者的回饋金。於是我解雇了這位營業部長。

不管是多麼微不足道的事情，我們都不允許透過職務之便，獲取不當的利益。假如從平常就默許輕微的不正當行為，事態將會愈來愈嚴重，而且，罪責也會加深。我們不僅不可以造成那樣的罪過，同時，也不應該將員工培育成這種卑鄙之人。

「利用公司的立場，獲取個人的利益」這種事情是對工作夥伴的「瀆職行為」。以用心經營為目標，並且重視員工夥伴關係的京瓷，總是非常小心地思考「公私分明」這件事。

## 公務車的使用，也必須公私分明

公司成長之後，董事們會由專用公務車接送。除了我以外，總經理、副總經理，以及專務董事等，也都是由公司的車輛接送。

當董事們在公司工作的時候，車輛及司機都會在公司待命。因此，在待命期間，如果有任何公務上的需要，也會請求協助。

以前，發生過這樣的事情。有一位政府機關出身的董事，想要準時回家，出去一看，車輛不在。由於總務人員覺得「董事們肯定工作得很晚」，因此，為了其他公務，使用了那部車。那位董事說：「我想回家，車輛卻不在。誰坐了我的車？」有人回答說：「營業部長正在使用。」聽到這樣的回答後，那位董事非常生氣地說：「營業部長竟然使用了我的車子。」此時，總務部長很慌張。聽到報告的我，這樣告訴那位董事：

「並不是因為身為董事，而有配車。那是因為如果成為董事的話，一天到晚都必須專注認真地思考事情。例如在早晚通勤的時候，攔計程車也好，搭電車也好，與其花心思在多餘的事情上，不如讓董事們利用這些時間思考工作。所以上下班時，公司才準備司機與車輛。對於這種不思考工作、只求準時回家，而且因為營業部長偶爾使用車輛而勃然大怒的人，並不需要配車。」

我如此諄諄教誨了那位董事。

所謂公務車的目的是什麼呢？

我覺得，在社會上都解釋為，那是「專務」或「副董」等人的當然權利。事實並非如此。公務車本來的目的是「對公司而言，這個人是很重要的人物。為了讓他在上下班時，也能夠認真思考工作的事情，所以才會配車」。

對於一般上班族身分的經營者而言，一旦開始配有公司的接送車輛，也會成為一種身分地位的象徵。因為是相當榮譽的事情，所以本人與太太都會很開心。同時，偶爾太太也會因為私事而使用那部車。他們認為，這也是一種工作上的福利。

在京瓷，一開始連司機也沒有的我，從自己騎著速克達機車上下班開始。不久之後，從機車升格為速霸陸三六〇。儘管如此，我還是沒有司機，而是自己開著車到處跑。

然而，一邊思考事情，一邊開車，真的是危險至極。因此，無論如何，都需要司機。於是，我們聘雇了一位在運輸公司上班的人當司機。不過，當我們請他不管薪資多少都要以速霸陸三六〇來進行接送時，他卻生氣了。

當我們詢問：「為什麼生氣？」他回答說：「一旦在國道上行駛，卡車會逼近，並且無視我們這些小車。若是如此，我們可能會從路肩摔落。如果想要甩開而加速，也很快會被追上。」他甚至說：「這種可怕的感覺已經夠多了，我馬上就想辭職。」為了安撫他的情緒，結果我讓司機坐旁邊，而陷入自己開車的窘境。

雖然因為大於速霸陸三六〇的車比較奢侈，而沒有購買。但是，情況也逐漸改變。後來，我們買了CORONA。那是一部排檔不順，同時也經常因為齒輪的咬合，而導致引擎停止的車子。儘管如此，司機已感到滿意，而終於願意開車。

我經常告訴我太太：「因為我擔任總經理這個重要的職務，而且必須集中精神工作，所以才由公務車接送。但妳是家庭主婦，而且與公司業務沒有任何關係，因此，一概不可以乘坐公司的車輛。」我太太也說：「那是當然的。」

此外，這是公司已經成長到相當規模之後的事情。有一天早上，我正要出門上班，太太也剛好有事要外出，她想去距離家裡只有五百公尺左右的車站。

我對太太說：「我正好要出門，途中會經過車站，妳就搭我的車。」由於我們從以前就有約定，因此我太太拒絕我說：「那不可以！」儘管如此，我繼續說：「別這麼說，反正要經過那裡，坐一下沒關係。」她卻說：「不要！我要走路。」堅持拒絕我的提議。由於她很堅持，我也不再多說。

當時我想，反正順路，如果她坦率地說一聲「順道載我一程」，我接受應該也沒關係吧。不過，現在想一想，還是必須公私分明。

一般而言，即使是中小企業，在公司經營者也是公司所有者的情況下，可以說，公司百分之百是自己的。如此一來，不知不覺中，將會失去公私之分。住家等同辦公室、太太做菜給員工吃、大家一起工作等等，無意之間，使用公務車也變得沒有關係。

此外，「太太負責會計的工作，並且以員工的身分工作」這樣的事情也可以容許。然而，如果公司成長到一定的規模，太太依然像過去一樣，乘坐公司的車，看在周圍的人眼中，公司是非常地散漫，而且不成體統。基於此點，「重視公私分明」是非常重要的事情。

## 4 完成新事物

### ◉擁有滲透到潛在意識層面、強烈而持續的願望

想要達成崇高的目標，首先要有「想變成這樣」強烈而持續的願望。開發新產品、接到客戶的訂單、提高生產的成品率或良品率等，不管是什麼樣的課題，首先都要在心裡用力地描繪出「無論如何都要完成」的想法。

不管是在睡覺時或清醒時，只要一而再、再而三地想著單純而強烈的願望，這個願望就會滲透到潛在意識。當進入這樣的狀態，就會有別於平時用頭腦在思考的自己，即便在睡覺時潛在意識也會運作，發揮強大的力量，朝著實現願望的方向發展。

我在這裡想要強調的是「擁有強烈而持續的願望」，換言之，就是要強烈而持續地想著「我要過這樣的人生」、「我想讓公司變成這樣」，如此一來，願望才能滲透到潛在意識。

那麼，所謂的「潛在意識」又是什麼呢？我以下面的方式做說明。

我們平常使用的是「顯在意識」。我想各位在開始學開車時，都被教導右手握住方向盤，左腳踩離合器，左手則要握住排檔桿。

學過一次之後，當教練要求「現在再做一次」，還是會手忙腳亂，惹得教練火冒三丈。都做到總經理的人，理所當然是比一般人聰明一點，可是卻被教練場的年輕教練嘲笑，難免讓人生氣。可是手腳實在不聽使喚。我相信大家都有這種經驗，這是因為我們是使用顯在意識在開車。

儘管如此，我們在教練場一邊被叱責，一邊不斷練習之餘，技術就會漸漸進步，終於，我們拿到駕照。開車開了一陣子之後，就不會再一個一個步驟去想如何踩煞車或踩油門了。在緊急時刻，我們會出於反射地踩煞車，在小路與對向來車擦身而過時，也能順利地開過去，開車變得像是每天面不改色地在做的輕鬆事情一樣。

我們不需要計算這條路寬幾公尺、幾公分，車子開過去的話還剩幾公分寬之類的事情。有時候腦袋淨想著公司的事，心不在焉地開車，待回過神時才發現，車子已經開了幾百公尺遠了。因為這時候我們是用潛在意識，而不是顯在意識在開車。

此外，在產品的製造現場也會有這種狀況出現。當我們被分派到新的生產線上時，會透過顯在意識企圖記住作業流程，譬如把零件拿到這裡來，用這種方式拴緊螺絲等，直到熟練為止。

所以，高中畢業後就到組裝工廠工作的員工當中，有人在工作了一個月左右就因為肩膀痠痛、眼睛疲勞而離職。但是，過了三個月之後，就會感覺工作變輕鬆了。因為一開始是使用顯在意識，一邊思考「得這樣做、那樣做才行」，一邊作業，所以才會覺得特別疲累。漸漸熟練之後，情況就會跟前面提到的開車一樣，手會自然地動作，所以既不會覺得累，肩膀也不再痠痛。

此外，木匠在剛開始實習的那段時間，也是使用顯在意識企圖記住技術，所以鋸木頭時會覺得非常疲累。但是，一旦習慣了，這個工作也就變得輕鬆許多。

據說人從呱呱落地一直到死亡的這段期間，或思、或想、或經驗的事情都會儲存在潛在意識中。而且，潛在意識的容量是我們現在所使用的顯在意識的幾十倍之多。

你一定聽說過，當我們生命面臨危機，或者在死亡邊緣徘徊時，過去的所有記憶都會在腦海中復甦。舉例來說，在爬山的途中不慎腳底一滑，墜落幾百公尺深的山谷，這一瞬間，過去的所有回憶都會浮上腦海。在短短的幾秒鐘之間，人生所經驗過的大半事情會宛如走馬燈般重現。有過這種體驗的人似乎並不在少數。

即便是顯在意識想不起來的兒時記憶也會在一瞬間宛如電影般映在腦海。因為在生命面臨危機時，儲存在潛在意識裡的知識、意識都會瞬間復甦。

## 潛在意識會喚起靈光乍現

想在日常生活中利用這種潛在意識，就要強烈而持續地刻意意識某件事情，把它記在腦海裡。也就是說，要一而再、再而三地反覆同一件事，直至滲透進潛在意識為止。

如果在商場上也能運用這種潛在意識的話，就可望創造出美好的成果。舉例來說，為了讓自己的公司變得更好，每天左思右想，當這種思緒進入潛在意識之後，有時在意想不到的瞬間，就會靈光乍現。

發明家愛迪生也說過，天才是一％的靈感和九十九％的努力。因為每天拚命地反覆進行實驗，所以滲透到潛在意識，然後在某個瞬間，啪地靈光乍現。

也就是說，在工作或經營上，隨時保持「有意注意」，認真思考，潛在意識就會在我們意想不到之處萌生過人的發想。這樣的靈光乍現多半能直指核心，一口氣為我們解決現在所遭遇的問題。

我從年輕的時候就會在半夜裡突然想到某些事情，倏地睜開眼睛。再度入睡之前，我會把浮現在腦海中的事情寫在枕邊的備忘簿上，早上到公司後，立刻實行這個點子。這種事情經常發生在我身上。

另外還有以下的狀況。我對於目前著手進行的工作總是感到不安，一直想要提升技術，做多角化發展。然而，自己既沒經驗，也沒有學問，更遑論有什麼過人的技術了。可是，不這麼做的話，公司可能就沒有將來可言。我每天真的就像這樣，為了這些問題而苦惱著。

於是，在某個聚會或同學會的場合，與朋友把酒言歡之際，就有了意想不到的邂逅。譬如以下的狀況：

「你現在從事什麼樣的工作？」

「我運用這種技術，從事這種工作。」

對方說的正是我一直想嘗試的工作。於是我問：

「能說得更詳細一點嗎？」

這麼一來一往之際，對方說：

「我想這麼做，可是現在的公司遲遲不肯放手讓我嘗試。」

對方不平地說道。此時，我看準應該是時候了，便告訴對方：

「我的公司雖然還很小，但是，如果你願意來我們公司，應該可以大大地活用你的技術。」

這種事情看似是一種單純的偶然，但我認為其實是潛在意識促成的。

經營者不一定要是全能的。我雖然經營京瓷這家公司，但我當然沒有插手所有的工作。我只是強烈地抱持著「我想完成那件事」的想法，不斷地運作我的潛在意識，於是就會有各種不同領域的專家聚集過來協助我，就好像在呼應我這樣的思緒一樣。也因為這樣，我才能走到今天這個地步。如果沒有抱持著足以啟動潛在意識的強烈願望的話，就算有適當的人才經過我們面前，我們也會不經意地就錯過了。

只要認真地持續反覆思索著「擁有滲透到潛在意識層面、強烈而持續的願望」，那麼任何人都可以做得到。

## 強烈而持續的願望將會實現

大學畢業的員工多半喜歡紙上談兵，所以，當道理講不通時，很難讓他們信服。因此，在說明擁有強烈而持續的願望有多麼必要時，就要一而再、再而三地訴之於理。

可是，這世界上多數成功人士都會說出「事情就如心中所想的發展」。看過別人的成功故事就會知道，最後幾乎都歸結於這個重點。

此外，宗教也有同樣的觀點，譬如佛教倡導「發生在你周遭的事情全都是你內心的顯現」，而且勸誡眾生「如果你遭遇不幸或公司經營不善的話，這一切都是你的心念、你的想法使然」。

也就是說，強烈而持續的心念將會實現，這是一種普遍的真理。運用潛在意識只是過程之一，只要心中祈願「無論如何都要這樣」，這個想法必定會實現。

似乎有很多人不相信這個真理，看到有人成功，便認為「那麼簡單就可以做到」，隨便模仿，結果當然是失敗了。持續而強烈的願望是必要的，只想個三天當然無法成真。那麼，持續想個一年又如何呢？也許一年也還不成氣候。有些人花了一年的時間就實現願望，有些人則不然。我認為，問題不在於時間的長短，而是心念的強弱。

沒有像1＋1＝2這般明確的定義，所以即便我們極力倡導「持續想望的願望將會實現」，還是很難獲得人們的認同。可是，有過成功經驗的人應該會對這種說法大表贊同。反過來說，人之所以不能成功，就是因為不相信這件事。因為不相信，所以也沒有抱持強烈的願望，目標也無法實現。

我經常說：「不管情況再怎麼艱困，絕對不能悲觀地看待自己的人生或公司的將來。」我們應該要相信，雖然現在這麼辛苦、難過，但是我的人生一定會變得繽紛，變得光明而開闊，我們公司今後將會鴻圖大展。

健康問題也一樣。如果因為生病就一味悲觀地看待將來的話，本來可以治好的病也治不好了。人終歸不免一死，所以不應該無精打采地擔心未來的事情，要告訴自己「我一定可以痊癒」，首先要相信自己會有光明的未來。如果這樣想還是逃不過一死，那也是莫可奈何的事情，人生本來就是這樣。

中村天風先生以極端的方式來表現「持續想望的願望將會實現」這個信念。我也拿來作為京瓷的口號，也曾經在盛和塾的例行會議上介紹過。

要成就一項新計畫，需要不屈不撓與一心一意。而且必須一心想望，豪邁地、強烈地、徹底地堅持。

我相信各位在擬定公司的經營計畫時都會想著「我要讓公司如此成功發展」，然而，「成就需要不屈不撓與一心一意」，也就是說，不管眼前有什麼樣的困難阻擋，都需要保有一心不亂地努力的心態，而且「必須一心想望，豪邁地、強烈地、徹底不變地堅持」。

不管前面有什麼樣的艱難、辛苦都不畏縮，秉持著突破難關的念頭，成就一番功績，持續有這樣的單純想法正是成功的祕訣。

## ◎追求人的無限可能性

在工作方面能夠成就新事物的人都是相信自己具有可能性的人。如果以現在的能力去判斷「能或不能」，當然是不可能完成新事物或突破困難。人的能力會透過持續的努力而無限擴大。

做任何事情時，首先要相信「人的能力是無限的」，抱持著「無論如何都要成功」的強烈願望持續努力。從零開始的京瓷之所以能夠成為世界頂尖的廠商，無疑就是最好的證明。

永遠相信自己所具有的無限可能性，秉持勇氣挑戰，這樣的態度很重要。

這個說法也可以換成「相信人的無限能力」或「每個人都擁有無限的能力」。

許多人都認為自己沒那麼優秀。舉例來說，從小學時代就經常忘東忘西，考試時也曾因為猜錯題，考過零鴨蛋，所以實在難以相信自己有幾近無限的能力，你一定這樣想過吧。儘管如此，我還是要對大家說「要相信自己有無限的能力」。

明明覺得自己不是機靈的人，只因為我這樣說，就突然相信「自己擁有無限的能力」，說起來，這樣的人也是相當輕浮而隨便的。可是，我要大膽地敦促各位「就當個隨便的人吧」。

所謂的「能力」，不只是頭腦的好壞，也包括身體的所有能力，也就是指「在社會上生活需要的所有能力」。舉例來說，在現實社會中，健康也可以說是一種能力。和經常生病的人相較之下，「我沒有生過大病，也鮮少感冒，說起來是很健康的。」說得出這種話的人，也可以說是「有能力」的人。

如果說，「能力是無限的」這種說法聽起來讓人起疑，或許可以換成另一種說法——「能力是會進步的」。以健康為例，如果每天早晚勤於運動的話，身體就會漸漸變健康；只要不斷地努力，學業也會漸漸提升。也就是說，能力是會進步的。能力沒有進步，是因為沒有用心琢磨，只要從現在開始努力磨練就好了。

「我有無限的能力，之所以沒有成長，是因為以前沒有努力讓能力提升。所以，從現在開始努力吧。」

能這樣想是很重要的。

要成就新事物，就要實踐「追求人的無限可能性」，還有「相信人的無限能力」。也就是說，想要琢磨能力，向上提升、進步，唯一的辦法就是踏實地累積努力。在《京瓷哲學手冊》上也有「累積樸實的努力」這個項目，透過每天累積踏實的努力，能力就可以無止境地進步。

此外，同時「經常從事創造性的工作」也很重要，《京瓷哲學手冊》中也有這個項目。我常說：「明天要比今天、後天要比明天更有創意，隨時都要訓練創意。」想要成就大事業，也為了磨練自己的能力，這件事非常重要。

首先要相信「自己潛藏著無限的能力」，為了琢磨能力，就要每天踏實地累積努力，持續在創意上下工夫。

「相信自己的無限能力」，具體就如以下所說。

舉例來說，在不景氣當中，身為經營者的自己敦促底下的業務部長：「訂單太少了。再努力一點，多拿些訂單。」業務部長便開始提出各種理由，從要拿到訂單有多麼困難，到現在的市場環境有多麼嚴苛等等，叨叨絮絮一大堆。「不只是我們公司，同業也都苦不堪言。現在的狀況就是這麼艱難。」陳述許多「做不到」的理由。這時就可以挫一挫業務部長的鋒芒，「在如此嚴峻的經濟環境當中，要拿到訂單真的那麼難嗎？還是你自己說的話就有問題。」

這種現象不限於業務活動，以下這樣的例子恐怕也不少見。

「只靠現在的事業，公司今後經營上恐怕也不會順利。時代不斷在改變，承繼自父親的這個事業，如果再因循以前的做法，我擔心狀況會愈來愈糟。可以的話，我想試試最近報章雜誌上報導的具革新性的事業。話是這麼說，但是我沒有能力，也沒有技術和資金。說穿了，這只是一種妄想吧。」

就這樣，當事者列舉了一大堆自己做不到的條件，三言兩語就放棄了。這樣是不行的。人有無限的可能性，「盡力去做，總會有辦法」，必須從這樣的發想來追求可能性。

話是這麼說，但事情確實不是那麼簡單。然而，唯一不能做的就是輕易地下結論說：「這太難了，我們恐怕做不到。」就算再勉強，也要告訴自己：「應該有什麼辦法吧。」如此一來，就會產生「想試試看」的鬥志，踏實地努力。也許有人覺得這樣實在很緩慢，然而，進步就是這麼開始的。

這就是我在「追求人的無限可能性」這個項目想告訴各位的事情。

## 「京瓷哲學」是今天成功的泉源

我大學時是專攻有機化學。我對石油化學的領域很感興趣，投注很多時間在這方面的學習。陶瓷是屬於無機化學中結晶礦物學的範疇，然而，我卻非常討厭陶瓷的領域，甚至想：「那種東西哪算化學。」本來有志走有機化學之路的人卻因為始終找不到工作，在偶然的機緣下，踏入陶瓷製品的世界。所以說起來，我本來就不是專攻陶瓷的優秀技術人員。像我這樣的人，即便在專業之外的領域也持續努力著。

「如果我能活用有機化學的知識的話，或許就可以在公司裡嶄露頭角，可是，現在被迫從事我並沒有多少專業知識的陶瓷研究工作，就算我再怎麼努力，恐怕也於事無補。」如果我抱持著這樣的想法而怠惰的話，也許就沒有今天的我了。雖然因緣際會進入了自己不擅長的領域，我卻告訴自己要拚命地學習與努力，以提升、琢磨自己的能力。除了過去學到的知識和實績之外，我還抱著「想想辦法吧」、「得想辦法解決」的想法，而這成了讓我持續努力的契機。結果，我的研究工作很快就有了進步，在公司裡也嶄露出頭角。

開始投入陶瓷的研究，我漸漸學到了經驗和知識。經過幾年之後，我甚至產生了「我的實力不亞於世界上任何一個專家」的自信，也更加認真地做研究。不久之後，可以算是有勇無謀，我又挑戰了與陶瓷完全無關的電信事業。

在電信的領域裡，自明治時期以來，都是由ＮＴＴ這家龐大的企業獨佔市場。ＮＴＴ的研究中心有很多專業研究人員花費龐大的經費在進行研究，而我這一介小小的陶瓷廠商的經營者竟然企圖向這樣的怪獸企業挑戰，也難怪每個人都認為「根本沒有勝算」。其他企業在一開始也都想過「試試看吧」，但最後還是認為「果然沒有勝算」而放棄了。

如果不相信自己的無限能力，那麼我的挑戰根本像是唐吉訶德的行為。有人說「那傢伙是笨蛋嗎？簡直像在自殺」，但我是因為堅信「只要努力，道路一定會為我而開啟」才做這樣的事，並不是自暴自棄、隨便說說的。

當時我仰賴的就是「京瓷哲學」。因為我擁有「京瓷哲學」，所以我相信人的可能性。

在評論家或媒體界當中，也有人做過以下失準的預測：

「京瓷之所以能有如此的發展，業績傲人，只是因為搭上時代潮流。」

評論家們認為，我只是配合精密陶瓷時代的到來，在偶然的時機下接觸這個事業而已。也就是說，京瓷是因為搭上了時代的潮流，所以才會成功。

可是，我認為是我創造了精密陶瓷的時代。以美國為中心，我在全世界與陶瓷或材料科學相關的領域裡得過幾個獎項。我沒有提出任何論文，也沒有頻繁地出現在國際性的學會上，卻獲得學會最高榮譽的獎項。我想，我獲得如此高評價的理由是，在二十世紀後半，一個叫稻盛和夫的人出現在這個世界上，使得精密陶瓷這個領域受到眾人矚目，許多年輕的研究者們相繼投入研究，大大拓展了精密陶瓷的可能性，成為一種萬眾矚目的新材料。

舉例來說，一開始沒有人想到把陶瓷零件應用在汽車引擎上，是我率先提出開發的構想，而且也真的成功了，並且獲得了許多機構的最高獎項。

由此看來，說是我創造了精密陶瓷的熱潮也不為過。但是有人說，是有精密陶瓷的熱潮在先，我只是適時地搭上了潮流，所以才成功的。關於這一點，我在公司內部說過這樣的話：

「大家都不懂，是我創造熱潮的。而且，我本來也沒有精密陶瓷方面的過人技術，我有的只是哲學罷了。這個哲學是一切的泉源。」

也就是說，心是一切事物的根源，是種子。就像樹木從種子開始生長一樣，所有事物也是由此茁長。我在創立公司的時候，雖然人笨拙，卻構築起了「京瓷哲學」，一路憑藉著這個哲學走過來，我相信，就是這個哲學使精密陶瓷的技術開花結果，為京瓷帶來成功。

在創立第二電電時，我也是以「京瓷哲學」作為唯一的武器，大膽地往前邁進。我記得當時是這麼對京瓷的幹部們說的：

「我既沒有電信方面的知識，也沒有相關技術。這樣的一個人如果能夠在電信事業的領域揮舞著旗幟前進，並且獲得成功的話，就可以證明『京瓷哲學』是正確的。所以，我想試看看。」

只靠「京瓷哲學」真的可以成就這樣的大事業嗎？第二電電正是我為了證明「人的

心有多麼重要」而賭上我後半人生的挑戰。

我在五十歲初頭時創立第二電電，這樣的年齡絕對不算年輕，但是我相信，這將可以證明，只要相信人的無限可能性、人的無限能力的話，天底下沒有做不到的事。

我在前面已經提過，經常從事具創造性的工作，慢慢地、踏實地累積努力，可以琢磨並提升自己的能力。只有意志堅定的人才能做到這一點。這樣的人不會老是悲觀地想著事情可能不會順利，而是積極、樂觀地思考和行動。換言之，我認為，拒絕消極地經營承繼自父親的事業，常保好奇心思考新事物，帶著期待採取行動，就是這類型的人。

創立第二電電的時候，我也沒有任何悲壯感，而是樂天地想著：「我有『京瓷哲學』，只要我遵循『京瓷哲學』持續努力，必定可以開啟一條康莊大道。」悲壯感只會讓人沮喪，所以，我必須保有開朗、樂天的一面。這也是「追求人的無限可能性」這個信念的一個面向。

## 保有挑戰精神

人往往不喜變化，而愛保持現狀。然而，不去挑戰新事物或困難的工作，甘於現狀，代表你已經開始退步。

所謂的挑戰，就是設定崇高的目標，在否定現狀的同時，經常創造出新事物。挑戰這個字眼聽起來很勇敢，非常具震撼力，但也有前提。它需要有面對困難的勇氣，以及不排斥任何辛勞的耐力和努力。

以一連串的挑戰，創造出人們認為我們做不到的困難事物，使得京瓷成為一家年輕而有魅力的公司。

我經常提到「挑戰」這個字眼。所謂的挑戰，就是「挑起戰爭」。「來向什麼挑戰吧」，聽起來很有氣概，但那意味著將會有一場伴隨有如格鬥技般的鬥爭心的戰爭。而且，為了挑戰，必須具備能夠面對任何困難的勇氣，還有不怕任何辛勞的耐力和努力。

反過來說，欠缺勇氣和耐力、怠於努力的人根本不該輕率地說出「挑戰」這個字眼，否則只會帶來困擾。挑戰是需要有佐證或前提的。

輕率地挑戰，會招來莫大的失敗。所以我認為，不論面對什麼樣的阻礙，能夠持續努力，加以克服的人才有資格挑戰。

所以，請銘記在心，經營者必須具備勇氣，也要有倍於常人的耐力，而且還得比任何人都努力。

這裡所說的挑戰，指的是類似「鬥爭」的行為，我認為也可以用「野蠻主義」來表現。因為具野性，有些許野蠻的特質，所以才會進行挑戰。就這一層意義來看，文明人或有教養的人或許鮮少會挑戰。

縱觀人類文明的興亡就可以發現，有好幾個野蠻人席捲文明人世界的例子。譬如，羅馬帝國之所以滅亡，有一說是因為好戰的日耳曼人侵攻而來；由蒙古民族建立的元朝也曾經擴張領土遠至歐洲。當文明人和野蠻人對立時，就文化層面來說，或許有人認為知識豐富的文明人會獲勝，事實則不然，因為野蠻人保有比較強烈的鬥爭心，所以戰勝率較高。

也就是說，要成就新事物，需要有「不管發生什麼事，都要一定達成」這種類似野蠻人的貪欲和鬥爭心。否則在說出「挑戰」這個字眼時，只會變成一個空虛無奈的回音。

## 成為開拓者

京瓷的歷史就是一部做別人不做的事情、積極開闢他人未曾走過的道路的歷史。開拓沒有人碰觸過的新領域並非易事，就像在沒有航海圖和羅盤的狀況下航行於汪洋大海，能依靠的只有自己。

開拓伴隨著極度的辛勞，相對地，圓滿達成時的喜悅是任何東西都無法取代。開拓前人未曾涉足的領域，可以發展出美好的事業。

不論公司發展到多大的規模，我們都必須對未來懷抱遠大的夢想和強烈的意念，持續保有開拓者般的生存之道。

在漆黑的大海中，連航海圖都沒有也要航行，我是這樣在經營公司的。不只是經營公司，在現實社會中，我也是隨時走在新的道路上。

我在大學畢業後找不到好工作，最後只好到我一點興趣都沒有的陶瓷製品公司工作。我在公司裡做研究，可是我本來就對這個產業沒什麼概念，而且身邊也沒有可以提供資訊的專家，我只能在充滿不安的情況下，一步一步地自行摸索。我是這樣比喻當時的狀況的：

「我一路走過田間小路般的泥濘地，那根本不能算是道路。即便半路上滑了腳，雙腳陷入田地裡，或者被突然出現的青蛙或蛇嚇到，我仍然一步一步地往前走。倏地往旁邊一看，旁邊就有鋪設好的平坦道路，上頭有川流不息的人車，走在那種路上一定可以走得十分輕鬆吧。」

所謂「鋪設好的平坦道路」，指的是有專家指導的路或一般大眾走的路。

「可是，我並不想走上那條路。大家都穿著鞋，走在平坦的水泥路上，我連鞋也沒有穿，就這麼赤腳走著。在炎熱的夏天裡是沒辦法赤腳走在燒燙的柏油路上的，既然如此，那就挑小路走好了。再加上我本身是研究人員，必須開發出新的東西，那種已經有很多人走的路上，應該沒有什麼可以利用的東西了。反之，泥濘的田間小路可以遇見青蛙或蛇等動物，讓我有新的發現，而且十分有趣。雖然腳可能被泥濘弄髒，但我就是專挑這種路走。」

我是在大學畢業後兩、三年開始這樣想的。我把這種想像描繪在腦海中，思索著：「我可能一輩子都會走在不像路的路上吧，而且說起來也應該要這麼做才對。」這種小路上當然沒有路標之類的東西，就像在沒有航海圖或羅盤的狀態下，航行於汪洋大海。

## 把「京瓷哲學」當成獨一無二的羅盤，向前邁進

「渾身是泥地走在田間的小路，不久就來到了小河邊。可是，也不知道河水有多深，也許會溺斃。就這樣，我站在小河前，不知道該往右還是往左，或者直接穿過小河。」

我得做出判斷。

如果是有人走過的路，應該就會有路標。可是，在沒有人走過的路上不會有這種東西，我必須一邊觀察狀況，一邊自行思考、判斷。

身為技術人員，研發時也會遇到腸枯思竭，不知如何是好的窘境。此時請教專家的話，應該都可以獲得指點吧。可是，如果照這個模式進行，就代表自己走的是已經有人走過的路。如果覺得這樣一點都不好玩的話，就不能求教於他人，要自己動腦思考。這種時候，我有「京瓷哲學」作為自己的心靈羅盤。

也許有人認為「研發與『京瓷哲學』並沒有關係」，但「京瓷哲學」是可以成為所有領域的羅盤的一種觀點。

我經常說：「身而為人，什麼才是正確？追求這件事正是『京瓷哲學』的原點。」也就是說，就算是技術開發的工作，也要思考對人而言，什麼是「善」，什麼才是真正的「利他」。

舉例來說，如果以「因為輕鬆」這種觀點來選擇研究的主題，那就是依照利己的標準在做判斷。如果可以轉換思考，抱著「這項研究對社會大眾有幫助」的想法，那麼，再困難的主題也會勇於挑戰。不管是經營事業或進行研發，我都是像這樣，根據是善還是惡、是利己還是利他的標準來判斷。到目前為止所做的判斷都沒有失誤。

保有寧靜而純粹的心，思考自己應該前進的方向，這種生存之道或許嚴苛，但是只要養成習慣，感覺就會變得敏銳，直覺就會變得清晰，可以做出正確的判斷。

我認為，就因為我練就了清晰而洗練的直覺，所以即便在沒有航海圖或羅盤的狀態下，依然可以昂首闊步在人生的路上。

## 山窮水盡時，工作才要開始

完成一件事情的根本，與其說是才能或能力，不如說是這個人所具備的熱情和執著。對事情的執著，必須像鱉一咬住獵物就不鬆口一樣才行。當你覺得山窮水盡時，工作才真正要開始。

只要有強烈的熱情和執著，那麼不管是睡覺時或清醒時，都會一直想著那件事情。如此一來，願望就會深深地滲透進潛在意識，在自己也沒注意到的時候，身體便自行啟動，往實現願望的方向，朝著成功前進。

想要成就卓越的工作，就必須保有燃燒般的熱情和執念，堅持到最後。

我年輕時曾在一家企業當著約兩百名的研究人員的面，針對推動研發的方式做演講。這家企業擁有高度的技術，會場裡有很多博士頭銜的研究人員。

演講結束時，有人提問：「京瓷的研發成功率大約是多少？」我回答：「在京瓷，我們研究的東西都會順利成形。」

有人質疑：「有這種事嗎？連擁有高度技術水準的敝社也只有四、五〇%的成功率，您竟然說京瓷的研究全部成功，這是不可能的事吧？」

於是我回答道：「不是這樣的，因為京瓷做每件事情都一定要做到成功。」

大家一聽都笑開懷了。

京瓷有一種想法，「山窮水盡時，工作才要開始」，所以幾乎沒有「放棄」這種事。一旦開始研究，就一定要成功。實際上當然沒能一〇〇%成功，京瓷的研發主題當中，也有兩、三種在中途就放棄；推展事業時，也曾經費盡心思，最後還是撤退。可是，「山窮水盡時，工作才要開始」是我的根本信條，所以，不論是做研發或經營事業，我總是堅持到最後。

## 經營上游刃有餘才能堅持到底

經營事業時需要一種戰法，那就是面對一般人會放棄的事物，無論如何都要堅持完成。可是，大半的大企業都沒有這種執著的精神，大致上說來，主要是因為沒有存蓄足夠的資金之故。在金錢方面有餘裕，才能堅持到底。也就是說，「山窮水盡時，工作才要開始」，只有在經營狀況游刃有餘的時候才能做到。

「京瓷哲學」中有一項是「在相撲台中央比賽」。如果能維持在相撲台的正中央，離邊緣還有空間，所以才能繼續奮戰下去。

可是，一般說來，所謂的「山窮水盡」就是真的走到盡頭了。已經到了相撲台的邊緣，這時就算說「我還要奮力一搏！」也沒有後路可退。可是，對在經營上努力做到游刃有餘的京瓷而言，所謂的「山窮水盡」還不是真的撐不下去的狀態。

舉例來說，有人同時經營承繼自父親的本業和自己開創的新事業。新事業總是出現赤字，或者嘗試了幾年，卻遲遲做不出成績來，有時就會想「乾脆放棄算了」，但是因為本業創造了很多利潤，還有轉寰的餘地，所以總覺得還可以再加把勁。

可是，在開創新事物時，譬如創業等，這種事情就不能一概而論了。事實上，現在回想起來，京瓷剛創立時也不能說是游刃有餘。

當初和七個夥伴創立京瓷，目的是「讓稻盛和夫的技術問世」。我在前一家公司上班時，公司高層有人反對我的研究，此外，學會也有學閥存在，一個地方大學畢業，又在瀕臨破產的公司做研究的人，他的論文不會受到重視，就算開發出再優秀的技術，也無法獲得正面的評價。於是，眾人便說，就把新創立的京瓷這家公司的目標設定為「讓稻盛和夫的技術問題」吧。

當時夥伴們這樣對我說：

「如果公司發展不順利，就算做苦力，賺取微薄的工資，也希望稻盛先生持續研究。幾年之後，稻盛先生就可以帶著研究的成果，把技術宣揚出去。」

也就是說，公司是在「山窮水盡」的狀態下開始的。

有些經營者只要事業一發展不順，譬如欠缺一、兩名員工，或者資金已經彈盡援絕，就立刻說「撐不下去」，便放棄了。聽到有人說：「車子和資金都被拿走，剩下的只有債務和少數幾名員工，我放棄了。」我心裡就會想：「如果沒有汽車，不是還有腳踏車嗎？如果連買腳踏車的錢都沒有的話，街上到處都有被人丟棄的腳踏車啊，騎那些腳踏車去拚搏就好了。」

也就是說，發展不順的人往往會自我設限。沒有車就做不成生意，沒有百萬日圓的資金就運作不了，就是因為像這樣自己設下了界限，才會一事無成。我認為，就算身無分文，只要努力，還是有勝算。

我之前說，沒有餘裕就做不了事，其實，就算沒有餘裕，也可以赤手空拳，繼續努力。

「就算債務再多，還有命一條，還有健全的身體。」還是可以堅持到最後。照道理說，沒有餘裕當然是行不通的，但是，就算身無分文也要繼續努力，這樣的耐性和膽識不可或缺。

## ◉貫徹信念

在推動工作的過程中會遇到各種阻礙，而如何克服這種種的阻礙，結果將大不相同。

當我們想嘗試一項新事物時，會出現反對意見和各種阻礙。有人一遇到這種狀況就立刻放棄；而日後有優異表現的人，都是秉持著崇高的理想，破除所有障壁。這種人會將阻礙當成試煉，正面迎戰，高舉著自己的信念旗幟，往前邁進。

要貫徹信念，需要無比的勇氣，但是如果沒有信念，就成就不了革新且具有創造性的工作。

很多人會說我們這些事業經營者「終歸只是一群追求利潤的卑劣傢伙」，我也領教過帶有輕蔑意味的言論。如果一個經營者像守財奴般，只是為了賺錢而經營事業的話，我也會這樣想。

假設經營者只是為了想賺更多錢，想過得更豪奢，只為個人的方便而經營事業，如此一來，當他遇到一點小問題，就會想：「解決這個問題，或許可以賺到更多利潤，但是自己也可能遭受重大的損失。既然如此，我看還是閃過這種問題比較聰明，哪怕利潤會少一些。」然後就選擇了後者的做法。因為這種人把經營事業的判斷標準放在對自己而言划不划算的損益平衡上。按照這種判斷標準，難免會對他人不利，有時候甚至會讓自己沾上違法的事情。這麼一來，被文化人嗤之以鼻自是在所難免。

可是，基於信念經營企業的人就不會如此了。我要跟各位談到公司宗旨和經營理念的必要性，舉例來說，就像京瓷一樣，擁有「貫徹身而為人正確的事，結果將使事業繁榮、員工幸福，同時，也會對社會有所貢獻」的理念，甚至將這個理念提升到信念的層級，那麼，理當不會輕易地隨波逐流。

人是很有趣的動物，只要保有信念，不論遭遇什麼樣的困難，都可以自我激勵，絕不放棄。關鍵就在於「是否擁有信念」。

「信仰」是接近信念的一種力量。在江戶時代，為了找出隱藏的基督徒，會以踩踏耶穌、瑪莉亞的畫像或十字架像做測試。有些人明知會遭受迫害，仍不願踩踏畫像，可以為了自己的信仰、信念殉死。也就是說，信念賦與人類巨大的勇氣，為了守護信念，即便丟了性命也在所不惜，那就是到了信仰的層級了。

此外，薩摩或長州出身的唯新志士們掀起了明治維新革命，也需要強大的信念。維新成功之後，這些志士們必須抑制舊時代諸侯和武士們的勢力，靠自己的力量建國。所以，新政府的人可能會遭到這些被剝奪權力的舊支配階級所怨恨。

如果當時人們認為：「明治維新終歸是為了私利私欲而戰吧？結果是低階武士打倒舊有的支配階級，取天下而代之。」那麼，團結的力量會頓時瓦解，戰爭也不可能獲勝。所以革命者喊出大義名分：「我們永遠追隨萬世一系、永續千年的天皇家族。」高舉皇旗，並以此為信念。

## 只要有大義名分，連命都可以賭上

戰爭期間，我還是中學生，被灌輸的觀念是：「美國是一個亂七八糟的國家，號稱自由主義，卻男不男、女不女。相較之下，日本的男人剛毅凜然，女人貞淑溫柔。美國採行資本主義，是個利己的國家，而日本在天皇制的基礎下，所有國民的言行都端正嚴謹。」

可是，在戰爭方面，美國發揮了很強大的力量。戰後看到美國在硫磺島或沖繩的戰線所拍攝的影片，我發現，美國的士兵們都毫不畏懼地在槍林彈雨中奮力前進。我們原本被灌輸的觀念是，只有日本人會勇敢作戰，美國人只要一受到威脅就立刻夾著尾巴逃命，所以我們認為只要拿竹槍作戰就綽綽有餘了。然而事實上，美國的士兵非常勇敢地作戰。

和日本相較之下簡直是亂七八糟的那個國家為什麼會那麼強大？我對這件事產生強烈的質疑。

有一次，我拿這件事去問一個美國人。我想知道，美國有各色各樣的人種，有的甚至連英語都說不好，說穿了，美國的軍隊是一支彼此之間連語言都不通的烏合之眾，究竟是什麼因素使得這一群人集結在一起？

我得到的答案是，「沒有任何國家像美國一樣自由。就算不會說英語，即便膚色不一樣也可以在美國安居樂業。我們擁有的大義名分就是：你想失去這美好的自由嗎？」

當日本處於法西斯體制的時代，在美國，人們大聲呼籲：「如果這個民有、民治、民享的國家遭到日本或德國踐踏，我們的自由和民主主義就會喪失。為了保衛我們的國家，為了捍衛美國，大家拿起槍來吧。」於是大家回應這個號召，為了國家拿起武器，勇敢上戰場。

何其名正言順的大義名分！也就是因為有這樣的信念，才能在槍林彈雨當中激發出捨命一戰的鬥志。

現在已經不是拿戰爭做借鏡的時代了，然而，必須在這麼嚴苛的經濟環境當中帶領中小企業前進的經營者，也像賭命作戰一樣。而能否賭上這唯一的性命，就端賴是否擁有死亦無所謂的堅定信念。

或許有人會覺得，「只是在因緣際會之下繼承父親的事業而已，談不上什麼信念。」但是，如果只考量自己方便與否，就會覺得任何時候都可以放棄事業，造成員工無所適從。如果能夠為眾多員工著想，請保有「我有這個目的，為了達成目的，我會捨命一戰」的大義名分和信念。

## 領導者是最需要真勇氣的工作

就算是只有十人或二十人的中小企業，基於守護員工生活這一層意義，經營者的責任非常重大。此外，在經濟持續停滯，人員雇用不穩定的時代，光是守護員工的生活，對社會整體來說就是相當大的貢獻了。

此外，當遇到暴力集團前來挑釁，威脅到經營者或員工們，就算從來就沒打過架的知識份子，也要拿出勇氣，面對這種挑戰。以前是愛哭鬼，或者一被欺負就哭著找爸媽個性溫順的孩子，從繼承父親的事業，站在保護員工立場的那一瞬間起，就要有擔起一切責任的膽識。當然每個人都會害怕，但是只要一想到「我如果逃走，會讓員工們無所適從」，就會產生不向暴力集團認輸的勇氣。被你這駭人的氣勢一嚇，想必對方也出不了手，這就是「真正的勇氣」。

也就是說，只有擁有大義名分和信念的人才會萌生真正的勇氣。那些一心只知道盤算或斤斤計較得失的人是不會有這樣的勇氣的。

前面提到我沒有什麼特殊的技術，卻一頭栽進電信事業。其實在開創第二電電的時候，有堆積如山的問題等著我，我之所以能不放棄，一路撐過來，唯一的原因就在於「貫徹信念」。所謂的信念是什麼？就是這樣的大義名分：「在ＮＴＴ獨佔的市場中，日本國民被迫要支付高額的通訊費用。就全世界來看，支付如此高昂通訊費用的先進國家就只有日本。所以，我要投入電信事業，降低日本的通訊費用。我是為了全體國民而投入這項事業的」。因為有了這個大義名分，儘管ＮＴＴ或財團想要干涉，我們也能秉持「怎能因為這種事情而認輸」的想法，堅持下去。

如果只是因為事業或名譽等個人欲望而投入電信事業的話，面對壓力，可能就會閃避正面迎來的衝撞，或者一再與現實妥協吧。但是我擁有想降低通訊費用，減少人民的負擔的信念，所以，我可以激發出勇氣，正面迎戰問題。

前面提到經營者需要有勇氣、忍耐、努力，而當中的「勇氣」非常重要。這種勇氣就如「有健全的肉體才能有健全的精神」所言，就某方面來說，是和肉體的強度成正比的。要不是從小就很會打架的人，任誰都會害怕鬥爭。吵架也一樣，更遑論扭打成一團的時候，除非對自己的臂力有相當的自信，否則一定會感到害怕。

可是，如果只因為「我的身體不強壯」這個理由就放棄的話，根本無法勝任經營者或領導者。就算肉體虛弱無力，也沒有打架的經驗，一年到頭老是掉眼淚的人，無論如何也都要保有信念，下定決心。就算對方是暴力集團，也要秉持著「為了守護自己的家人和員工，失去性命也在所不惜」的氣概去面對。就算害怕，還是要秉持信念，憑著膽識與對方對峙。為了達到這個目的，首先要奠定高度的經營理念，再提升至信念的層級，這是非常重要的事情。

**塞繆爾．厄爾曼的詩作〈青春〉**

塞繆爾．厄爾曼（Samuel Ullman）寫過一首名為〈青春〉的詩。我現在所說的內容全都在這首詩作當中，以下容我做個介紹：

〈青春〉

所謂的青春不是人生的一段時光，而是心情的一種狀況。

優秀的創造力、堅強的意志、燃燒的熱情、戰勝怯懦的勇猛心、拋開安適的冒險心，這就叫青春。

歲月並不能使人老邁。使人老邁的是捨棄了理想與信念。

無情的日月可以使皮膚鬆弛下來，而使精神頹唐的，只有熱情上的認敗。
疑慮與困惑、恐懼與絕望，失去了自信與對未來的想像，才真正是日月循環的折磨，壓低了頭，壓彎了腰，把精神帶向死亡。
不論是七十還是十六，每個人都有些許對世間的好奇。
天上的星光，無限神秘；哲人的思維，別開天地。四面圍來的挑戰，古今堆起的難題，使人像孩子一樣追問、探索，像孩子一樣捕藏、捉迷，像孩子一樣地在遊戲中帶來狂喜。

你的信仰象徵著你的年輕，你的疑惑表現了你的齒增。
你的自信彰顯了你的年輕，你的恐懼帶來了你的老邁。
你的希冀描繪出你的茁壯，你的絕望刻劃出你的頹齡。
在你的心中有一座電台，大地上優美的、勇敢的、有力的聲音從八方播來，只要你收聽這些青春的消息，那麼你的青春即是存在。

當電台的天線一旦塌壞，譏諷的冰與悲觀的雪將在你的心靈上層層覆蓋。那麼你的青春已逝去，你的年齡確已老邁。

青春的期限不是由年齡來決定的，而是心靈的狀況。塞繆爾．厄爾曼也是這麼說的。請各位千萬不要忘了這件事，戮力投入工作。

## ◎樂觀地構想、悲觀地計畫、樂觀地執行

想要完成新事物，首先保有「我想這樣」的夢想和希望，超級樂觀地設定目標，這是比任何事情都重要的事情。

相信上天賦與我們無限的可能性，告訴自己「一定做得到」，藉以激勵自己。可是，在計畫的階段，我們卻必須保有「無論如何都非完成不可」的堅定意志，悲觀地重新檢視構想，設定所有可能發生的問題，慎重地思考應對之策。

然後在實行的階段就要保有「一定做得到」的自信，樂觀而開朗地、光明正大地去執行。

在「京瓷哲學」當中也提到，隨時思考新事物，今天要比昨天、明天又要比今天更有創意，也就是隨時思索具創造性的事物，這儼然成了我的習性。我相信，拜此之賜，我得以不斷地創造出新的技術，京瓷也得以成長成今天這樣的大企業。因為我就是這樣的人，所以在創業時，我隨時動腦想著「接下來我想做這個工作」、「我想開發這種新產品」、「我想投入這個市場」等。

而當我的腦海中浮起有些難度，或者以前沒有接觸過的嶄新創意時，我就會召集所有的幹部，詢問大家的意見：「我想到了這樣的點子，你們認為如何？」這些幹部都是公司裡特別優秀的人。這是很久以前的事了，以前是沒有那麼優秀的員工，但畢竟都升到幹部的位子了，終歸都是畢業於好學校、比較機靈的人們。然而，即便我滿懷熱情地陳述我的想法，他們幾乎一定都冷漠以對。

他們只是一臉「真是不知道天高地厚，明明沒有資金也沒有技術，卻老是說一些莫名其妙的話」的表情看著我。儘管如此，我還是拚命地說明：「你們覺得不好嗎？」希望說到對方點頭稱是為止。

本來看大家都乖乖地聽著，我還以為他們都聽懂我的意思了，沒想到突然有人說：「我一直不發一語地聽著總經理說話，可是，總經理難道不懂您自己說的話有多麼地沒有章法嗎？那是法律禁止的事情，根本不能做。」

我也沒有好好地調查相關法令，只是說出自己想做的事情，所以被幹部這麼一說，我頓時愣住了，結果事情就沒有進展。這是常有的事。

一開始，我覺得有聰明的部屬為我踩煞車是一件可喜可賀的事，然而有一次我突然驚覺「好像有點奇怪」，從此，每當我要提出新工作的構想時，就不再召集這種聰明人了。相對地，我開始召集一些有點隨便，經常逢迎拍馬屁說：「總經理，真是個好點子啊。」這種動不動就盲從附和我的人。這類型的人一聽我說完，就立刻裝出很懂的樣子，直說：「真有意思，做吧！做吧！」站在我的角度來看，光是跟他們說話就覺得心情愉快至極。

也許我說的話聽起來像是胡說八道，可是，事實上想讓心中所想的事情圓滿成就，像這樣樂觀地思考是非常重要的事情。所以我說，在擬定構想的時候，就盡情地樂觀思考吧！

當我還年輕，意氣風發的時候，曾經在某大企業當著約兩百名的研究人員的面做演講，當時我說：

「一群聰明人是無法成功革新的，因為這些人會先用腦袋思考這件事有多麼困難，結果就無法實際運作。不論是什麼事情，沒有嘗試去做的話，本來就不可能會成功。不管是成功或失敗，沒有先嘗試，那就沒有任何勝算了。所以，想要開創新事物，光找聰明人是沒有用的。」

結果我記得許多人當場皺起了眉頭。我還這樣說：

「可以的話，最好找三流大學出身，老是運動，鮮少花時間念書、愛隨口附和的人一起來擬定構想。」

我的意思是，這種人雖然不是太聰明，但是只要夠開朗，會附和「有道理，真是好點子」，對說話的人來說，就會成為一種激勵的力量。

想要成就新事物，可以預期將遭遇各種困難。但是，如果什麼事情都覺得「做不來」的話，根本不會有開始。所以，先別想得太難，以超級樂觀的態度去解讀是很重要的。

## 擬定計畫要縝密，以負面思考

以前京瓷沒有技術，也沒有豪華的設備，然而，公司卻一直對外吹牛：「京瓷什麼都做得來。」

「我們公司有傲人的技術，製造新的真空管所需要的絕緣材料，任何東西都難不倒我們。」

「你們公司真的會做連大型廠商也做不來的東西嗎？」

「啊，我們公司最擅長的就是做這種東西。」

這根本都是漫天大謊。我們既沒有設備，也沒有技術，根本不可能做出這種東西。而我們之所以敢大言不慚地告訴客戶「做得到」，而且拿到訂單，原因就在於我在前面提到過的，我專門召集一些最愛附和的人討論事情。

大家都是陶瓷方面的專家，當然知道客戶要求製造的東西有多麼困難，所以一開始大家都有點畏縮，「這種東西怎麼可能做得出來。」這樣的心態當然成不了事，所以首先必須樂觀地思考「應該做得來吧」。

話雖如此，如果完全委任腦袋不怎麼靈光，只有個性樂觀而開朗的人去負責這種事情的話，那實在是再危險不過了。所以，只要讓這種人在一旁鼓譟吶喊：「做吧！做吧！」把氣氛炒熱就好。如果想讓計畫真正成功，在鉅細靡遺地擬定計畫之際，得將人選替換成個性有點冷漠，冷靜看待事物的人。

「我決定做這件事。」

提出這個話題之後，他們就會相繼提出負面的意見：

「這樣做太欠缺思慮了，我們公司沒有這種技術，也沒有這種設備。」

我先讓他們列舉出類似這樣的負面要因，把這些條件全部記在自己的腦海中，然後說：

「有道理，原來有這種問題啊。我都沒有注意到。」在充分理解難處之後，再重新擬定計畫。

## 決定之後，最後要樂觀地執行

一旦知道什麼地方有什麼樣的障礙、什麼樣的問題之後，接下來就再度讓那群樂觀的人上台，讓他們負責計畫的執行。因為若是在中途發生問題時，變得悲觀「或許真的不行」，便停下腳步，就很傷腦筋了。執行時，一定要從頭到尾都保持樂觀的心態，就算發生問題，也要保有「早就知道會發生類似的問題」這樣的心態。

也就是說，擬定構想時要樂觀，擬定計畫時則要悲觀一些，而進入執行的階段時，又要再回到樂觀的態度。不要想太多，斬釘截鐵地說「做吧」，然後列出所有會讓人感到不安的要素，譬如，真的沒有問題嗎？資金策略能夠持續下去嗎？以現在的業務人力撐得過去嗎？把這些要素列入考慮之後，就要下定決心，「頭都洗一半了」，不管前頭有什麼樣的困難等著，都要開朗而樂觀地付諸行動。再怎麼樂觀的人，一旦遭遇困難，多少也會感到畏縮。但是，既然已經決定要做，那麼不管遇到再怎麼辛苦的事情，都要告訴自己，這是早就知道的事情，斷絕自己的後路，積極地推動工作。我認為這是成就新事物所必要而不可或缺的心態，也可以說是讓高風險事業成功的絕對條件。

經常有人說，大企業並不能真正製造出具創造性的東西。大企業有資金，又有許多優秀的技術人員，所以，如果他們想要創新，當然比較有利。然而，大企業卻往往創造不出高風險的商品，那是因為他們只擁有腦袋聰明的員工。這樣的人聚集再多，再怎麼討論，他們首先想到的都是這件事情有多麼困難，是多麼有勇無謀，根本不會想到怎麼做可以解決問題，克服障礙，就導出「做不到」的結論。也就是說，在大企業裡，因為在擬定最初的構想時，悲觀的人總是先聲奪人，提出否定意見，所以遲遲無法創新。

**源自樂觀的構想的行動電話事業**

第二電電創業後不久，郵政省就開放了行動電話的前身——車上型電話的事業。當時車上型電話是在行李箱中放著大型的收發機，車上則設置有收話器。而且通話費用非常昂貴，除非是大企業的高層幹部，否則一般人根本就用不起這種服務。

京瓷供應全世界的ＩＣ（積體電路）套裝零件，所以我親眼看到ＩＣ的進步，確信將來會是這樣的演變，「ＩＣ持續發展下去，大型的收發機很快就會變小，收話器也會變成內藏式的。如此一來，普及速度就會加速，幾年之後，行動電話的時代必將來臨」。所以，一聽到車上型電話事業解禁，我就在第一時間自我推薦「第二電電來做」。之後，豐田也舉手呼應「我們也該來發展車上型電話」，結果，有兩家公司想投入市場。

我在第二電電的幹部會議中主張「行動電話的時代必將來臨，現在應立刻投入這個領域」，可是，第二電電的幹部，包括當時的總經理，所有人都反對我的意見。他們說：

「這是多麼有勇無謀的事啊！這種事業連NTT，還有美國的通訊公司都還在虧錢呢。」就如我在前面提到的，他們不斷提出負面的意見。

當時，車上型電話事業據說確實是非常艱困。他們認定我不了解此事，一副「因為不懂，所以才說出那麼沒有腦袋的話」的表情，又繼續砲轟：

「第二電電才剛剛起步，為了鋪設長途電話的線路，大阪和東京之間的拋物面天線的設置作業也才做一半，我擔心再這樣下去業務是否能夠正式開始。現在都還沒有開始營業，卻又想要投入新的車上型電話的業務，根本是亂來。」

可是，在眾人強烈反對的聲浪中，只有一個人表示贊同：「不，就如會長所說，這是一件很有趣的事情。」他看似非常樂觀，並不是很了解狀況的樣子，卻直言「我贊成」。

在眾人嫌棄的狀況，能夠出現一個援軍，我備感歡欣，我對他說：「你說得好。大家都反對也無所謂，就你跟我兩個人一起拚吧。」

如果採多數決的話，我的提案或許會遭到否決，但是第二電電的行動電話事業就從兩個人一句「做吧」開了頭。可是，真的投入事業之後，只有當初舉手表示贊同的樂觀的人來做左右手，難免讓我感到不安，所以我也要求之前投反對票的幹部們伸出援手，一起推動事業。

成就新事業之前就像這樣會有各種不同的階段，經營者一定要懂得適才適用。

# 5 戰勝困難

## ◉具足真勇氣

要正確地推動工作，需要有勇氣。平常，我們為了不招人怨，總是不敢明確地說出該說的話，無法正確地貫徹正確的事情。

為了正確地推動工作，就必須在各個重要的關鍵做正確的決斷，而在需要下決斷的時候，就需要勇氣。但是，此時所需要的勇氣，與蠻勇，也就是因為粗野而被說成豪傑的人所具備的勇氣是大不相同的。

真正的勇氣，是在貫徹自我的信念的同時保有節度，知所畏懼，也就是說，這種勇氣必須是一個本來膽怯的人在經歷無數的體驗之後學到的特質。

我個人認為，「具足真勇氣」和下一個項目「燃起鬥爭心」都是對經營者而言非常重要的事情。

一旦成為經營者，部屬就會來諮詢各種問題，「現在遇到這樣的問題」、「出現那樣的問題」等，此時如果沒有勇氣，就會選擇容易的解決方法。

舉例來說，在籌措資金的時候，有些經營者會想：「跟銀行借貸太難了，就跟地下錢莊借吧，雖然利息高了一點。」明知道比較困難的那條路才是正確的，卻因為欠缺勇氣，結果便選擇了簡單好走的路。可是這麼一來，日後必定會後悔，「當時應該選擇比較困難的方法，而不是簡單的方法，也就是說，當時不該選擇逃避。就因為當時自己欠缺勇氣，導致有這樣失敗的結局。」為了避免遭遇這樣的失敗，經營者要有不多做他想的勇氣。

## 身經百戰，培育真正的勇氣

有些人是在偶然的機緣下繼承父親的事業而成為經營者的，這樣的經營者並不是因為本身的資質獲得認同，而被遴選為領導者，因此不一定都是具足真勇氣的人。

可是，想要經營好一家企業，「勇氣」是不可或缺的條件。我在實際投入京瓷這家公司的經營工作之後，才真正了解到這一點。

我在唸小學的時候就是個孩子王，學生時代也學過空手道，所以對自己的力氣有相當程度的自信。說起來，因為我有強健的肉體，所以在精神方面也有堅強的一面。

然而，對自己力氣多少有些自信的人多半容易心浮氣躁，有強勢出頭的傾向。因此往往會主動找人爭鬥，以強勢的手法推動工作，結果就招致失敗，這種例子多不勝數。經營者需要的並不是這樣的蠻勇，而是「真正的勇氣」。

因此，經營者無論如何都要具備「膽小」的資質。不管是貸款也好，發展事業也罷，不管做什麼事情都小心翼翼，一開始看似膽怯的人，在累積大量的經驗之後，也就是說，在「身經百戰」之後，就會產生膽量，這種人才是擁有真正勇氣的人。

因為有這樣的想法，所以我鮮少一開始就錄用看似有膽識、動不動就爭鬥的人，我會選用看似怯生生而膽小的人，讓他們參與大量的挑戰，培養出一身的勇氣。經營者所需要的是以這種方式培育出來的真勇氣。

## 爭鬥的勝敗取決於勇氣和膽識

以前，我曾經因為某件事情而真實地感受到「什麼事情能培育我們的勇氣」。

公司成立不久之後，當工作進展順利的時候，我都會吆喝一聲：「今天去小酌一杯吧。」邀約眾人一起去城裡犒賞自己一番。

某個夏天，下班之後仍然有十幾名幹部留在公司進行重要的工作。終於完成工作時，一如往常，有人提議：「去喝一杯吧。」此時我卻提出了不同的意見：「叫計程車來，我們現在去爬比叡山吧！」

當時公司的規模還很小，所以經常可以做這種豪邁的事情，不過，主要是因為完成了困難的工作，大家欣喜若狂的緣故吧。我們以公費名目買了一些啤酒和下酒菜，一行人分乘四、五部的計程車，也不管正值深夜時分，就從山頂上直衝京都的街上，大聲地吶喊著：「萬歲！」就這樣，我們搭著計程車上比叡山，只為了享受這種感覺。

提升氣勢之後，也有人順勢建議：「到琵琶湖游泳吧！」於是一行人就又搭著計程車下到琵琶湖。幹部中有一個人是開著自己的車，跟在計程車後面飛奔。

當時，二十名左右騎著摩托車的飆車族刻意挑釁我們搭乘的計程車，企圖超越我們，其中一輛摩托車在轉彎處差一點和幹部開的車擦撞，怒火中燒的飆車族便加足馬力追剿我們。

抵達琵琶湖的時候，他們將我們團團圍住，一聲叱喝：「剛才開車的傢伙給我出來！」我們這些人當中有大半是從來沒有打過架的人。

正當自行開車的幹部要被拖出去狂毆時，我握住啤酒瓶，同時也要求其他的幹部如法炮製，對他們說：「大家一起作戰吧。」然後，我率先跳出來面對挑戰，「想幹架就放馬過來！」

因為大家幾乎都沒有打架的經驗，連擺起架式來都顯得戰戰兢兢，但因為正值深夜，對方大概也看不太清楚。就這樣，雙方對峙不到一個小時，結果，對方被我們的氣勢震懾住，終究打了退堂鼓。

我經常拿這件事來提醒眾人：「身為領導者卻對同伴見死不救，這是最低劣的事情。爭鬥比的不是力氣，而是看膽識來決定的。只要鼓起勇氣不逃避，就一定不會輸。」

## 使命感、責任感激發膽識和勇氣

不是每個人都有勇氣，一旦遭到威脅，難免都會驚恐萬分，兩腿直打哆嗦。儘管如此，遇到緊要關頭，還是得拿出膽識來奮力一戰。這是身為總經理必須要負起的「責任」。也有女性憑著「這時候我必須發憤圖強」的一股信念，靠著魄力就讓對方打退堂鼓。她們既沒有強健的肉體，也沒有豪邁大膽的氣魄，只因為「我是總經理」的責任感使然，所以才做得出這種事。

就如我們在「貫徹信念」的項目中所論述的，沒有任何事物可以像「為了員工、為了一直支持著我的家人，就算拚了這條命，也要守住這家公司」這樣強大的氣魄和信念，能夠讓經營者變得更堅強。

只要有像江戶時代的基督徒在接受教徒測試（譯註：江戶時代禁止基督教傳播，會以踩踏刻著耶穌的木板或銅板來試其是否為信徒）時所展現的精神，捨命也要守住信仰、信念、決心、責任感和使命感，人就會湧起不屈服於任何事物的勇氣。

雖然不認為自己有那樣的力量，但是在偶然的機會下繼承了父親的事業，被委以公司的經營重任。如果是這種情況，希望大家都能保有使命感，無論如何都要保護父親所成立的公司和員工們。否則很容易會隨波逐流，採取錯誤的經營手法，讓員工們不知所措。為了避免發生這樣的事情發生，自問自答：所謂的總經理應該是什麼樣子？穩定自己的心志，這非常重要。

## ◎燃起鬥爭心

工作是一個真正決勝負的世界，一較高下時，必須隨時保持獲勝的姿態。

然而，愈是想要獲得勝利，就會有愈多各種不同形式的困難或壓力襲捲而來。在這種時候，我們往往會畏縮、妥協，扭曲了當初所抱持的信念。而排除這種困難或壓力的能量來源，就是一個人所具備不屈不撓的鬥爭心。類似格鬥技的鬥爭心可以突破所有障壁，引領我們步向勝利。

不論再怎麼辛苦難過，我們都必須燃起「絕對不能輸，一定要完成任務給大家看」的強烈鬥志。

經營者是團隊的領導者，必須是個勇者才行。我認為，唯有經營者才會如此強烈地被要求必須具備和拳擊手或摔角選手、力士一樣的鬥爭心。

事實上，不分男女，好勝而不認輸、具有鬥爭心、對拳擊或摔角等格鬥技情有獨鍾的經營者非常多。然而，也有一些經營者一看到格鬥技就忍不住摀住眼睛，直呼「好可怕」，心地非常柔軟。我認為這種人是不適合當經營者的。

可是各位不要誤會了，所謂的鬥爭心並不是指「打倒對方的鬥爭心」。舉例來說，連路旁的草木為了生存也會爭相出頭，努力伸展葉子，只求能多照到一點陽光。它們拚命行光合作用，儲存養分，以對抗酷寒的冬天，等待春天再度來臨。連不起眼的雜草也都拚命地想要「活下去、活下去」。

這些草木並沒有要打敗生長在旁邊的同類的念頭，它們只是本能地伸展葉子，期盼能夠沐浴在陽光下而已。而四周的草草木木也一樣努力地想要活下去。

在自然界，不分族群種類，大家都拚命地想要活下去。所以，告訴自己「夠了」而放棄繼續努力的物種就只能走上滅絕之路。自然界本來就是這樣形成的。也就是說，「適者生存」是自然界的法則。

常有人說「自然界是弱肉強食的世界」，是強者吃弱者以存活下去的激烈鬥爭的世界。然而實際上，拚命努力的人、努力不輸給任何人的人，因為能適應這個世界而存活下來；而不努力的人則就此滅絕。適者生存是自然界的法則，所以，我們應該保有鬥爭心，不是為了打倒對方，而是為了讓自己努力活下去的信念。

## 自己的道路自己開創

沒有人可以保證我們的將來，就算現在公司業績十分亮眼，但現在的狀態是過去努力的結果，沒有人能夠預測未來會變成什麼樣子。

為了在將來把公司發展成一家優秀企業，我們每個人都只能站在自己的崗位和立場，努力完成自己所應該完成的任務。

不要抱持著可能會有人幫忙的想法而仰賴他人、期待別人幫我們做事，首先要認清楚自己應該要完成的任務，自行努力，展現出無論如何都要做到的態勢。

再怎麼困頓，都不會有人伸出援手，自己的道路一定要自己開創——我相信，這種事情每一個中小企業的經營者都知道。說穿了，就是需要「獨立自主的精神」。

我覺得這件事尤其需要讓在各位之下的幹部們了解，而不是像各位這樣的經營者。經營者必須讓處於「受雇」立場的人都對這件事有所自覺才行。

企業的經營者本來就具有獨立自主的精神，然而，副總經理、專務、常務、董事、部長、課長等人就不是這樣了。他們終歸只是上班族，遇到困難，通常都會有「總經理應該會想辦法解決吧」的念頭。

我認為，發展不順的公司一定有很多沒有獨立自主精神的員工，也就是無法自食其力，完全依賴公司存活。相反地，自己賺錢養活自己，不但如此，還能貢獻金錢給公司，如果有許多這樣的員工，公司就一定可以發展有成。

在京瓷，採用的是一種叫「阿米巴經營」的手法，把組織區分成名為「阿米巴」的小單位，由各單位的領導者負起責任來運作。在阿米巴經營當中，不會因為員工很努力，就大幅提升紅利；也不會因為業績不佳，而削減員工的工資。因為這樣做，反而會使員工覺得不舒服。

如果能夠拿到許多獎金，員工一定會加倍努力。可是，好成績不可能永遠持續下去，如果業績惡化，獎金或薪資遭到削減的話，員工一定會大感不悅。此外，業績老是不佳的員工也會鬧彆扭，嫉妒業績好的員工。

因為不想做這種會刺痛人心的事，所以，不管員工的業績如何，在給予獎金的時候並不會有太大的差距。

然而，如果認真工作的人和不認真的人，甚至會蹺班的人，所獲得的待遇都一樣的話，那麼，淪為「平凡上班族」的人就會愈來愈多。可是，無論如何都要讓員工們跟經營者一樣，保有自己的道路自己開拓、自己的錢自己賺，不，甚至要賺更多以貢獻給公司的想法。

為了達到這個目的，在京瓷是採用「每小時核算利潤制度」，計算每一個獨立運作的阿米巴組織，在一個小時的時間內能產生出多少附加價值。譬如，一個小時的人事費用是三千日圓，如果一個小時內可以創造出五千日圓的附加價值的話，多出來的兩千日圓就可以貢獻給公司。而創造出遠遠超過自己薪資的價值，對公司有貢獻的阿米巴組織都會獲得獎賞，由公司表揚。

要求員工保有和老闆或經營者同樣的心態是非常重要的事情。如果所有的員工都能夠擁有和經營者相同的意識，那麼，這將會是一家能力超強的公司。為了達到這個目的，我會一再地和員工們對話，投入大量的心血在上頭，希望能提高大家的心志。

## 以有說有做的方式做事

一般世人總視「只做不說」為一種美德，但是在京瓷，重視的是「有說有做」。

首先主動舉手，毛遂自薦「這件事我來負責」，向四周人宣稱自己將主導這事情。藉由宣示的舉動，來自四周人和自身的壓力將會激勵自己，同時，透過這樣的自我推動，能更確實地達成目標。

在朝會或會議上，掌握所有的機會，主動將自己的想法昭告眾人，藉由說出來的話來砥礪自己，同時也當成付諸行動時所需要的能量。

我這個年代的人，年輕時常會聽到「只做不說」這樣的話。人們認為，默默努力做事的人比說些豪言壯語的人更優秀，相信「男人保持緘默做事」是美德。可是，我在成立公司之後想法改變了，「好像不是這麼回事」，我開始覺得「有說有做」才夠厲害。

舉例來說，經營者對員工公開宣稱：「這一季的營業額要做到這樣，利潤要提升這麼多。」於是，自己所說的話就會變成「言靈」，回到自己身上。這些話就在自己身體裡面迴響，激發出用來執行這個目標的能量。也就是說，我認為，「有說有做」正是將言語轉換成執行的能量的作業。

此外，公開宣稱「我想這樣」，也是對自己的一種約定。我要達多少營業額、創造多少利潤——這樣的「約定」將伴隨著「非完成不可」的責任，以這個責任感來自我約束，讓事情圓滿成就。透過大膽地說出口，在無形中給自己戴上一副腳鐐——「這是說好的事情，你無法逃避了」。我認為，這就是成功的秘訣。

除了經營者本身以外，也要讓公司的幹部們公開宣稱「我這個月要拿到這麼多的訂單，而且要提高這麼多的利潤」，讓大家都體會有說有做的重要性。利用朝會或開會等所有的機會，主動在眾人面前公開自己的想法，利用這些話語來自我激勵，同時付諸行動。這樣的行為看起來像是一種儀式，事實上，這種儀式具有非常重要的意義。

被經營者要求「這個月請你做出這麼多業績來」，然後勉為其難地接受「是，我明白了」，和自己主動公開宣稱「我想達成這樣的目標」，結果應該是截然不同的。企業裡若能看到幹部和員工都主動公開宣稱個人的目標的話，那麼這家企業的氣氛一定是開朗而積極，業績應該也是優異的。

## 思考再思考，直到狀況明朗為止

當我們在做一項工作時，必須擁有可以看到某種結果的心理狀態。

一開始只是一個夢想或願望，但因為認真地在腦海中一再演練，於是夢想和現實之間的界限便消失了，連以前沒有做過的事情也感覺像是做過一樣，漸漸地產生了自己可以做得來的自信，就像「撥雲見日」般。

如果沒有經過深思，達到這種「撥雲見日」的狀態，就無法完成前所未見的

## 工作或充滿創意的工作、彷彿有數道高牆阻隔在面前的高難度工作。

根據我年輕時從事研究工作的經驗來看，我覺得這件事情在經營事業上是非常重要的。

剛開始做研究時，首先是描繪開發的過程，譬如，思考要使用這種原料、添加這種藥品、利用這種裝置等所有的過程。我稱這項作業為「模擬」，在這個階段，我會在腦海中把所有可能會發生的問題都徹底想清楚。

等公司的規模變大了之後，我就不再直接從事研究工作，轉而委託給研究人員，我告訴他們：「某家公司問我們能不能做得出這種規格的東西，你們立刻著手進行研究。我想這樣做應該可行，你們就把我說的這些話當成原點，後面的部分就自行思考解決吧。」可是，我並沒有就此把工作完全丟給他們去執行，我也會繼續動腦，隨時思考這個研究主題。我並沒有實際進行實驗，但是卻一次又一次地在腦海中進行著同樣的作業。

像這樣日復一日地在腦海中進行模擬，不知不覺當中，就覺得實驗好像真的成功了一樣，完成的製品也明確地浮顯在腦海當中。這就是所謂「撥雲見日」的狀態。

自己並沒有著手進行開發的作業，但是因為在腦海中一次又一次地反覆模擬，成品的模樣便鮮明可現。這就是「持續思考直到撥雲見日」，但是如果只達到「黑白」的程度，那還不夠，如果不能以「彩色」的樣態呈現，就代表思考得不夠徹底。若能夠徹底思考到這種程度，那麼，不僅是研發，即便是事業，也一定馬到成功。

## 哲學是經營領域的至寶

我從創建京瓷這家公司之後，一直到今天，都一直在挑戰沒有人做過的、嶄新的事物。我從來就不走曾經走過的路，或是已經熟悉的路。

因此，凡事深思熟慮，思考所有的可能性就變成了我的習性。舉例來說，我在往前衝刺時會一邊思索著，前面不遠處是否有懸崖等著？是否會遇到堤防？前方的道路是否會被阻擋等可能性，也就是說，我的生存之道就是一邊反覆進行模擬，一邊往前行。尤其是在發展新事業的時候，我會集中所有的意識，徹底地思考，然後再實際運作。

創立第二電電的時候也一樣，我是陶瓷方面的專家，但是在電信領域卻是不折不扣的門外漢。但是，我還是大膽地投入電信事業，因為我認為，如果第二電電能夠成功的話，那就證明我堅持的經營哲學是正確的。

「京瓷哲學」的每一個項目正是我的經營哲學的精華。人們常說，如果經營者沒有精通專業的經營學，也沒有過人的能力的話，事業就無法成功，但是我個人認為，經營的根本——「經營哲學」才是最重要的，只要能貫徹這個哲學，經營就會順利。

實際上，我創建京瓷這家公司，一路走來就是以「京瓷哲學」為基礎來推動經營。但世人對我的評價卻是「因為陶瓷搭上了時代的潮流，所以稻盛先生才會成功」。然而，京瓷的成功是因為我構築起優秀的經營哲學，並徹底實踐而來的。

所以，我在成立第二電電的時候，就發表了以下的宣言：

「我雖然雇用電信方面的專家，請這些人擔任我的工作團隊，但是，我打算以我自己的哲學，也就是所謂的京瓷哲學來經營第二電電。如果成功的話，那就證明了，在經營的領域裡，哲學、經營哲學是多麼重要。相反地，萬一失敗了，就證明了光靠哲學是無法成功經營一個事業體。」

而現在，就第二電電成長為如此優秀的公司來看，我就更強烈地感受到，哲學在經營的範疇當中是一大至寶。

## 連上市時期都「撥雲見日」的第二電電創業

在第二電電的創業時期，我也一直貫徹「徹底思考直至撥雲見日」的理念。在創業之前，我一直反覆自問自答：「動機是否良善？是否有私心？」創業之後，我每一天都很認真地思考著如何營運第二電電，我一邊聽取專家的意見，一邊不斷地自行模擬，於是便開始分不清是夢想或現實，漸漸地產生了可以「順利發展」的自信。

創業之時，我懇請原本擔任通產省（現經濟產業省）資源能源廳的長官森山信吾先生來擔任總經理，他是鹿兒島出身，年紀稍長於我。

「你在官僚的世界已經功成名就，晉升到資源能源廳長，可是，我要請您來我這個民間企業的經營者所開設的公司，幫我推動新事業，而且是我不擅長的電信事業。如果這個事業成功的話，您就等於在一個和官僚時代截然不同的新工作領域也獲得成功。總有一天，我要讓第二電電上市，然而，一家新興企業要成就格局壯大的電信事業，甚至讓公司上市，應該不曾有官僚出身的人參與。而我希望您能來主持這個偉大的工作。」

聽我這麼說，森山先生大喜過望，精神百倍地說：「稻盛先生，謝謝您。我會在受教於您的同時，全力工作。」

森山先生當時身為通產省的幹部，又做到資源能源廳的長官一職，日本各大企業一定對他極盡阿諛奉承之能事，幾乎每天都會受到優渥的款待。然而，第二電電卻完全不做這種事。我給了致命一擊，我說：

「我們一分交際費都沒有喔。」

「如果成功的話，能讓我動用一些交際費嗎？」

對方反問。

「到時候請用自己賺的錢去做必要的花費。」

我這樣回答，於是森山先生笑著說：

「真是有趣啊。」

可是，開始推動事業之後，情況於我不利。日本電信（現在的軟體銀行電信）冒出頭來，在新幹線的沿線鋪設光纖。日本高速通信（現在的ＫＤＤＩ）也出現了，在高速公路沿線鋪設光纖。那應該是屬於國有財產，我們遂提出要求「請讓我們也鋪設線路」，沒想到卻被冷冰冰地拒絕了。因此，第二電電必須在群山之間建造鐵塔，構築起無線幹線。陷入了惡戰苦鬥當中。森山先生大為苦惱，開始懷疑這樣下去，第二電電真的能夠和其他競爭公司一較長短嗎？有時候還會發出無望的呻吟：「會長，真的不行了。」

我逮住沮喪不已的森山先生，帶他去喝一杯，激勵他。

當時我告訴他：「接下來會變成這種局面，但不管如何，最後我們就是要上市。」

可是森山先生還是一副猶豫不決的樣子。

「您老是說『撥雲見日』，可是事情沒那麼簡單。現在就遇到這樣的大難關了。」

「不，應該會如我所說的發展。」

我斬釘截鐵地說。

「您是不是樂觀過頭了？」

森山先生還是一副很沮喪的樣子。可是我還是堅定地主張：

「事情就是這樣。」

因為我一直徹底地思考，所以我可以鮮明地看到第二電電將來的模樣。

事實上，第二電電也走到了我對森山先生所說的那條路。公司的規模、營業額、進度，還有上市時期也都與我的預期不謀而合，連我自己都感到有點可怕。

很遺憾，在公司上市之前，森山先生就病倒而過世了，但是第二電電確實順利地發展成功了。

如今回頭來看，第二電電是自明治時期以來，首宗民間挑戰國營事業，過去不曾有過的例子。而我認為，第二電電成功的要因，就是因為經過徹底的思考、模擬，甚至到了好像曾經做過該事業一樣。

## ◎永不放棄，直到成功

成功與否與一個人保有的熱情和信心有著強大的關聯，做什麼事情都無法成功的人就是欠缺熱情和信念。這種人會找體面的理由，自我安慰，動不動就放棄。

想要成就一件事情時，就要採用和狩獵民族追捕獵物時一樣的手法。基本想法就是，只要發現獵物的蹤跡，就帶著一枝槍，連日追捕，就算風吹雨打、強敵現身，也要找到獵物的藏身處，在抓到目標物之前絕對不放棄。

想要成功，就要朝著想達成的目標，堅持到最後，絕不放棄，這是必要的條件。

在京瓷這家企業裡，就如前面所述，是以這種想法來發展研發的工作。

事情發生在我為日本某大電機廠的研究人員們做演講的時候，當時，我對於京瓷的研發做法多所著墨，會後在進行問答的時候，有人提出了如下的問題：「請問在京瓷進行的研發有多大的成功率？」我回答：「京瓷著手進行的研究一〇〇%都是成功的。」結果眾人皆驚呼——那是不可能的。

「在京瓷，研發的工作會一直做到成功為止，所以基本上並沒有以失敗收場的情形發生。持續努力直到成功，是我們對研發所抱持的態度。」

記得我當時是這麼說的。

不只是研發，面對所有的狀況，保有這種「永不放棄，直到成功」的信念非常重要。但是，從事研發時，成功或失敗並沒有明確的界線；如果是經營事業，萬一整體潰散，自然就知道是功敗垂成了。然而，成功也有各種不同的階段，所以，沒辦法說清楚到什麼程度算是成功，但是我想，以我們經營者來說，大家都是抱持著「想成立一家這樣的公司」的強烈願望，每天努力地經營著，所以，如果達到目標設定的規模時，就可以算是成功了。也就是說，每天持續努力，除非達到自己設定的目標，否則決不放棄的態度是非常重要的。

前面提到「採用和狩獵民族追捕獵物時一樣的手法」，我會用這個比喻是因為我在提到「永不放棄，直到成功」的哲學當時，正好看到電視上播放非洲的原住民們以一枝手工打造的長槍追捕獵物的畫面。

為了不讓家人挨餓，男人們帶著一枝長槍出門狩獵，找到獵物的足跡之後，先推斷獵物大約在多久之前經過該處，然後繼續追蹤。動物在移動期間一定會停下腳步休息，獵人們會持續追捕，最後用長槍給予致命的一擊。看到這個畫面，我覺得這正是「永不放棄，直到成功」的最佳寫照，深得我心。趁獵物休息或睡覺時全力追捕——只要我們有這樣的耐性和毅力，相信一定可以達成目標。

## 「游刃有餘的經營」是成功的前提

我自從創立公司之後直到現在，不管是從事研究開發，或者是成立新事業，全都抱持著這種「永不放棄，直到成功」的態度。說起來很簡單，直至成功為止，絕不放棄，不輕易放手，所以京瓷的事業幾乎全部都成功了。

但是，一個重要的前提是，要隨時保持「在相撲台的正中央進行比賽」的心態，也就是經營要游刃有餘。

「游刃有餘的經營」是松下幸之助先生在某場演講會上所說的話引起我的共鳴，然後轉述給大家的。演講的內容是關於「水壩式經營」，如果天上降下大量的雨水，而這些雨水都原原本本地流入河川的話，河川一定會氾濫成災，引發洪水，造成嚴重的災害。所以，如果能先將雨水儲存在水壩中，按照需要來洩流的話，不但可以避免洪水發生，河川的水量也不至於斷絕，能夠有效地利用水資源。

松下幸之助先生談到，經營事業時，不能完全仰賴景氣的變動，要像建水壩儲水一樣，把錢儲存起來，只使用需要用的量，這才是游刃有餘的經營方式。聽到他這一席話，我的內心產生極大的共鳴。

如果無法做到游刃有餘的經營，「永不放棄，直到成功」的手法就無法派上用場。這就跟我在前面舉例的非洲狩獵民族的情況是一樣的。

舉例來說，假設獵人為了養活一家大小，打算去獵捕獵物，即便是小獵物也行。但是獵人什麼都沒準備就出門了，如果不吃不喝，體力頂多也只能支撐一天或一天半，就算發現了獵物的足跡也無力追捕，最後的結果就是不得不空手而歸。

可是，如果把裝了水的竹筒，以及以前捕獲的獵物製成肉乾繫在腰際上，靠著這些水糧，就可以追蹤獵物的足跡達三、四天之久。獵物也不可能不眠不休地持續活動，所以，如果能夠追蹤到獵物，應該就可以趁其不備時一舉擒獲。也就是說，如果有三、四天份的飲水和食物，讓獵人在一心追捕獵物時保有餘裕的話，就一定可以達到目的。

從事研發時，如果在資金方面沒有餘裕的話，就無法持續數年之久。靠著事業體創造利潤，就算投注大量的費用在研發上，公司也依然可以順利運作，這樣的餘裕是不可或缺的條件。

要說「永不放棄，直到成功」是成功的精華也不為過。而要能不放棄，保有可以在成功之前一心一意追求的餘裕是一個重要的前提。

那麼，是不是一定要保有餘裕才能成功呢？那又不盡然。舉例來說，假設某個經營者這樣說：

「我把車子、房子，以及手邊所有值錢的東西都賣了。我做到這種地步，資金還是周轉不過來，看來我只有放棄了。」

如果我聽到這個說法，會很想這樣告訴他：

「沒有人說一定要有車才能做生意吧。不是還有腳踏車嗎？你大可從早到晚踩著腳踏車到處找訂單，應該還有很多可以做的事。」

經營確實要游刃有餘，但是，就算只剩一副軀體，應該也還有繼續努力、不放棄的空間。房子賣了，車子也賣了，所以我不行了；或者，我還有腳踏車，不，就算搭電車，我也可以去找訂單。你會選擇哪一種想法？這完全是看個人而定。

想要成功，「永不放棄」的態度很重要。這是我希望各位一定要謹記在心的項目。

## 6 思考人生

### ◉人生、工作的結果＝想法×熱情×能力

人生或工作的結果，是由想法和熱情，以及能力這三個要素相乘來決定的。

當中的能力和熱情分別從零分到一百分，因為是以乘法計算，所以，自覺能力普通，而比任何人都努力的人，最後的成果會遠比自以為能力過人而怠惰不努力的人要好得多。而這個結果還要再乘上想法。所謂的想法就是生活的態度，範圍從負一百到正一百。想法不同，人生或工作的結果就會有一百八十度的不同。

所以，除了擁有能力和熱情，保有身而為人的正確想法比什麼都重要。

我是在成立京瓷這家公司之後不久想到這個人生方程式的，便開始以此教育員工

們。我想，要說這個方程式形成了「京瓷哲學」的主幹，也不為過。

## 首先發現「熱情」和「想法」的重要性

我是一個不折不扣的鄉下人，在大學畢業之前一直待在鹿兒島，就業之後才第一次來到京都。我想我在大學的成績算是優秀，但終歸只是一所鄉下的大學，所以就全國的水平來說，應該不算高吧。我從小就是孩子王，個性不認輸的我來到京都的時候，經常會想，這樣的我該怎麼做才能拚命活下去？

我思索著，像我這樣沒有出眾「能力」的人，如果想從事偉大的工作的話，需要什麼條件？我最先想到的是「熱情」。我先發現到熱情應該很重要，接著，我又發現到「想法」的重要性。

而讓我產生這種想法的契機是以下這些因素。

小時候，有個親戚叔叔經常來家裡玩。鹿兒島的男人很多都愛說大話，這個叔叔只要在喝過酒之後，就會暢談他的雄心壯志。譬如，他會揶揄鹿兒島的知事或鹿兒島出身的議員，「那傢伙念小學的時候腦袋比我還差，好不容易才有國中可念。我空有聰明的腦袋，卻因為家裡太窮，所以沒能繼續升學。」滔滔不絕地說著自己以前比現在擔任知事的人要優秀得多等等的話。

聽到自己的叔叔那麼了不起，感覺並不差，但是另一方面，小孩的心裡也難免會感到狐疑：「為什麼曾經那麼了不起的叔叔，現在卻沒做什麼了不起的工作，整天只會跑來我們家喝酒，講一些大話呢？而那個他口中腦袋差的人，現在卻成了優秀的知事。原因何在？」後來，我漸漸明白了。

「念小學時，就能力來說，也許叔叔是比較強。可是，因為『我的腦袋比較聰明』而自以為是，就懈怠不努力，結果叔叔成了一個沒用的人。而那個腦袋不比叔叔聰明的人之後卻拚命地努力，所以才會變得這麼了不起，是這樣的吧。」

有一次，叔叔為了讓自己遊手好閒一事正當化，還說出「隔壁的笨蛋起床工作」這樣的話來。「我是聰明人，所以睡覺也無妨，但是隔壁的人是個大白痴，所以要起床工作。」也就是說，他輕蔑別人，頭腦不好的人必須在別人睡覺期間就起床工作才行。

叔叔的話讓我覺得很奇怪，事實上，起床工作的人才了不起。可是就叔叔的價值觀來看，那是因為腦筋差的緣故。「才不是這樣！」當時還小的我也對叔叔的話產生了反彈。

從小我就一直在思考這件事，於是，前面提到的方程式就漸漸成形了。

## 人生的方向從正到負都位於一直線上

在我的人生方程式當中，能力和熱情是從零到一百標示；但是，唯有想法是從負一百到正一百。

所謂的「想法」，我想，把它當成「人生路上的方向」之類的東西來看就可以了。我說的不是東西南北的方向，而是水平線上的方向，也就是以零為基點，這邊是一百，另一端也是一百。也許有人認為人生朝哪個方向走都可以，然而，事實並非如此，人生的方向是一直線的，不是朝著正向走，就是朝著負面走，只有單純的二分法。

重點在於自己的想法是在正向的十或五十，抑或是一百？還是在負面的十或一百？這個方程式是以乘法計算，譬如一個頭腦聰明，運動神經也很發達，具備卓越能力的人，他有著熊熊的熱情，努力的程度也不亞於任何人，可是，如果他有一點負面的想法的話，因為是以乘法計算，所以，人生的結果就會變成很大的負數。

## 福澤諭吉論述的企業人該有的態度

建立起這個方程式之後，從此對於每件事情，我都告訴員工：「想法很重要，人生是由想法來決定的。」

之後，我看到了福澤諭吉的一段話，產生深深的共鳴。福澤諭吉是這樣陳述經營者該有的態度：

思想深遠如哲學家，
心術高尚正直如元祿武士，
加上小官員的才能，
再配上莊稼漢的身體，
這才成就實業社會的巨人。

所謂的如哲學家一般，說的就是擁有深度的思想。而如元祿武士一般的意思是宛如武士為忠和義而生一樣，擁有高尚而正直的心性。而小官員指的是明治新政府底端的庸俗公務員，極盡賄賂之能事，做盡壞事以誇耀權勢，但是不可否認，這種人擁有堪稱是惡質聰慧的才能。因為頭腦聰明，所以為惡，而想要有所作為的人就必須擁有這樣的頭腦。此外，還要有如莊稼漢一般的健壯身體，具備以上種種特質之後，「才能成就實業社會的巨人」。也就是說，他一語道破了可以在實業界被譽為優秀經營者的人物特質。

福澤諭吉的一番話正好吻合這個人生方程式。莊稼漢的身體，也就是健壯的身體相當於努力程度不亞於任何人的「熱情」；而小官員所擁有的，若置之不理勢必為惡的才能，以經營領域而言，也就是商才，相當於「能力」；而「想法」則是「思想深遠如哲學家，心術高尚正直如元祿武士」的部分。如果不能保有如哲學家一般的高度思想、如元祿武士一般的高尚心性，就無法成為實業社會中的大人物。從福澤諭吉的話語中，我再度感受到「想法」、「熱情」、「能力」三個要素是何其重要。

**抱持負面的想法生活，人生的結果必然也是負面的**

我也想過，這三個要素是否也可以用加法來計算。但是，結果顯示，還是非得以乘法計算不可。

以前媒體曾經報導過淀號劫機事件的犯人。事件發生之後，犯人定居在北韓，後來因為違反外匯交易法而在越南和柬埔寨的邊境遭到逮捕。報導的內容在於探討五十歲出頭的日本赤軍劫機犯是否應該在日本接受審判。

在座的各位一定有很多人年輕時都擁有熊熊烈火般的正義感，想要改革這個不平等、充滿矛盾的腐敗世界，建構一個大家都可以快樂生活的平等社會，我也是其中之一。有這種想法的人，當中有一部分的人成為過度激進派，想透過恐怖行動來改變世界。這就是日本赤軍的由來。

擁有能力，也有熱情，想要實現一個容易居住、高舉正義的世界，到這個階段，這都是一個美好的理想。然而，他們在將想法付諸實現時，卻採取恐怖行動，也就是暴力行為。這種做法一定會有人受害。此外，即便動機再怎麼正確，卻因為執意要實現自己的想法，而殺害與自己的主義、主張不符的人，這就是一個非常負面的想法了。

所以，在事件發生之後大約三十年，他們湮沒於世，不斷地亡命天涯，結果，在歷經五十年以上的人生之後，遭到泰國的警察逮捕拘留。就算被遣送回日本，漫長的審判過程也才要開始，他們恐怕再也沒有過自由生活的希望了吧？

年輕時充滿正義感，也擁有優秀的能力和熱情的青年只因為有著那麼一絲絲負面的想法，結果把自己唯一的人生毀於一旦。看到這樣的例子，讓我不禁再度深深體認到，「想法」實在是非常重要。

## 「良善的心」和「邪惡的心」

有時候我會把方程式中的「能力」用「才能」一詞來替代。

常有人說「不能為才所用」。有才能的人往往會不自覺地暴衝，導致被才能所淹沒。如果為才所用，就會變得一發不可收拾。才能的運用貴在「心」，必須是由心來發揮自己的才能。失去心，光有才能或商才，就會如「聰明反被聰明誤」這句話所說，一定會招來失敗。就這層面來說，「心」或「想法」著實非常重要。

那麼，在這個方程式當中所說的「想法」又是什麼呢？說起來也有福澤諭吉所說的「哲學」的意義在，要說是我們現在在討論的「心」也可以。此外，「想法」也可以用「思想」、「理念」、「信念」來替代，或許也可以說是人的「良心」。這些東西總括起來就稱為「想法」。

前面提到，「想法」是以零為基點，往正面方向到一百，往負面的方向也是到一百，是呈一直線的。那麼，什麼是正面的方向？其實不用想得太難。所謂正面的方向就是「良善之心」；相反地，負面的方向就是「邪惡之心」。也就是說，前面提到的方程式或許用「良善之心×熱情×能力」來解說會更容易理解。

那麼，「良善之心」又是什麼？其實只要哲學家們為我們解釋「良善之心」的定義就好了，但是很遺憾的，目前並沒有這樣的定義存在。所以，我現在就以「老王賣瓜」的心態來解釋一下我個人認為的「良善之心」的意思。

首先就是隨時保持積極、建設性的態度；擁有想和大家一起工作的協調性；開朗；肯定；充滿善意；體貼、溫和；認真、正直、謙虛、努力；不利己，也沒有強烈的欲望；懂得「滿足」，還有，保有一顆感恩的心。

我認為所謂的良善之心，就是擁有以上這些特質。

為什麼我要說這些好像在說給孩子聽的話呢？那是因為，即便我不斷疾呼：「想法很重要，所以一定要有良善的想法。」大家還是一樣一頭霧水。所以我才使用哲學這個名詞，一再提醒大家「人應該遵循這樣的生存之道」。我在倡導哲學時所提到的內容正是想法的基準，也就是說，哲學是在說明良善的想法。極端說來，良善的想法已經是很生活化的語言。

相反地，邪惡的想法，也就是所謂的「邪惡之心」又是什麼呢？其實就是和剛才提到的良善之心對立的東西，我一樣一一列舉出來。

消極、否定、不具協調性；陰暗、充滿惡意、不懷好意、企圖陷害他人；怠惰、說謊、傲慢、懈怠；利己、有強烈的欲望、充滿不平和不滿；怨恨、嫉妒他人。這些特質就是邪惡之心、邪惡的想法。

前面提到，方程式中的「想法」，範圍從正一百到負一百都有。而在這個範圍內，自己的「想法」是在哪一帶呢？以下告訴各位解答的方法。

請在前面提到的良善之心中，把自己符合的項目打上〇。如果這個也打〇，那個也打〇，全部都打上〇的話，就可以視為是正向一百分了。

針對在邪惡之心的部分提到的項目，也請以同樣的方式打〇。如果有打〇的地方，就算是負分。如此一來，就會知道自己的「想法」位於哪一帶。說起來很單純，卻可以讓各位明白自己的心靈處於什麼樣的狀態，我覺得對大家來說是很容易了解的說明。

## 「想法」才是決定人生、改變命運的要素

一般說來，個人有什麼樣的想法、什麼樣的思想，那是個人的自由，我們在學校裡就是被這麼教導的。擁有自由的發想、自由的思想，正是上天賜與人類的美好權利，愈是知識份子類型的人，愈常把這些話掛在嘴上。

每個人都有各自不同的人生，一千人就有一千種，一萬人就有一萬種，這就是社會。所以，人擁有什麼想法、思想，真的是個人的自由，這是現代人的基本想法。

我覺得，擁有什麼樣的想法確實是個人的自由，但是，在自由當中，自己選擇的想法會決定自己的人生和命運。有多少人能夠如此透徹地明白這個道理呢？以這個方程式來說，自由的想法、自由的心、自由的思想、哲學等的選擇方式，將會使命運產生一百八十度的大轉變。

但是，卻有很多人忽略了如此重要的事情，而且學校和公司也沒有人教過我們。不知道是不是有很多人會這麼想：真希望有誰能夠早一點告訴我們想法是多麼重要，有多大的力量左右我們的人生。而且，如果有人能儘早讓我們了解到，就像前面的說明，其實這是很單純的事情，我們的人生應該可以過得更好。

我現在陳述的事情，也就是「良善之心」、「邪惡之心」究竟為何物，這本來是宗教或道德、倫理等的教育應該傳授的知識，可是，進入近代之後，我們鮮少再把重點擺放在宗教上。戰後的教育也告訴我們，唯有遠離宗教，才是真正的知識份子。

但是，連宗教也沒有明確地教導我們想法會決定自己的人生。舉佛教為例，釋迦牟尼佛開示：「你們必須這樣生活。否則將會墮入地獄。謹守本分便可前往西方極樂世界。」可是，光是這麼簡短的一句話，一般人只會覺得不管是地獄或極樂世界都是人死之後的無稽之談，沒有人會相信。也就是說，佛並沒有針對「想法為什麼重要」一事明確地做說明。可是，就如這個方程式所顯示的，「想法」是決定自己人生的最重要關鍵，這是一定要教導眾人的事情。

就因為這樣的教育沒有落實，所以很多人都認為，不管是什麼樣的想法，都只是一種知識上的遊戲，和自己的人生沒有關聯。也因為大家都不相信人的想法會如實地顯現於人生，也就是不相信人生會依照我們心中所描繪的景象發展，所以也就不相信這種人生方程式。

我經常引用中村天風先生的話語，在我的人生當中，天風先生對我的精神與哲學都有重大的影響。

天風先生這樣說：

「光輝燦爛的未來在等著我們，請以具建設性的、正面的、積極的心態，開朗地思考人生，告訴自己，會有美好而光明、幸福的人生。絕對不能有陰鬱悲慘的思想。」

天風先生開啟的天風哲學非常深遠，但他卻能以單純的話語來論述「請開朗而積極地思考」，以期我們一般人都輕易理解。

我也常常引用中國的書籍《陰騭錄》裡的話：

「人生不是事先決定好的。也許確實有所謂的命運一事，但那不是宿命，只要我們想改變，就可以改變。」

書中的內容是說，一個叫袁了凡的人認為人只要牢記為善，命運就會往好的方向發展。若能以善心為人，就可以過著幸福的人生。這些內容我已經讀過多回，從中我體認到，「想法」是非常重要的東西，將會決定一個人的人生和命運，我對此深信不疑。希望各位一定要相信這個人生方程式，並且徹底實踐。

**哲學要體悟透徹，否則就沒有意義**

我之所以如此苦口婆心地倡導哲學，無非是希望大家都能擁有正確的想法。但是，只是把哲學視為一種知識去「了解」並沒有什麼意義，還必須付諸行動才行。我們必須把獲得的知識化為自己的東西，深深地滲入自己的身體內部，不論遇到什麼樣的場面，都能立即按照哲學的精髓採取行動才行。

也就是說，光是「知道」正確的想法，就跟不知道是一樣的。如果沒能將之化為自己的血肉，沒能在人生的每個階段，在每天的業務活動上活用這個想法的話，便毫無價值可言。所以，只要一有機會，我就會說同樣的話。

聽我的演說，有人會說：「同樣的話我聽了好幾次，但是每次聽完，都有一種如獲新生的感覺。」但是大部分的人都只會說：「上次聽過了，我已經懂了。」並沒有刻意想吸收為己用。如果沒能徹底體悟、吸收我所說的話，提升到與自己的思想、理念、哲學等高的層級，就代表沒有把聽到的內容化成為自己的「想法」。我們必須要能按照那個想法來採取行動，就算是在無意識的狀況下。

希望各位能一次又一次地反芻哲學的內容，努力地內化為各位身體的血肉。

## 演講聽眾贈送的即興詩

一九九九年十月十四日，我前往紐約州立阿爾弗雷德大學（Alfred University）。這所大學有一堂冠著以前老師名字的講座「John Francis McMahon lecture」，我受邀到該講座以「陶瓷界的革新——技術人員的人生哲學」為題，做一個半小時的演說。

獲邀當講師是一件非常光榮的事情，而且以前我也接受過這所大學頒發的榮譽博士的稱號，所以我接受了邀請。講座中除了有很多學生參與之外，也來了許多當地的仕紳和其他大學的老師們。

當中，在阿爾弗雷德大學擔任陶瓷工學暨材料科學系主任的羅納德・戈登（Ronald Gordon）教授和夫人也到場捧場，他們夫妻甚至到機場接我，還特地送我到投宿的飯店，我在美國滯留期間，獲得他們頗多的照應。

在講座上，我使用幻燈片和樣品說明創立京瓷這家公司已有大約四十年，我如何推動陶瓷的開發等。之後我在「人生、工作的結果＝想法×熱情×能力」這個「人生方程式」中提到「技術人員應該抱持什麼心態工作」一事。

當天晚上，校方舉行感謝餐會，席間，戈登夫人說：「今天的演說內容讓我非常感動，我想送一首詩給您，表達我的心情。」夫人的座位跟我有一段距離，但是她刻意走到我旁邊，把詩作送給我。

那實在是一首很棒的詩，我請求夫人高聲朗讀，「在下欣喜接受。這是夫人作的詩，請夫人務必當著眾人的面朗讀。」參加餐會的人們也都非常開心。以下就是將那首詩作翻譯成日文，容我稍作介紹。

〈方程式（FORMULA）〉

現在，觸動我內心的琴弦，

是您充滿睿智的言語。

那是讓走向成功之路的過程發光發熱的

一個方程式。

請將傾注所有熱情付出的努力，

和能力相乘。

再加上大量的
積極的想法。

為了隨時將相乘的結果，
保持在穩定的狀態，
請傾注大量的愛於其中。
是的，傾注許多的愛。

歷經種種經驗，
從人生的炙熱火爐中，
無止境地冶煉出嶄新的事物，
全是透過你的方程式。
我們必須知道，
每個人都要按照這個方程式，

走在自己的人生路上，
此事是無庸置疑的。
當你開始積極正向地思考人生，
便能對幾百萬人，
有所貢獻。

我明白，
因為我用我的雙眼看著你。
聽著你的一言一語，
而且對你深信不疑。

美國大學教授的夫人針對「人生的方程式」，即興作了這麼美麗的一首詩給我。

## ◉認真活過每一天

人生如同一齣戲，每個人都是主角，重要的是寫出什麼樣的戲劇腳本。

有人的人生是任憑命運擺弄，但是我們也可以透過塑造自己的心理、精神，或者透過本身的改變，按照心中所想的劇本來飾演心中所想的主角。所謂的人生，就是描繪自己的一種方式。混混噩噩過生活的人和認真地活過每一天的人，兩者的劇本內容是截然不同的。

珍惜自己，認真地過一天、每一秒，人生就會大轉變。

再也沒有其他事情比茫然而無意義地度過一生只有一次的人生更可惜的事情了。我認為，天地自然是因為宇宙有此需要，才讓我們存在。任何人都不是在偶然的狀況下生存於這個自然界的。首先我們應該相信，這個宇宙需要我們，我們是很重要的存在。

從大宇宙的角度來看，一個人類的存在或許真的非常渺小，但是，我們是基於某種必然性而存在於這個宇宙當中。我們必須堅信，這個宇宙認同我們的生存，我們的人生就是偉大到具有這樣的價值。我認為，沒有任何事情比茫然而無為地度過這麼偉大且具有價值的人生更可惜的事情。在這個有意義的人生當中，能夠認真地過每一天，將會創造我們的人生價值。

## 仿效在嚴峻的自然界當中存活的植物生命力

有一次，我在電視上看到北極圈凍土地帶的植物同時發芽的景象。北極圈的夏天一眨眼就過去，也許是為了趁著夏天的時候，盡全力讓小花大量綻放，孕育種子，藉以度過嚴寒的冬季吧。在我眼中，那些植物是這麼努力地活過短暫的夏天。

在日本，一到春天，當殘雪開始溶解的時候，即便在都是岩地的高山地帶，草木也會立刻發芽、開花，旋即孕育種子，儲備冬天所需。而被視為雜草的植物，也一樣認真地過每一天。

此外，我還看過這樣的影像。據說，非洲的沙漠一年也會降一到兩次的雨，一下起雨，植物立刻冒出新芽，開出花來。然後在一、兩週這麼短暫的時間之內孕育種子，耐住嚴峻的高溫存活不去，直到下次的雨水來臨。在自然界中，所有的生物真的就像這樣，認地活在每一瞬間。

我們人類也必須珍惜每一天，認真地活下去。我認為這是我們跟宇宙，還有跟神明之間的約定，所以我一再強調，我們努力的程度必須不亞於任何人。

## 如心所願

事情的結果是根據我們在心中描繪的影像來決定的。如果在心中描繪「無論如何都要成功」的話，往往就會成功；如果盤踞在心中的影像是「或許做不來，或許會失敗」的話，很可能就會以失敗告終。

心靈沒有召喚的事物，是不會主動靠近我們的，現在發生在我們四周的所有現象都只是反映我們自己的內心狀況而已。

所以，我們不能在心中描繪憤怒、怨恨、嫉妒心、猜疑心等否定而陰暗的形象，我們必須隨時保有夢想，在心中描繪開朗、美好的事物。如此一來，我們的

## 人生也會變得十分美好。

前面在說明「人生、工作的方程式」時提到，「想法的範圍是從正一百到負一百」。在這個項目中，我認為人生是按照心中所描繪的影像在運作的。這裡所說的「心中所描繪的影像」，就是相當於人生方程式裡的「想法」。

「人生的發展就如心裡所描繪的景象，而心中所描繪的事物會顯現為現象」，不管是佛教或其他的宗教都有同樣的說法，但是，知識份子類型的人卻不太想相信這種事。

「想法」、「熱情」、「能力」這三個要素相乘所得的便是人生、工作的結果，而這三個要素當中，最重要的便是「想法」。心裡描繪的景象、心中抱持的理念、自己所擁有的想法、思想、哲學，這些東西都會原原本本地體現於人生當中。而我用「按照心中所描繪的來發展」來說明此事。

也許有些知識份子會提出反駁，但是我希望大家能夠理解，這件事情不是用一般的原理可以說明的，這是一種宇宙的道理、宇宙的法則。如果否定這種觀念，那麼我所拚命倡導的人生方程式也就無法成立，而這也就等於否定了「按照心中所描繪的來發展」的說法。

以前我就針對佛教中的因果報應說，引用了很多例子來說明，我經常說「心念會造業」。所謂的業，就是因果報應的因。心念是因，而這個原因一定會衍生出結果。也就是說，思想、思考的內容很重要，當中絕對不能有不好的東西。釋迦牟尼佛是這樣開示的。中村天風先生也教導我們「不能抱持陰暗詭譎的念頭」，我也是這麼認為。

此外，中國有句諺語「積善之家必有餘慶」，意思是累積善行和陰德的家庭一定會有幸運之神上門。我們經常用「德」這個字，簡單說來，德就是「擁有利他之心」。擁有對他人慈悲、體貼、援助的心，並且實行這個想法的人，我們會稱他為「有德之人」。不是因為擁有高潔的哲學、思想，就代表道德高尚，唯有把為世界、為他人竭心盡力一事作為人生的規範，才是有德之人。

## 在另一個世界，因果報應同樣成立

但是，心中描繪的形象並不會立刻就實現。所以，就算我拚命地希望大家能夠相信這個宇宙的法則，還是無法獲得所有人的理解。因為心中描繪的事情、心中所想的事情，就算帶有惡意，也不會立刻明確地帶來不好的結果；就算想法是良善的，也不會即刻就有好的結果，所以沒有人願意相信。

然而，就三十年左右的時間長度來看，事實上，因果報應的邏輯大致上都是吻合的。請稍有年紀的人回顧自己年輕時候到現在為止的這二、三十年時間。此外，關於他人的人生，也請仔細地思考其中的今昔變化。

有人有過一段悲慘的童年，但是中途命運好轉，然而晚年卻又變得潦倒落魄。也有人從小一直到學校畢業之前都在富裕的家庭中長大，幸福無比，但是出社會之後就吃足苦頭。人的一生好壞有著天壤之別，但如果以短則十年、長則三十年左右的時間距離來審視心理狀態和結果之間的關係，就可以發現邏輯應該是吻合的。所以，所謂「按照心中所描繪的來發展」，並不是代表現在所想的事情會立刻實現，而是以更長的眼光來看，也就是以一生的時間來考量的結果。

但是，有時候以這麼長的時間來看，也有與邏輯不合的狀況。如果完全都吻合的話，大家一定都會抱著「所言甚是，謹遵提點」的態度，坦率地把我的話聽進去吧。但就是因為實情並非如此，所以許多人心理上才會抗拒。因此我常常在思考：「這可傷腦筋了，難道就沒有更好的方法可以讓大家都理解嗎？」

我在前面也提過，就在這個時候，我遇見了一本書，記錄一個印第安人靈魂的話語，書名叫《銀樺的靈訓》。

書中有以下這樣的內容：

大家一定不相信心中所想的事情會原原本本地顯現為一種現象吧。但是，就算在現實世界或許有不合邏輯的地方，如果把另一個世界也納入考量的話，結果就絲毫不差地與一個人的心思完全吻合。

文句雖然只有短短的兩、三行，卻讓我猛然一驚。

現實世界或許並不完全吻合「有因就有果」的邏輯。有時候壞人一直橫行霸道，良善的人卻吃足苦頭。但是，以更長遠的目光來看的話，就正面意義來說，這些辛勞都是上天為了讓這個人在日後一躍升天而給予的「考驗」，能夠克服這個「考驗」的人，日後就會過著美好的人生。

此外，壞人看似一帆風順，但是很快就會出現破綻。儘管如此，或許也還有不合邏輯的部分，然而，就如《銀樺的靈訓》中所說的，如果把「另一個世界」也納入考量的話，這個世界是在萬事萬物都合乎邏輯的架構下形成的。我是這麼解讀的。

## ◎描繪夢想

現實是很嚴苛的，連要過今天一天，或許就是一件很辛苦的事情。可是，在這樣的狀況當中，能不能朝著未來描繪自己的夢想，將會決定人生的好壞。對於自己的人生或工作，擁有「我想變成這樣、我想達到那樣」的遠大夢想或崇高目標是非常重要的。

我從創業時期就一直描繪一個夢想——要把京瓷變成西京第一，接著是京都第一，然後是日本第一、世界第一的企業，藉著不斷的努力才有今天的成就。

**描繪崇高而美好的夢想，花費一生的時間持續追求。這就是人生的價值，而人生也會就此變得無比愉快。**

描繪夢想是一件大事。創立公司時，我常把自己的夢想說給員工們聽。不管是在公司，或是在家裡，我都自稱是「追夢男」，想要永遠當一個逐夢青年。

我開始思考「想要過一個追逐夢想的羅曼蒂克的人生」，可以回溯到高中一年級的時候。時間距離敗戰也只有三年左右，所以鹿兒島市內因為空襲的關係，化為一片焦土。我就讀的高中也像是一間臨時搭蓋的小屋。那是建蓋在鹿兒島市內，靠近海岸的高中，櫻島就在學校正前方冒著煙。

國文老師非常浪漫，那個時代還沒有什麼教科書，所以他就以知名作家的小說為題材，每天跟我們聊很多事情。有一次，這位老師說「我每天都在談戀愛」。本來他這番話讓我們是一頭霧水，後來他做了清楚的說明：「我每天騎著腳踏車，一邊看著櫻島，一邊前往學校，我就是這樣每天愛戀著櫻島。它那雄偉壯闊的島影，還有不斷噴發而出的火山煙。我十分嚮往那種炙熱的情感。」

在連食物都不盡如人意的敗戰之後的焦土當中，老師以開朗而浪漫的方式描繪美好的夢想，給我們這些學生夢想和希望。受到老師的影響，我也開始覺得，人生應該儘量快樂、開朗、描繪充滿希望的夢想，每天這樣過日子。

我想大家都知道，年輕時，我的人生是極其黑暗的。小學高年級時，我罹患了結核病，差一點就沒命，報考舊制國中時也落榜了兩次，大學考試時也以失敗告終，大學畢業之後，也無法順利找到工作。我的青少年時代可說是歷經一次又一次的挫折。然而，我並不氣餒，仍然勇敢地過我的人生，我覺得這全是因為受到老師的影響。

不論現實再怎麼嚴苛黑暗，可不能連自己的心都跟著生病了。隨時保持開朗，描繪充滿希望的夢想，這是很重要的事情。雖然有著運氣不佳的青少年時代，我仍不忘保有夢想，持續為自己的人生點上光明希望的燈火，拜此之賜，在進入現實社會之後，我得以走上美好的人生，造就今日的我。

心中不斷地描繪夢想，夢想就一定會在現實世界中實現。我希望大家都能了解這一點。當然，「描繪夢想」這件事也是人生方程式中的「想法」之一。也就是說，只要描繪浪漫而美好的夢想，擁有這樣的「想法」，人生就會如藍圖一般，變得十分美好。

「夢想」可以是模糊的，不過，開創事業的經營者最好能在腦海中浮出更現實一點的影像，譬如企業經營的目的，或者目標數據等的具體事物。舉例來說，明確地描繪「想要達成這麼多的營業額、想要創造這麼多的利潤、想要組織一個有這種氣氛的公司」之類真實的數字或目標也是必要的。

我相信，只要能夠持續描繪這樣的夢想或目標，應該就可以架構起夢想中的公司。

## ◎動機是否良善，是否無私心

當我們描繪遠大的夢想，想要實現時，必須捫心自問「動機是否良善」。要自問自答，判斷自己的動機善惡。

所謂的善，一般說來就是指好事；而所謂的一般，就是普羅大眾的共同看法。動機不能只顧自己的利益或方便，而是要自己和他人都能接受才行。此外，

**在推動工作的時候，必須自問「有無私心」。檢討在推動工作時是否單憑自我為中心的發想為依歸。**

**如果動機是良善的，沒有私心的話，就沒有必要問結果了，一定會成功的。**

一九八五年，日本的電信、電話事業自由化了。自明治政府以來就是國營事業的電信、電話事業得以民營化，准許新事業體參加。

當時，因為日本的通訊費用太高，我對許多人民為此受苦而感到義憤填膺。尤其跟美國的通訊費用相較之下，日本的通訊費用更高。可是，這就表示要跟當時號稱創下幾兆日圓營業額的電電公社（現ＮＴＴ）正面宣戰，所以我想到唯一的辦法，大概就是創立以企業為主的企業法人，同心協力與之對抗了。

於是，我耐心等待，期待盡快有某個大企業自告奮勇，讓日本的通訊費用能夠調降。然而，也許是風險過大吧，遲遲無人自告奮勇。我實在看不過去，於是舉手自我推薦。

我召集了當時電電公社的幹部們和幾名了解電信事業的專家一起討論，有沒有什麼方法可以讓新事業體加入電信事業。當時，我說了這些話：

日本的電信事業自明治之後，就以國營事業的模式營運，構築起了我們今天看到的通訊組織。時至今日，電電公社已經民營化，政府也允許新事業體投入電信事業，這是百年難得一見的大轉換期。

而這個大變革的舞台或許轉到我們面前來了。我們有相對的智慧和能力，或許有參與其中的機會，我認為這是上天賜給我們的機會。

在一生只有一次的人生當中，通常是不會有那麼好的運氣可以遇到值得我們賭命一搏的機會。我們是不是應該緊抓這個機會，試著挑戰看看？

這是我創立第二電電的動機。可是，光是這樣是無法著手創業的。

在和這些人進行討論期間，雖然出現了「似乎可行」的渺小希望，然而我覺得，要創立如此大規模的事業，還需要有更能鞭策自己的因素，於是我開始思考。這時浮上我腦海的話語便是「動機是否良善，是否無私心」。

之後大約六個月的時間，每天晚上就算喝了酒，我也一定會在上床睡覺之前自問「動機是否良善，是否無私心」。我每天都自問自答：「你創立第二電電，說想著手通訊事業，你的動機是否良善？當中是否有個人的私心？」為了激起向大企業NTT正面挑戰的勇氣，我需要一個大義名分，知道自己現在要做的事情是幫助日本國民的高尚行為。為了達到這個目的，我一再自問「動機是否良善，是否無私心」，一直到我可以確信自己「絕對不是在對名譽或事業的慾望挑動下而創業。當中連一絲絲的私心都沒有」。

這個「動機是否良善，是否無私心」也是人生方程式中的「想法」之一。這個問題是為了檢視自己的行動事實上是否是由「利己」出發？是否根基於錯誤的想法而來？就這一層意義來看，這個項目也可以說是補充人生方程式中的「想法」的重要一環吧。

這裡所提到的「善」是指單純而美好之事、正直之事、助人之事、溫和而體貼之心、美麗之事，進一步來說，就是純粹之心的意思。這所有的一切都用「善」這個字來表現。

也就是說，在自問自答時就是在問自己：「你的動機是美麗的嗎？是好的事情嗎？是有助於人的嗎？是溫和謙讓的嗎？有體貼他人之心嗎？心思是純粹的嗎？」我想這樣說會比較容易明瞭。

## ◉以一顆純粹之心走在人生路上

古印度的梵語中留下了某個聖人的話語：「一個偉大的人物的行動之所以成功，不在於行動的手段，而在於這個人心靈的純粹。」所謂的純粹之心，換言之，就是在推動事物時的動機是純粹的，沒有私心。這個觀念也與身而為人什麼才是正確的一事是共通的。

透過培養一顆純粹的心，我們就可以走在正確的人生路上。如果以純粹而無私的心，也就是以身而為人的高度見識或見解作為判斷、決定事情的標準，走在人生的路道上，就可以為我們的人生帶來豐碩而美好的結果。

有道是：「一個偉大人物的行動之所以成功，不在於行動的手段，而在於這個人心靈的純粹。」這句話的意思是，純粹的心靈是成功所不可或缺的因素。

以經營企業來說，一家企業之所以成功，不是因為擁有技術或經營手法、經營計畫之類的東西，而是因為經營者的純粹心靈帶來成功的。

印度自古有一本叫《吠陀》的聖典，整合了優秀的哲學。瑜伽這種修行法也是誕生在印度，瑜伽的根本是「冥想」，透過冥想，可以接近佛教所說的開悟的境界，而在印度，早在三千年之前就有這樣的修行法了。

開悟的境界有各種不同的階段，而終極的境界就是「瞬間理解宇宙的真理」。可以貫徹事物的道理或近代科學的一切事物，到達成為宇宙根源的睿智的層級。開悟之人可以精通森羅萬象，有著我們稱為「神」的睿智。

開悟之人所寫的印度聖典《吠陀》有前面提到的古梵語。因為把梵語翻譯成中文，就成了有點艱澀的語句：「一個偉大的人物的行動之所以成功，不在於行動的手段，而在於這個人心靈的純粹。」

也就是說，在距今三千多年之前，到達神的睿智的人在印度的古代聖典中陳述，人的成功不是因為採用了某種手段或方法，而是因為想要執行的人的心純粹無瑕，所以才會成功。

思考這些事情，我認為也就可以更深刻地理解前面提到的重點「動機是否良善，是否無私心」這句話的意涵。我在前面也提到過，「動機是否良善」中的「善」和「純粹之心」是相通的。也就是說，必須捫心自問：「動機是否發自於純粹之心？心中是否有半點陰霾？」來確認自己的一言一行。

## 二宮尊德以動機是否良善作為評價人物的標準

內村鑑三在《代表的日本人》這本書中提到二宮尊德。看過這本書之後，我了解到尊德的生活方式，大受感動。

尊德並不是在修習學問方面達到特別高的水準。他出生於貧苦農家，從小就歷經各種苦難，後來他靠著一把圓鍬和一把鋤頭，早出晚歸下田工作，將貧困的農村改頭換面成一個豐裕的村莊。當時的執政者感佩其作為，心存尊敬，禮賢下士。之後他成功改革許多村莊，人們稱讚他是一個優秀的人物。尊德把農務當成修行，從中培養自己的人生觀。在《代表的日本人》一書中提到，他在評價一個人的時候，是以其動機是否良善作為判斷標準。

尊德沒有使用任何奇特或方便的策略，只是拚命地努力再努力，認真投入工作。他堅信，對於心靈純粹、沒有一絲絲陰霾，拚命努力的人，「天地也會為之動容而伸出援手」。

古人也諄諄教誨我們，動機良善、心靈純粹是非常重要的事情。我也相信，只要動機良善，沒有私心，就一定會成功。

## 小善似大惡

**人際關係的根本在於懷抱愛心與他人互動。可是，那不能是一種盲目的愛，或者是溺愛。**

**上司和部屬的關係也一樣，一個沒有任何信念、只知一味迎合部屬的上司，**

乍看之下似是對部屬感情至深，但就結果而言，會讓部屬毫無成長。這叫小善。有人說：「小善似大惡。」膚淺的感情會造成對方的不幸。相反地，一個保有信念、嚴格指導下屬的上司或許會讓人感到不安，但是就長遠的目光來看，卻可以讓部屬獲得巨大的成長。這就是大善。

所謂真正的愛，就是嚴格地辨別什麼事情對對方來說是真正有幫助的。

舉例來說，如果太過溺愛自己的孩子、放任其成長的話，在孩子成長之際，會變成一個不成材的人。只因為可愛就溺愛的這種小善，就結果而言，等於做了大惡。也就是說，行小善就等於為大惡，就是「小善似大惡」這句話的意思。

另一方面，也有一說「大善似無情」。這句是說，乍看之下，行大善看似是寡情的行為。有人說「人在年輕時，就算花錢也要買辛苦來嚐」，也有一種比喻是「獅子刻意將自己的孩子推落千丈谷底，只養育能夠自行奮力爬上來的小獅子」，四周人看來近似無情的行為，是為了讓對方壯大成長的愛的鞭子。這種看似無情的行為才真正是大善。

## 從IBM的企業守則中獲得啟發，了解小善與大善的意義

老實說，這種「小善與大善」的觀念並不是我打一開始就有的想法。在「京瓷哲學」中，我一以貫之，倡導保有一顆利他之心、溫和之心、體貼之心、純粹之心、美麗之心。也許是小學高年級時罹患了當時被視為絕症的結核病，臥病在床時翻閱宗教書籍，塑造了我日後的人生觀吧。我一直謹記在心，對事業保有挑戰的精神和勇氣的同時，也莫忘溫和體恤之心。

然而，一旦真正開始創業之後就發現，有時候不得不對員工發點小牢騷，有時候還得嚴厲叱責，有時候甚至會對對方說「你給我辭職」。本來一直提醒自己，對員工一定要和顏悅色。然而，一旦創業了，立刻就面臨矛盾。

我甚至懷疑那是不是我的自我使然，也就是說，我懷疑在成為經營者的那一刻，為了讓自己的公司變得更好，我的邪惡本質漸漸地浮現了，開始要求員工做到與我之前的人生觀背道而馳的事情。我為此感到無比的苦惱。

我相信有很多經營者在營運的過程中也會感到苦惱，不斷摸索著有什麼事情可以成為人生的支柱。一定也有人為了尋求這個支柱而進入盛和塾，聽我說話，企圖將我說的話當成自己的人生依靠以存活下去。其實我跟各位一樣，也會感到苦惱，嘗試過各種不同的事情。

在公司裡以國王般的姿態，漲紅了臉怒叱部屬的自己，和以前我心裡所想、口中所說的話是互相矛盾的。我長期以來一直為這個矛盾所苦。就在這個時候，我從偶然聽到的話語中得到了解答。

IBM的企業守則中有一條是「珍惜員工」。IBM雖然是美國的公司，可是聽說他們跟日本一樣，有很多長期任職的員工。在一般人認為「上班族愈常換公司，身價就愈高」的美國，總括說來，IBM員工的就職年數算很長的。

IBM的企業守則說明中，有以下這樣的比喻：

一個溫和體貼的老人家住在某個北國的湖畔。每年都會有野鴨群飛來此湖過冬。好心的老人總是會餵餌食給這些聚集在湖畔的野鴨群。野鴨們一靠到水邊就欣喜地吃著老人給的餌食。老人就這樣年復一復地餵食，野鴨們也把老人給的食物當成過冬的糧食。

某一年，野鴨們又來到湖畔。牠們一如往常靠近水邊，想要討餌食吃，然而老人始終沒有現身。野鴨們每天持續來到水邊等待。然而，老人還是沒有出現。老人已經過世了。

當年寒流來襲，湖水整個凍結。一心一意等著老人出現忘了要靠自己的力量去覓食的野鴨們旋即餓死了。

守則中寫著，ＩＢＭ不會用這種方式培育員工。

本來野鴨是生存在嚴苛的自然界環境中的動物，所以就算湖面凍結了，牠們還是可以靠自己的力量找到食物、生存下去。ＩＢＭ秉著培育這種生命力強健的野鴨的宗旨，一向非常「珍惜員工」。也許有人在一瞬間會覺得「根本一點都不珍惜吧」，然而，當時我卻發現「這才是真正的愛」。

之後我又看了各式各樣的書，結果在佛教的教義中找到「小善似大惡」的話語，頓時有「醍醐灌頂」的感覺。

我雖然想用溫和體貼的心與員工互動，另一方面卻又矛盾地燃著熊熊的怒火叱責部屬。我也曾經苦惱，人怎麼會這麼不長進。可是，如果老是只照員工的說法做事、濫用體貼的話，總有一天會毀了公司。公司裡明明有認真工作的員工，如果還存在可能危害到公司的人，而經營者又允許這些人胡作非為，那就是一項大罪過了。經營者不能只因為沒有勇氣，老是想討員工的歡心，結果陷公司於不幸。該叱責的時候，就要鐵了心狠狠地叱責，這才是大善。我這樣告訴自己，然後不再抱著矛盾的心情臨事。這句「小善似大惡」正是助長期陷於苦惱中的我一臂之力的名言。

## ◉保有懂得反省的人生

想要提升自己的層次，就要隨時謙虛而嚴峻地反省每天的判斷或行為：「身而為人，是否正確？是否有驕慢的態度？」同時自我警惕。

只要回歸本來的自己，持續反省，「不可做骯髒事」、「不能有那麼卑劣的

**行為」，錯誤自然就會消失。**

**每天過得忙忙碌碌的我們，往往不自覺地迷失了自己，為了避免這樣的事，我們要養成反省的習慣。如此一來，就可以修正自己的缺點，提升自己的層次。**

在說明人生方程式的第六節當中，這個項目可以說特別重要。我經常提到：「我們所保有的哲學、思想、心態，還有理念、信念，或者是人格，都會決定人生的好壞。」

但是，人類生來有肉體，必須維持肉體的健全，所以每天一定要攝取食物、飲水、睡眠，否則無法生存。因此，人本來就有企圖保護自己的心，也就是利己而充滿欲望的心。這種說法聽起來似乎有點骯髒，但那是神明為了讓我們維持肉體而賜給我們的心。

如果不加以控制，放任不管的話，人的心勢必會變得利己而充滿強烈的欲望。因此，「反省」就顯得非常重要。

如果沒有不斷地反省，經常讓心靈保持在純粹的狀態，是不可能維持優秀的想法、美好的人格、優越的人性，更別說要提升人格了。要讓一顆心保持純粹，將自己的行為帶往善的方向，「反省」是不可或缺的要素。

別聽我老是像在說大話，其實我也還不是一個完美的人。一有機會，我也會為惡，會企圖滿足自己欲望的平凡人。所以，我當然也會犯錯，那或許就是我本性的部分。不過，壞事就是壞事，我還是要隨時反省、加倍努力，避免讓自己比以前更糟糕。

每天自我反省的人當然是謙虛的人。我曾經引用中國的俗諺「謙受益」來說明，唯有謙虛的人才能獲得幸福。沒有謙虛的態度，幸運之神就不會上門。所以，不論想成就多麼優秀的事，千萬不能變得傲慢。由此我們就可知，我們必須過著不斷反省的人生。

### 「神啊，對不起」、「神啊，謝謝」

我從年輕的時候開始，就會在每天早上洗臉的時候自我反省。最近不但會在早上反省，在小酌一杯回家的夜晚，上床睡覺之際也會再自我反省。

我所謂的反省，就是誠心地說出：「神啊，對不起。」每當出門在外，講了一些狂妄或過度高調的話時，我一回到家，或者回到飯店的房間，也會立刻脫口說出：「神啊，對不起。」

有時候我也會說：「神啊，謝謝。」這是一種心情上的反映，「很抱歉我剛才的態度，請原諒我。還有，也謝謝您讓我發現自己做了不該做的事。」這些話需要大聲說出來，所以萬一被別人聽到，可能會以為我瘋了吧。因為會覺得不好意思，所以我總是儘量在自己的房間，或是可以一個人獨處的地方才說出這些話。

這兩句話成了讓我自我警惕和反省的話語。

## 每天自我反省，讓人生方程式有完美的結果

我在前面也提到過，美國戰略國際問題研究所的前大使艾布夏爾先生在看過我的著作《新日本　新經營》的英譯本之後，表示想跟我一起探討領導者該有的風範。

一九九九年，我們在華盛頓舉行會議，我也是該座談會的贊助者之一，便在午餐時進行演說。當時我以「反省」為主題，做了以下的演說：

許多人都異口同聲地說：「我們應該選擇具有優秀人格的人當領導者。」可是我們不能忘記一件事，那就是「人格是會變的」。

就算選擇了一個擁有優秀人格的人為領導者，這個人在坐上權力寶座後，人格卻漸漸地產生變化，推政的方式也不符我們所望，甚至還會操控他人做壞事，這樣的例子時有所聞。

另一方面，也有例子顯示，有些年輕時壞事做絕，就人性而言被視為不正派的人，在晚年時期卻宛如變了個人似地，成為一個人格高尚的人。也就是說，選擇人格高尚之人當領導者固然重要，但是，應該要以人格是會變的這件事為前提。想要維持高尚的人格，重點在於是否保持謙遜的態度，日日反省。

聽了我這番演說之後，代表美國立場的許多官商界人士都說：「感謝您這番振聾發聵的演說。」

想要實踐人生方程式之外，想要維持之前學到的優秀想法，也為了不斷地自我提升，「反省」是不可或缺的。為了保有優秀的想法而努力固然重要，但是，為了維持這個成就所做的心靈整頓，也是絕對不可怠忽。為了做好每天的心靈整頓，也為了自我琢磨，提升更高的水準，每天都要記得反省。這樣才能讓人生方程式有完美的結果。

# 第2章
# 經營之心

## ◎以心靈為根基從事經營

京瓷是從沒有資金、尚未建立信用，更沒有任何實績的地方小工廠發跡的。當時擁有的只有一點點的技術和二十八個相互信任的同伴。

為了公司的發展，每個人莫不殫精竭慮地努力，經營者也拚了命回應大家的信任，大家都相信合作夥伴那顆熱忱的心，員工們不為個人的私利私欲，真心覺得能為這家公司工作是一件好事，認為這是一家非常優秀的公司，就這樣一路走來，這正是京瓷的經營模式。

有人說，人心很容易渙散，很容易改變。但是，也沒有其他東西能像人的心一般堅定。就因為以如此堅定穩固的心靈串聯為基礎，一路走過來，京瓷才有今天的發展。

京瓷這家公司是從總計一千三百萬日圓的資金開始的。股東們拿出三百萬日圓，並以股東們的信用跟銀行借了一千萬日圓。

根據一九九八年三月的結算，京瓷總計創下了大約七千億日圓的營業額，日本國內員工大約有一萬五千人，國外約有兩萬一千人，成了一家員工總計三萬六千人的公司。此外，第二電電（現ＫＤＤＩ）也成了一家營業額高達一兆兩千億日圓的企業。所以，京瓷和第二電電總計營業額多達一兆九千億日圓。

但是，創業之初，京瓷並沒有任何有力的背景。我本身對經營也不了解，每天總是過得惶惶不安，想著該仰賴什麼為生、該如何做好工作。在苦惱著既沒有資金、自己的技術也還不足以登大雅之堂之時，我想到的是「唯一能夠仰賴的只有人的心」。也就是說，雖然我只有二十八個員工，但是，我覺得除了這二十八個人真正齊心努力工作之外，我根本就沒有本錢拚搏。

如果每個人的想法都不一樣，充滿了不平和不滿，那麼，企業根本無從發展起。想要公司順利發展，就只有建立一個真正心靈相通的集團，擁有彼此信任的同伴、彼此信任的心。只要集團裡都是這樣的人，想必就可以承受任何辛勞吧。

我抱持著這樣的想法，傾注所有的心血，和所有的員工敞開心房說真心話——讓我們把京瓷打造成一個真正互相信任，像真正的親子、兄弟一樣，任何事情都可以掏心挖肺地說出口，能夠彼此了解、心靈相通的集團吧！

## ◎光明正大地追求利潤

公司一定要有利潤才能成立。提升利潤既不是什麼可恥的事，也不違反人道。

在自由市場裡，透過競爭的結果所決定的價格是正確的價格，靠著這個價格光明正大地做生意所得到的利潤是公平正義的利潤。在嚴峻的價格競爭當中推動合理化，為提高附加價值所做的努力，將會創造更多的利潤。

這世上多的是不願回應顧客的需求，不願累積努力，一心只想靠著投機或不正當的做法謀取暴利，從事宛如夢想著一攫千金的經營方式，然而，京瓷的經營理念卻是光明正大地發展事業，追求正當的利潤，對社會有所貢獻。

這世上到處都是靠著投機或不正當的方式牟取暴利，夢想一攫千金的經營方式，但是，在京瓷，我們宣揚的是光明正大地透過事業追求利潤。

此外，「在自由市場裡，以競爭的結果決定的價格，就是正確的價格」。經營中小零售企業之後就會發現，我們所做的事業絕對不會是獨佔的，勢必會有嚴峻的競爭，而價格就從當中決定。

在嚴峻的競爭當中決定價格，就代表利潤不是那麼容易增加。當然也有獨佔企業，或者獲得政府的保護而能夠獲取特別利潤的事業。然而，在自由市場的機制下、嚴峻的競爭中，中小零售企業無法獲取不當的利潤。就算是利潤得來容易的事業，也一定很快就會出現競爭對手，導致價格往下修正。由於價格是在自由競爭中決定的，那種肆無忌憚的賺錢生意是不可能存在的。也就是說，經營事業只能得到合理的、適當的利益。腳踏實地努力，一點一滴累積這種正當的利潤，這就是企業的利潤。

像這樣努力累積而來的利潤是光明正大得到的東西。隨著泡沫經濟起舞，夢想一攫千金，或者從事不正當的事業謀取的金錢，都不能算是正當的利潤。我在這裡要說的是，靠著一點一滴的買賣累積賺來的錢，才是光明正大的利潤。

## ◉遵循原理、原則

京瓷從創業之初就根據原理、原則來判斷所有的事情。公司的經營，一定要合情合理，不違反世間的一般道德標準，否則絕對無法順利運作，無法永續經營。

我們不仰賴所謂的經營常識。不依賴「社會上大多是這麼做」的常識做鬆散的判斷。

不管是組織還是財務，抑或是利益的分配，如果根據事情的本質來判斷本來應該如何，那麼，不論是在外國，或者是置身於從未碰到過的新的經濟狀況，都不會發生錯誤判斷的事。

這裡談到「置身於從未碰到過的新的經濟狀況」，但是，就算我們面對泡沫經濟等以前從未遭遇過的環境，我們也不能做出錯誤的判斷。經營者不能違反世間的一般道德標準，必須以「身而為人，什麼是正確的」為基準做判斷。

也就是說，不論置身於什麼樣的時代，我們都必須根據「身而為人，什麼是正確的」來下判斷，這就是我所說的「遵循原理原、則來下判斷」。

而京瓷哲學就是一種原理、原則，所以我才會有依循的判斷標準。

## ◎貫徹顧客至上主義

京瓷是以零件廠商創業的，但是從一開始，我們就不是包商，而是獨立作業的公司。

所謂的獨立作業，就是不斷地製造出符合顧客期望價值的產品。所以，在這個領域，必須擁有比客戶還要先進的技術才行。必須透過先進的技術，在出貨、品質、價格、新產品開發等各方面讓顧客感到滿意。

面對客戶的需求，必須保有顛覆以往概念、徹底進行挑戰的態勢。讓顧客感

**到歡喜是買賣的基本要求，否則就無法持續提升利潤了。**

我用「顧客至上主義」定義「讓顧客感到歡喜是買賣的基本要求」。

京瓷絲毫不敢在技術開發方面有所怠惰，出貨期限再怎麼勉強，就算三更半夜也要把商品送到顧客手中，這一切也都是為了要隨時讓顧客感到歡喜。此外，接受顧客嚴苛地要求降價也是基於「讓顧客感到歡喜」的信念之故。

也就是說，我認為，不管做什麼事情，都要討顧客的歡心，這是買賣的基本，否則就無法持續提升利潤了。

京瓷於一九九九年迎接創業四十週年，然而，在創業之後的這四十年間，京瓷在經營上從來不曾出現過赤字。連續四十年都是黑字，業績持續成長。

我個人認為，這是因為京瓷傾全公司之力，隨時以顧客的需求為優先考量，讓顧客感到歡喜，努力打拚所得到的結果。

## ◉以大家族主義經營事業

我們一向以他人的喜悅為自己的喜樂，非常重視像家人一樣能夠苦樂與共的信任關係。這可以說是京瓷的員工之間的串連原點。

這種像家人一樣的關係成為彼此感謝、體貼的心情，建立起互信的夥伴關係，形成工作上的基礎。因為關係就像家人一樣，所以當夥伴在工作上有困難時，大家不需要講什麼道理都會伸出援手，即便是個人私事，也會站在對方的立場，提供建議。

以人心為基礎的經營方式，就是重視像家人般關係的經營方式。

這和前面提到的「以心靈為根基從事經營」這個項目是成雙成對的。

創業之初，我非常迷惘，不知道以什麼方式來經營會比較好。當時不但無依無靠，而且我所具備的技術也沒有特別出眾。公司擁有的資金就只有大力支援的股東們拿出來的三百萬日圓，以及靠著他們的信用跟銀行借來的一千萬日圓而已。

可是，站在我的立場，我必須找到某些憑仗才行。當時，我覺得我只有將所有員工的心團結在一起，仰仗眾人的心一途可走。

但是，「人心」是最模糊而不穩定的了。所以，我努力地思索著，什麼東西可以將大家的心緊緊地綁在一起。於是，我想到了，那就是家人的羈絆。就算與利害背道而馳，親子和手足之間還是會相互幫助。所以，我倡導「以大家族主義經營事業」。

可是，公司這種組織本來就跟家人截然不同。以經營者的立場來說，其對公司的責任是有限而非無限的。然而，對家人的責任卻幾近是無限的。儘管如此，我還是感到極度地不安，所以便說出「以大家族主義經營我們公司」這樣的話。

這是我對經營一個事業體真的感到苦惱而怯弱時，企圖從困境當中找到一條生路所得到的結果。因為對經營公司沒有自信，所以我想用這種方式掩飾心中的怯懦。可是，於今看來，我覺得這是非常好的做法。我認為，愈是小規模的中小型企業，就愈要用這樣的思考邏輯來經營。

這個項目的主旨在告訴我們，不要以經營者和員工、資本家和勞工的對立關係，而是純粹以像親子、手足一般的人際關係來經營公司，打從心底互相幫助。

可是，如果採用這種大家族主義的話，可能就要面臨像親子或手足一樣，時有「寵溺」的狀況發生。譬如可能會出現「我們不是手足嗎？不是親子嗎？一點點的失敗就睜隻眼閉隻眼放過嘛！」的現象。雖然強調的是站在彼此的立場互相幫助的關係，雙方是連私事都可以互相解惑的關係，但是，只要走錯一步路，就不只是彼此互助的關係而已了，恐會陷入鬆散的經營模式。如此一來，就有可能發生從有效經營的軌道上脫軌而出的狀況，所以，接下來，我要舉出「貫徹實力主義」的項目來討論。也就是說，如果陷入大家族主義的鬆散構造的話，那將會很傷腦筋。

## 貫徹實力主義

**運作組織時最重要的一件事情就是，是否讓真正有能力的人擔任組織的領導者。**

所謂真正有能力的人，除了要有執行職務的能力之外，還要受他人尊敬、信賴，有為了大家而發揮自己能力的企圖心。組織的文化必須要能給這種人擔任組織領導者的場合或機會，讓他充分發揮能力。如果組織能透過這種實力主義來運作，組織就會強化，進而對眾人都有助益。

在京瓷，年資功績或經歷不代表一切，一個人所具有的真正實力才是衡量一切的標準。

基於採行大家族主義的原則，只因為這個人有了年紀，或者資歷夠久，就讓一個沒有能力的人居於領導之位，這是要謹慎為之的事情。如果這樣做，會讓組織的營運變得不順，讓公司陷入危機當中。結果，就宛如讓所有的家人都遭到不幸一樣。這是我要在這裡強調的事。

就算採行大家族主義，也要讓具有能順利完成工作的能力，同時又是值得尊敬、信賴的人坐在組織領導者的位子。擁有這種實力的人可以帶領大家成功地成就事業，也就是可以追求所有員工在物質和心靈兩方面的幸福。

如果只因為是家人、只因為年紀最長，就讓沒有能力的人擔任組織的領導者，那將會拖累公司，導致所有員工一起背負不幸的命運。

京瓷不採用這種鬆散的經營方式。我舉出這個「貫徹實力主義」的項目來討論就是為了強調這件事。

## ◎重視夥伴關係

京瓷自從創業以來，就以集結可以信賴的夥伴為目標，以此為基礎來推動工作。因此，和員工之間，不是經營者和員工這樣的直向關係，而是朝著一個共同的目的行動、實現自己夢想的同志關係，也就是以橫向的夥伴關係為基礎。

因為不是建構在一般常見的權力和權威之上的上下關係，而是將有志一同的

**夥伴的心合而為一來經營公司，所以才有今天的發展。**

**這是因為大家同為工作夥伴，成為一種彼此了解、互相信賴的同志結合，所以才有這樣的可能。**

「重視夥伴關係」這個項目，和前面提到的「以心靈為根基從事經營」、「以大家族主義經營事業」是一樣的，都是我在創業之初，對經營沒什麼自信時所建構的概念。

如果以經營者和員工、資本家和勞工，或是權力者和追隨者的上下關係來經營事業的話，往往就會形成上情下達，也就是上層下命令，要求下屬聽從的模式。如此一來，如果上層的指示出了錯，整個組織恐有錯到底之虞。

創業時的我連對下屬下命令的自信都沒有。因為一旦發展成這樣的上下關係，下面的人一定會產生反彈。

我經常對第二代、第三代的經營者們這樣說。

站在員工的立場來看，守護代代相傳的公司就等於是守護某某家，譬如為了守護稻盛家而持續經營。這麼一來，就一定會有員工產生二心——自己是不是為了守護稻盛家的財產，或增加東家的財產而被使役的？這種人總會這樣想：「反正公司是採世襲制度，我再怎麼努力也當不了社長。就算我再拚命，終歸只是增加社長的財產而已。」在這樣的工作氛圍之下，公司絕對不會壯大。

所以我才會強調「珍視夥伴關係，以同志的關係對等地工作」。而且我讓全體員工都擁有公司的股份，同時不斷告訴大家：「各位都是這家公司的股東，請大家以股東還有經營夥伴的身分一起努力。」

只要告訴員工「你也是合作夥伴」，很容易激發員工的工作動機。員工努力工作，收穫就會回到身為股東的員工身上。所以，想激勵員工，這是非常有效的方法。

但那是因為我是創業者才做得到，第二代、第三代的經營者們就沒有辦法了。因為讓員工持有股票，就代表當員工離開公司時，股票有可能落入莫名其妙的人手中，這是很危險的事。股票宛如一把雙刃劍，好人持有時，那是公司的大幸；然而，一旦落入壞人手中，那就非比尋常地嚴重了。所以，身邊的人經常提醒我「不應該隨便讓員工擁有股票」。

可是，我已經下定決心，要把員工當成彼此信任的夥伴，共同經營事業。就算遭到背叛也無所謂。我認為，只要我相信大家，大家必定也會同樣地回報我，因此我大膽地把股票分給員工。幸好，到目前為止，公司都還沒有遭受任何災難，不過，這確實是一件非常危險的事。

以京瓷來說，我言明在先，「公司不採世襲制度」。事實上，我也沒有採世襲制度。我確實讓員工握有股票，但對方是我信賴的同伴，所以無所謂。

可是，包括盛和塾的塾生在內的許多中小企業經營者們，大半都是採世襲制的公司。這個時候，經營者就會義正詞嚴地說：

「我們公司是採世襲制，員工努力工作，公司壯大的話，我的資產確實會增加。但是，我不只考慮到增加自己的財產，我也會給努力工作的員工相對的報酬。對於真正努力工作的員工，在公司不斷壯大的同時，我會以分紅等方式回報員工，以期為公司努力的員工們可以過得更幸福。所以，請相信我，讓我們一起努力。」

除了用這種方式拉住員工的心之外，別無他法。

因為我是創業者，所以我可以說：「我不採世襲制。也會讓員工分到股票。」但是，如果第二代經營者也採用這種做法的話，可能會演變成一發不可收拾的爛攤子。

所以，我認為採世襲制的公司並不需要特地讓員工擁有股票。

但是，經營者要誠實面對員工，告訴大家：「我不只為個人的利益考量，也會為了各位的幸福而加倍努力。」除了用這種方式打動員工的心之外，再也沒有其他辦法可以壯大公司了。

◎全體員工都參與經營

京瓷以阿米巴組織為經營的單位。每個阿米巴組織都是獨立運作，在組織裡面，每個人都可以發表自己的意見，思考經營的模式，而且可以參與企畫。不是只有少數幾個人負責經營，而是所有員工都可以參加，這其中有著巧妙的精髓。透過參與經營，每個人都可望實現自我，當所有人的力量都朝著一個方向前進時，就可以達成集團的目標。

與工作等同重要的公司活動，是培養我們平日人際關係和夥伴意識、家族意識的場合，也延續著全體員工參與的精神。

要求所有員工參與經營

京瓷就像這樣，非常重視全體員工參與經營。在一般的企業中，上頭有總經理、幹部們，各組織還有經理和課長，形成金字塔型的架構。而且一般的形態是從上往下發號施令來推動工作。但是，我的想法是想跟僅有的二十八名員工們一起經營。

因為我自己沒有太多的經營經驗，對於獨自擔當經營的重責大任極度地不安，也沒有自信。此外，我對身為領導人，負起指導眾人、激勵眾人的責任一事也沒有什麼自信。這種種的不安累積之下，就讓我有了「大家一起經營」、「跟大家一起腦力激盪」的想法，說起來我是一個懦弱的領導人，絕對不是因為有什麼大不了的動機。

一般說來，當上層傳令下來時，就形成「奉命工作」的模式。奉命的人不是出於自己的意願，也不是在對問題保有意識的情況下去完成工作，只是因為上層交代，才奉命行事。也就是說，這個人的行動是無目的、無意識的，不是按照自己的意思和意識而去做該做的事，只是因為上司交代，所以漫無目的地、無意識地行動。於是就變成非常消極的行動，就好像是擺明「只做被交代的事情就好；只要做到最低限度，不惹上司生氣就好」。

相較之下，當自己主動參與時，心情就不一樣了。雖然只是一般的員工，當經營者提出要求「你也跟我一起思考公司的經營方式。我一個人做難免覺得不安，所以想借用你的智慧」時，員工心裡會想「總經理這麼看重我嗎」，就會產生「既然如此，我也要拚命想出好點子，讓這家公司順利發展」的念頭。

當員工產生「讓我也來想想吧」的念頭的瞬間，就激發出了積極度。於是表現出來的態度跟奉上司之命、不甘不願地做到最低限度的消極態度大不相同，即便沒有接到命令，也會主動參與經營，表現出希望自己的想法多少能造就一點成績的態度出來。

也就是說，當員工積極參與的同時，他對公司的經營就開始產生責任感了。「總經理找我商量，我是被信賴的，我必須想辦法出一份力」的使命感就開始萌芽了。

## 每個員工都懂得「有意注意」是很重要的

前面也提到過，我經常使用「有意注意」這個名詞，意思是有意識地投注心力在某件事情上。

舉例來說，聽到聲響，倏地回頭，這叫「無意注意」。人在沒有任何意識的情況下，只因為聽到聲音響起，受到驚嚇，出於反射地回頭看而已。

我把中村天風先生所說的話拿來現買現賣，天風先生說：「想要生存，就要隨時保持意識做事。不能茫茫然無意識。」經營事業體時，這個觀念也是非常重要的一環。不管再怎麼微不足道的事，都要集中意識思考，將意識轉向當前的工作，也就是「投注意識」。

如果有「這是小事，交給部屬去做，這是重要的主題，我自己來思考」的習慣，那麼在緊要關頭，也就是必須根據自己的判斷決定非常重要的事情時，因為平常就沒有養成「有意注意」的習慣，所以既無法思考，也做不了決定，而導致失敗的結果，這是常有的例子。所以，天風先生說：「人生當中必須養成即便是再微不足道的事情，也要集中所有的神經來思考的習慣。」

當全體員工都參與經營工作時，經營者公開宣稱：「我對經營沒什麼自信，所以希望大家助我一臂之力，大家一起來經營公司吧。」此時，所有的員工會產生共鳴，回應經營者：「既然如此，讓我也出一份力，一起思考良策吧。」那一瞬間，所有的員工就會對經營投注心力，達到「有意注意」。

## 在京瓷，全體員工參與所有活動是不變的規定

我就以這種方式把大家的心帶往「既然受託於人，就跟總經理一起好好思考」的狀

態，大家合力經營京瓷這家公司。而且我費心安排聚會，舉辦運動會、員工旅行、慰勞會等活動，塑造讓所有員工都能參加的場合。

然而，舉辦這樣的活動時，就一定會出現覺得「和年輕人在一起胡鬧，一點都不好玩」的人。可是我強調：「不管是什麼樣的活動，如果不是全體員工都參與的話，就沒有意義了。我不是要大家只是玩在一起，重要的是大家要一起體會這種氣氛。」而且我訂下一個不變的規定，那就是所有的活動都要全體員工參與。

如果是一般的企業，即便舉辦公司活動，也經常會有「某某人有事不能參加」的情況發生。但是，愈是小公司，就愈要要求所有員工參與。透過全員參與，讓大家覺得「我是被信賴的」，這是很重要的事情。

## 勞工和經營者的想法基準相同時，就不會有勞資糾紛

我是在一九五九年成立京瓷的。在這四年前，也就是一九五五年，日本兩大保守政黨合併，開啟了戰後日本所謂的五五年體制。此外，在神武景氣（譯註：第一任天皇以來從未有的景氣）下，造就了一個經濟高度成長的時代。同時期，以日本勞動聯合

總評議會為中心的工會運動也全面展開。之後，一九六〇年發生了稱為「六〇年安保」的動亂，學生運動如狂風暴雨般席捲各地。這些社會的波動也對我們民間企業造成了重大的影響，引起過度激情的工會運動。

在那樣的時空背景下，幾乎一定會發生勞資糾紛。而且，那不只是單純的經濟鬥爭，也反映了社會的面向，造成勞資雙方的摩擦。任何一家公司都會有思想乖僻、被過度激進的左翼思想所蠱惑，不試著理解經營者的辛苦，只一味地要求身為自己勞工的權利的人。

要說服這樣的員工是一件非常困難的事情。想要解決彼此的歧見，經營者就要徹底理解勞工的辛勞，而勞工也要能夠體恤經營者的難為，這很重要。我發現，如果雙方都能夠體諒對方的辛苦，也就是思考的基準相同的話，雙方就可以有良性的對話。

所謂的「全體員工參與」，事實上就是讓雙方的思考基準同調的意思。勞資之間之所以無法互相了解，唯一的關鍵就是經營者所處的世界和勞工所處的世界差異太大。因為雙方都只考慮、主張自己的需求，所以總是持續處於對立的狀態。

當勞工要求「給我加薪！我要更多的獎金」時，如果能夠想到，假設自己是站在經營者支付薪資一方的立場，面對這樣的要求時會有什麼看法的話，一定會猛然驚覺，這樣的要求實在是天外奇想、荒唐無稽，提出的金額根本不是在這種不景氣的時候可以要求的。

我自從創設京瓷以來，就一直在思考所謂的優良企業不就是勞工和經營者的意識、經營的水準等各方面都在同樣的高度嗎？我認為，這樣的企業最強而有力。

在京瓷，我會把所有事情都開誠布公地告訴員工。為了讓所有的員工都能參與經營，我絕對不掩飾任何秘密。

如果員工的層級，不管是知識或經營能力方面，在各方面都提升到與經營者同樣水準的話，就不會有勞資糾紛的問題發生。我一再體驗到，員工和經營者之間的意識差異愈大，就愈會發生勞資糾紛。

這種「全員參與」的模式看似是基於非常老舊而單純的想法，但是我覺得，箇中的意義是非常深遠而重大的。

## 整合向量

每個人都有各自的想法。如果每一個員工都按照自己的想法採取行動的話，會有什麼後果？

如果不把每個人的力量和方向（向量）整合在一起，力量就會分散，無法成為公司整體的力量。只要看過棒球或足球等團體競技的球賽，就可以明白箇中道理。一心朝著勝利前進的球員組成的隊伍，和每個人都朝著「個人風格」的目標衝刺的隊伍，在力量上的差異是昭然若揭。

當所有人的力量都朝同一個方向集結的時候，就會形成好幾倍的力量，衍生出令人驚異的成果。一加一可以等於五，甚至等於十。

**徹底與員工溝通，直到向量整合**

這箇中的意義與前面提到的「全體員工參與經營」是完全一樣的。

如果大家都是心不甘情不願地參與經營的話就傷腦筋了，所以要整合向量（力量的方向），而這正是經營上最重要的要素，也就是「想法」。以公司的立場來說，率先整合全體員工的「想法」，還有整合「應該前進的方向」是非常重要的。

也就是說，全體員工參與經營，讓所有人員體認到公司應該前進的方向、目標是一樣的，這是一件很重要的事。

每個人的想法都不一樣，就像每個人的長相都不一樣。一家公司就是將個性和想法迥異的人們聚集在一起經營公司。所以，告訴員工「我是以這種想法在經營京瓷，朝著這個方向邁進」，同時要求大家與該方針同調，這件事情對我來說是最難的部分。每次一有機會，我都會不斷地對員工灌輸一個觀念：「我想讓我們的公司以這種做法，朝著這個方向發展，我希望你們能夠了解」、「我認為身而為人，應該有這種想法」。

有的員工聽完這一席話，眼中閃著金光，不斷點頭稱是；也有的員工則是滿臉「你在說什麼啊？」的疑惑表情。舉例來說，我找來了十個人進行溝通，如果當中有三個人一臉不以為然的表情，我就會拚命說服這三個人，直到他們贊同我的想法，說出「總經理，您所言甚是」這樣的話為止。

只有始終不認同的員工會露出「我打一開始就知道啊」的表情，因為意見、想法差異過大，所以始終不願意認真聽我說話。可是，對那些對我所說的話產生共鳴的人來說，他們不只是虛應了事，甚至可以保持愉快的心情，一聽就是好幾個小時。

為了讓不認同我想法的人多少能夠接受，我花了很多時間在這件事上。有很多經營者會認為，要撥出一個小時在這種事上，不如要求對方好好工作更划算。但是，不管是一個小時還是兩個小時，我都會持續溝通，直至不認同的員工改變想法為止。

如果我花了這麼多心思，還是得不到對方認同的話，我就會說：「夠了，那就請你辭職吧。」這算是極端的例子。被要求辭職的員工會面露怒色追問：「為什麼我得辭職？！」

於是我會說：「你一定覺得不好受吧。可是，我其實也不好過啊。既然我們都覺得不舒服，不如你就到一個想法與你相符的公司去吧。日本是自由和民主主義的國家，人們也有選擇職業的自由。你大可不用待在一家自己不喜歡的公司。如果整個社會情勢是只剩下我們這家公司可待，那無話可說，但是，外面多的是其他公司啊。」

在公司壯大到如今這般規模時還說這種話，或許有問題，但是考量到京瓷還只是一家中小企業時時的狀況，員工是有很多其他的地方可去，不需要勉強待在京瓷。所以，就算是頭腦再怎麼聰明優秀的人，我都會要求向量不合的人離職。

也就是說，在人數不多的集團當中，即便只有一個向量不合的人，其他的人就會產生一個想法「啊，原來不用勉強修正自己的向量也無妨啊？這樣的人還是可以待在公司」，所以，我非常注意整合員工的向量。

## ◎注重獨創性

京瓷從創業時就非常注重獨創性，靠著獨自研發的技術與同業一決勝負，而不是靠著模仿他人。我們會欣喜地接下其他公司做不來的訂單，所有員工拚死拚活地努力將之完成。結果，就不斷地確立、累積獨創的技術。

獲頒大河內紀念生產特獎和科學技術廳長官獎，成為京瓷大步成長的契機的多層封裝技術的開發就是最佳實證。

擁有無論如何都非完成不可的強烈使命感，每天不斷地累積創意，這累積下來的每一步隨後都成了優秀的創造。

在將約定「現實化」的過程中，獨創性就誕生了

京瓷從創業時開始就很注重獨創性，不模仿他人，以獨特的技術與同業決勝負。即便是其他公司認為「做不到」的，京瓷也欣然接下訂單。這麼說來，或許有人會以為京瓷是一家擁有優異技術能力的公司，事實上並不盡然。

我最先著手的領域是松下電子工廠（現Panasonic）的影像管用絕緣零件。所以，鎖定的推銷對象是可能使用陶瓷這種新材料作為絕緣零件的東芝、日立、NEC等電子設備廠商。然而，當時京瓷所擁有的技術僅限於影像管的絕緣材料一種商品而已。而且，因為和松下電子工業之間的合作關係，導致京瓷的東西無法賣給其他公司。

於是，我採低姿態，與東芝或日立的研究中心接洽：「敝公司有陶瓷方面的技術，不知道貴公司是否有我們可以效力的地方？」對方的技術人員表示：「我們已經委託給這家廠商製作。」完全無意與我們討論他們已經委託給其他廠商製作的普通產品。接著

對方提出疑問：「如果你們擁有陶瓷的技術，那麼，你們做得出這種東西來嗎？」提出原先合作的陶瓷廠商所做不出來的東西。

一般說來，買家是不會把已經發給其他廠商的工作直接交給新來推銷製品的廠商的。因此，這樣的公司會提出來的一定是有難度的產品方面的問題。可是，如果我當場就拒絕「敝公司還沒有做過那種東西」，跟那家公司之間的線也就等於中斷了。所以，事實上，京瓷明明只有銷售影像管的絕緣材料，我卻只能裝會，告訴對方：「這個嘛……看起來好像很難，不過，我想我們可以做得到。」因為如果不這麼說的話，對方就不會再有興趣說下去了，所以，我裝出歪著頭思考的樣子，回答「我想辦法做做看吧」。可是，要說我做得來，那根本就是漫天大謊。

如果這件事情就真的像個謊言一樣落幕的話，我就再也沒臉到那家公司去了。就如同說謊的人會自行毀掉自己的生路一樣，如果我們公司拿不出結果的話，就無法拿到新工作的訂單了。

所以，我編了個謊，勉強接下了訂單。這麼一來，接下來的日子就很難過了。因為，我們必須把那個謊言（虛）變成事實（實）不可。但是，事實上，這個謊言激發出了我們的獨創性。

前面提到「所有員工參與經營」的概念。於是，我一回到公司，便立刻召集全體員工，說明整件事情的來龍去脈：「○○公司的研究所這次好像要製造這種新產品。那個產品很有發展性的，未來可能會大量生產。對方說，如果我們能夠成功地製造出零件，就可望大量下訂，對我們有極大的期待。但是，也如各位知道的，我們公司既沒有技術，也沒有設備。可是，無論如何，我都想做出來，我都要讓這個工作完成。」員工們也知道，事實上，公司既沒有技術也沒有設備，所以聽到我的解說之後，只是愕然地愣在當場。

當我說明完之後，有人提出質疑：「連設備都沒有，怎麼可能做得出來呢？」於是，我和員工之間的溝通就此開始了。

「如果因為沒有設備而無法完成工作的話，就傷腦筋了。我們立刻買進設備。雖然買不起高檔的設備，但是可以買中古的機械，無論如何都要做出可以拿到訂單的產品。」

「可是，就算現在開始去找中古的機械，也不知道能不能趕上期限。與其要這樣，不如投資買設備，如果沒有從頭整備好設備，要試作新產品，可不是那麼簡單的事情啊。」

「你說什麼啊。這就是所謂的『泥繩式』的做法。」

所謂的「泥繩式」就是逮到小偷之後再去搓捻綑綁小偷用的繩子。可是，如果在逮到小偷之前就捻繩的話，會一直花費成本，可能形成庫存。所以，在逮到小偷之後再捻繩是最有經濟效率的一種做法，我一邊講這種歪理，一邊公開宣稱「京瓷今後還是要採泥繩式的作業方式」。

我告訴員工：「在拿到訂單之前就準備好設備，這是任何人都可以做到的。因為做這種無謂的設備投資，所以公司就無法有效率地發展。京瓷要像泥繩式一樣，在接到訂單之後再進設備。」

這種想法日後成了「在必要的時候購買必要的東西」、「不留沒用的庫存」等阿米巴經營的原點。

說到「注重獨創性」，聽起來像是一件高級、高尚的事情，其實一開始是怯懦的領導者、懦弱的經營者的我想出來的說法。也就是說，既沒有可以拿到訂單的技術，也沒有設備的企業經營者為了養活增加到將近百人的員工，必須以苦肉計獲取訂單。但是，用這種方法取得訂單的結果，卻創造出了不得不發揮獨創性的狀況。

窮則變，變則通。也就是說，我大膽地陷自己於窘困的狀態中，然後企圖從中衍生出新的技術。舉例來說，成立優良的研究所，花費一定的研究費，採用一流大學的優秀人才，在這種狀況下進行的研究和置身於不是生就是死、吃人或被吃的戰場上來進行的研究，兩者的魄力就大不相同。

獨創性和獨特的技術不是因為有充實的設備、華麗的研究所，或者採用一流大學畢業的技術人員就一定可以衍生出來的。把自己和屬下逼到絕境，在面臨是生是死的窘迫狀況下思考事情或者創造事物，這樣的狀態是衍生出獨創性的來源。

從來沒有做過、看起來也像是無法完成的工作，卻雄心勃勃地說「我來做」。我認為這是一種說謊的行為。但是，也因為這樣，才能開發出不模仿他人，真正獨創的技術。

## 每天累積小小的「創意」，激發出偉大的技術開發

透過把自己逼入絕境，在苦惱、掙扎的同時，努力解決被賦予的課題，每一次的經驗就會化為自信累積起來。

京瓷也因為完成了東芝的工作，想辦法滿足了日立的需求，累積了不少經驗。之前只有松下電子工業的影像管訂單，但是之後商品的種類也一個一個地增加，而且在獨創性方面也確實地打下了穩固的根基。

舉索尼（Sony）開發「錄音機」為例。因為錄音帶的磨損很嚴重，正當與對方在商討使用以陶瓷為材質的倒轉軸、滾輪之類的零件時，我想到「或許可以活用○○公司的工作經驗」。

也就是說，當某項工作成功時，就可以連鎖運用技術，把該技術應用在發展新產品。舉例來說，如果成功研發了馬口鐵的彎曲加工技術，就可以將該技術也運用在不銹鋼的彎曲加工上，或者也可以運用在其他的金屬加工上，技術的運用是永無止境的。

在研發出他人做不到的獨創技術的同時，在企業內保有廣泛的技術，思考一個又一個的技術運用也是致勝的根源。透過技術的不斷累積，今天的京瓷才能保有廣泛的重要

技術。

在「注重獨創性」的章節中，我提到「每天累積創意」一事。每一個創意或許都微不足道，但是經過一年、兩年，不，甚至十年，就像敝公司一樣經過三十九年的淬煉，就可以得到偉大的成就。

說到「獨創性」，一般人也許都覺得很難，其實那就是每一天的「創意」的累積。每天持續下一點工夫和改善，就會造就偉大的開發和技術。

## 自行思考、自行行動

不模仿他人，自行思考，自行行動，在不知不覺當中，這種特質就成了京瓷的傳統。注重所謂的獨創性，沒有人教，也沒有人可以教，自己走自己的路儼然成了一種習性。

也就是說，經營企業這一條路是學不來的。即便做同樣的生意，目標方向也一樣，每個人所走的路卻都不同。有人走在田間小路滑了跤，有人走在田地中，也有人走在水泥大道的路邊。雖然鎖定的方向是一樣的，每個人所走的路徑卻大相逕庭，要相遇也是難上加難。

結果，所謂的人生就像釋迦牟尼佛所說的，那條路不是任何人的路，而是自己一個人的路。不管孩子再怎麼優秀，就算有父母、有丈夫、有太太，人生終究是一個人的道路。出生時形單影隻，回去時也還是一個人，沒有人會陪在身邊。

同樣的，經營公司時，經營者也是孤單一人。然而，卻有人不靠自己的力量去走，經常會問別人「我該怎麼做才能讓經營順利」。這樣的生活態度不但走不了人生的坦途，連經營事業也不可能順利。

所以，以前有日本的大企業針對與舊蘇聯政府之間的商務買賣，特地前來成功地將機械設備出口到舊蘇聯的敝公司詢問：「稻盛先生，怎麼做才能像貴公司一樣順利發展呢？」當時我無言以對：「啊，這個嘛……。」

大企業裡通常都有許多一流大學出身的優秀人才。我認為這樣的公司理所當然應該是走在自己想出來的道路上。然而，京都的中小企業卻跑來問我「該怎麼做才能順利發展」。這種只想依賴他人的想法不可能讓公司的經營開花結果。

泡沫經濟時，日本的企業爭先恐後地投入不動產的投機事業中，當泡沫經濟崩壞時，便隨之傾倒，背負著鉅額的不良資產。追根究柢，這是因為大家都只是有樣學樣，走在別人走過的路上。如果要比喻的話，那就像是「當腳陷入四下無人的泥田當中時，該如何才能順利地將腳拔出來？如果為了脫困而犧牲鞋子時，又該如何才能將鞋子取出？到哪裡去沖洗乾淨？」一切都要靠自己思考解決之道才行。

然而，有許多經營者在經營上遇到一點瓶頸，就抱著偷懶的心態，想著「問別人就可以很快得到解決策略了」。如果是中小企業的人去請教大企業倒還情有可原。可是，如果是大企業聽到風聲，去就教於成功的中小企業的話，那就印證了一件事，就是這樣的心態才使得經營狀況沒有進展。

## 「做沒有做過的事情」的習性促成了第二電電誕生

一九八四年，當我設立跟陶瓷沒有任何關係的第二電電時，我對電信一無所知。

自明治以來，長達百年之久都是國營事業，由日本電信電話公社（現ＮＴＴ）獨佔市場的日本電信事業產生了重大的轉變，因為市場自由化了，開放民間企業加入，於是我決定投入這個事業。

在這個百年不知道會不會有一次這種機會的轉變期，我心想，如果只因為「沒有專業知識，也沒有經驗」就撒手不管的話，搞不好要再等個百年才會有下個機會到來。於是，我創立了第二電電，一頭栽進電信事業中。

自從我創業以來，京瓷就奉行「做沒有做過的事情」的精神，而這也成了一種習性。我採行的生存方式就是有意注意，不管再怎麼微不足道的事情也要深思熟慮，就好像在黑暗當中繃緊所有的神經走路一樣。

創立第二電電時，我也採用這種手法，跳進一片漆黑的未知世界。如果沒有這種「做沒有做過的事情」的習性，一般人恐怕會害怕進入漆黑的世界，雙腳因為恐懼而變得無力，連一步都無法往前進，只等著有人來拉自己一把。

然而，敝公司一向都是自行思考，用自己的腳走出一片天的。我覺得這種精神剛好符合第二電電的經營。

說到「注重獨創性」的思考根源——自行思考、用自己的腳走出一片天，可能有人會覺得這是難如登天的事情。然而，那只是我耍帥地在沒有技術，也沒有設備的狀況下，就算說謊也要拿到訂單時所說的話。只要這麼想，我相信大家也都可以立刻拿來靈活運用。總而言之，雖然說是從事新的事業，但是那並非一定得是京瓷才做得到，只要稍微改變一下想法，這些事情每個人都可以做得來。

## 以開放的方式進行經營

在京瓷，是以信賴關係為根基在經營事業的。包括會計在內，所有事情都是公開的，公司內部構築起一個不容任何質疑的系統。

透過「每小時核算利潤制度」，對所有員工公開各部門的經營成績就是一例。每個人都可以很容易了解到自己所屬的阿米巴組織有多少利潤？內容又是什麼？另一方面，每個人也同樣被要求要敞開心房，以開放的心態來工作。

如果公司內部像這樣以開放的方式運作，我們就可以全心全意地投入工作中。

## 光明正大的經營模式造就經營者的魄力

我開始「以開放的方式進行經營」是有理由的。

那是為了將公司的營運內容對所有員工公開，讓他們了解自己所屬的阿米巴組織賺了多少利潤？內容是什麼？為了達到這個目的，我把每一小時產生多少附加價值的指數，也就是所謂的「每小時的利潤」這個數字在公司內部公開。

因為，員工動不動就會產生「經營者使役我們員工以獲得好處，又獨佔利潤」的質疑，我想消除他們這樣的偏見。

京瓷的預算中不含交際費這一項，實在需要交際費時，每次都得提出申請。即便是總經理，因為業務需要，要動用到交際費時，也要提出書面申請，取得認可。而且對交際費甚至斤斤計較到以一日圓為單位，公司是以非常透明的方式經營。

經營者往往會認為，能夠比較自由地運用交際費會對經營工作比較有利。

可是，經營者只要有那麼一丁點這樣的想法，身為經營者的魄力就會減少。也就是說，因為自己心中對員工多多少少感到愧疚，魄力自然就削減了。

在經營事業時，領導者所擁有的領導力是非常重要的。所以，領導者本身必須具備可以說出「我一向光明正大」的魄力才行。「公司沒做什麼陰暗、不正當的事情，我也是靠固定薪水在過日子的。」當經營者可以說出這樣的話時，魄力就會產生，而光明正大的氛圍會強化經營者本身，激發身為經營者的勇氣。

我認為，沒有勇氣的經營者是最沒意思的，而勇氣的根源就是「光明正大地做事」。

一般說來，經營者通常都會認為，身為經營者，多少有些可以自由運用的錢應該沒什麼關係。自己為了經營事業是這般辛苦，所以有些好處也無妨吧？

但是我認為，和因為「貪」而失去的勇氣及魄力相較之下，擁有毫不畏縮，能夠帶領員工往前衝的魄力、自信、勇氣的特質在經營上要有利得多。

## 經營者的犧牲精神守護著社會的正義

為了能夠無所畏懼，全力投入工作中，我採用透明化的經營方式。以光明正大的方式經營公司，對經營者來說是最不划算的事。

如果是股份公司或有限公司，照說經營者的責任是有限的，但是根據日本的金融制度來說，即便向銀行借錢時，也會被要求「需要提交經營者的個人保證」，有時候還必須把房子納入擔保之列。一有差池，不僅公司崩散，連自己納為擔保品的房子也都會被金融機關沒收。

背負著這種風險卻又採用透明化的經營方式時，經營者除了固定的薪資之外，沒有其他的收入，也完全沒有外快。也就是說，明明背負的責任如山一般沉重，卻還會被員工們質疑「社長會不會在我們不知情的情況下得到什麼利益」，然後還要每天努力地工作。這麼一分析下來，我覺得經營者或許是最辛苦的人。

而且日本的稅制稅率非常高，會被徵收極高額的稅金，似乎帶有些許的懲罰性質。我甚至覺得，告訴員工們，既然經營者要背負這麼大的責任，又這麼辛苦地工作，至少拿到十倍於一般員工的薪水也不為過。

假設大學剛畢業的人第一份工作的薪資是二十萬日圓的話，經營者的薪水就是十倍，相當於二百萬日圓。但是，以一個擁有五百名員工的公司經營者來說，他做的工作量應該不只是十個新進員工的份量而已，也許負擔了多達二十人或三十人的工作量，所以照道理說，領四百萬或六百萬日圓的月薪也不為過。如果月薪拿一千萬日圓的話，單純地計算，年薪就相當於一億兩千萬日圓，領這種薪資水準的經營者在美國的中堅企業時有所聞。

但在日本，年薪若超過五千萬日圓的話，就會被徵收七五％或八〇％的稅金。所以日本的經營者都基於「就算採用光明正大又乾淨的方式經營事業因而拿到高薪，反正也會被徵收高額稅金」的理由，忍氣吞聲地只領數倍於新進員工的薪資。再怎麼說，經營者畢竟也是人，如果沒有這種犧牲的精神，難免也會有貪慾。如果抱持「當個經營者真是不划算啊」的想法，後續就會做出一些奇怪的事了。

從一九九八年起，結合所得稅、個人房屋稅的最高稅率已經從六五％調降至五〇％，儘管如此，國家還是從經營者辛苦賺來的薪資中徵收了一半的金額。說穿了，簡直就像是「掠奪」一樣。就像長良川的魚鷹漁夫一樣，要魚鷹拚命地工作，又要魚鷹把抓來的魚都給吐出來。可是這樣一來，就沒有人想要努力工作了，至少也要讓人家吞下一半的收穫，可是我還是覺得這樣的稅金太高了。

雖然不得不採用透明化的經營方式，但愈是努力工作的經營者，就愈處於不划算的立場。在美國，如果經營者那麼辛苦，而且也完成了相對的任務的話，是被認可獲得相對的報酬的。我發現日本也一步一步地朝著那個方向發展，但是，根本結構並沒有改變。

無論如何，單就薪資這件事來說，日本的經營者是非常了不起的，不單是為了個人的私慾，還以犧牲的精神守護著社會的正義。

## ◎擁有崇高的目標

創業時，京瓷是從租來的房間開始營運的，從員工不到百人的時候，我就一直說：「京瓷站在世界的視野，邁向世界的京瓷。」雖然公司規模很小，但是卻放眼世界，這就跟擁有崇高而巨大的目標是一樣的。

設定崇高目標的人可以獲得大成功，而只有低階目標的人則只能得到相對的結果。如果自行設定崇高的目標，就可以朝目標集中能量，成為成功的關鍵。

唯有描繪光明而遠大的夢想或目標，才能成就想像不到的偉大事業。

## 目標是京都的「原町第一」，進而邁向「世界第一」

京瓷是跟位於京都市中京區西京原町，一家名叫宮木電機的公司租借倉庫創業的。當時，面對不滿百人的員工，我經常激勵大家：「現在讓大家在這種租借來的木造工廠裡工作，造成大家的困擾，但是，我想把京瓷塑造成通行世界的公司。」

我告訴大家：「現在，我要把公司發展成原町第一的公司，接下來就是中京區第一，成功之後再發展成京都第一。成為京都第一之後，再直指日本第一，然後是世界第一。」我這麼說的時候才突然發現，工廠附近有一家叫京都機械工具的公司，專門製造汽車用的螺絲鉗等工具。一九六〇年代，是日本汽車產業非常興盛的時代，汽車上一定會擺放一套修理用的工具箱，每賣出一部車，就會賣出一套工具，所以該公司的業務一直很繁忙。每天將燒紅的鋼鐵加以鍛造，製造出包括螺絲鉗在內的各種工具，只見工廠裡日日夜夜發出鎚打的聲音，火花四處飛濺，生意非常興隆。

我每天都要經過這家公司才能到京瓷，看到他們忙碌的樣子，我都會想「京瓷也得加把勁才行」，結束工作要回家的路上，也會看到那家公司的員工都還在上班。京瓷也是從早工作到晚，矢志「成為原町第一」，然而轉頭一看，京都機械工具的工廠仍然發出巨大的響聲運作著。「光是要超越那家公司恐怕就不容易。在我有生之年，能不能追過他們呢？」一思及此，我就覺得「原町第一」這個口號聽起來好空洞。

而且，中京區還有一家叫島津製作所的大公司。要成為中京區第一，就一定要超越那家公司。我覺得要超越島津製作所簡直就是一個遙不可及的夢想，儘管如此，我還是持續宣稱：「總有一天，要成為世界第一的公司。」

## 崇高的目標和一步一步的實績累積，開創未來

雖然我一直宣稱「總有一天要成為世界第一」這個乍看之下空虛無比的企圖，有時候總會覺得意興闌珊。雖然這是出自我肺腑之言的目標，但是我並沒有朝著目標一路狂奔，反而只是如實地做著每一天的工作而已。

一心只望著崇高的目標賣力狂奔時，可能會忽略了腳底下的狀況，因而跌落「水溝」，或者遭遇「意外」。

事實上，我每天的生活模式就是一早最先到公司，處理昨天沒做完的工作，然後拚命地工作，只為完成答應客戶的產品，根本無暇考慮明天的事情，每天就是這樣努力

地活著。就算思考未來，頂多也只能想到一個星期之後，有時候可以想到一個月之後的事，但是大半的時候都只能拚命地活過每一天。

評論家或經營顧問等各種專家都耳提面命地說：「這種做法是無法讓公司壯大的。公司需要擬定長期的戰略計畫，至少也要擬定接下來一年的計畫，再以每天或每個星期為單位來規畫戰術。」偶爾聽到這種論調時，當下都覺得有道理，可是，就現實的狀況而言，根本無力考慮這些事。每天只能過著從早忙到晚，整個人累得像條狗一樣的生活，慨歎「啊，一天終於又過去了」，在這種狀況下，根本無力去想到那麼長遠的事。

「只想著過好每一天的公司是無法成長的。」經營顧問們都這樣說。可是，我的見解是這樣：

「只要努力地活過今天一天，明天自然會來臨。只要努力地活過明天，自然可以看到一個星期之後；只要努力地活過一個星期，自然就可以知道一個月後的日子；只要努力地活過一個月，自然就可以看到一年後的景象；只要努力地活過一整年，自然能看得到明年的光景。就算不刻意去看，未來自然會展現在眼前，所以，傾注全力活在每一瞬間是很重要的。」

這是很辛苦的事情。包括經營顧問在內，大家都異口同聲地說：「想要讓公司成長，戰略不可或缺，計畫是必要的。應該要設定目標，擬定具體的計畫。」可是，欠缺智慧的我卻認為，只要努力地活過每一天，累積每一天的經驗，自然就可以展望將來。

我也常常會提到目標。但是，說歸說，完成目標的脈絡仍然是茫然的。只能不斷地說：「只要努力活過今天一天，明天自然會來臨……。」

可是，若要問我，會不會因為忙著每天的工作，而忘了從原町第一躍升為世界第一的崇高目標呢？我是絕對不會忘記的。雖然自己也認為那是一個空泛的目標，但是並不覺得全然荒唐無稽。如果我真的覺得那是一件蠢事的話，就不會說出口了。每天掛在嘴邊的事，就是內心某處想要實現的事。舉辦聚餐，和大家小酌幾杯時，我總會說「現在，我們要成為日本第一哦」。人喝了酒，膽識就會變大，老是說一些樂觀的話，但是我真的覺得，那不全然是胡說八道。如果只說個一、兩回，大家也許也會認為「胡說八道些什麼」，可是一次又一次，聽了幾十遍之後，員工們也漸漸產生了這樣的意識。

可是，在尚未成為原町第一之前，就強行推銷世界第一這種目標，就現實狀況來說，差異實在太大了，讓人不禁絕望地想「那麼高的山不可能爬得上去」。然而，因為只是一再地自我激勵「努力過好今天」，所以心情上比較輕鬆，可以在不怎麼思考未來的狀況下，努力地工作。而這樣累積每一天的努力，就造就了今天的京瓷。

如果擬定的目標太過高不可攀，就會脫離現狀，導致大家喪失戰鬥心。然而，雖然只是姑且先完成今天一天的工作，也不意味著完全忘記了目標，而是讓崇高的目標進入潛在意識。也就是說，並沒有忘記目標，但是抱著姑且先完成當天的工作就好的心情投入其中，所以員工們也都可以持續做好每天的工作。

當擬定的目標非常遙不可及，而自己的步伐又太過緩慢，以至於遲遲沒有前進時，大部分的人都會因此放棄目標。但是，我只看到眼前的一天。只要努力工作，一眨眼之間，一天就過去了。看似像尺蠖一樣緩步前行，然而，回過神時卻發現，不斷地累積每天前行的步伐，在不知不覺當中已經達成以前覺得遙不可及的世界第一的目標了。

乍看之下，「累積一步一步的步伐」和「擬定崇高的目標」似乎相矛盾，其實不然。看似矛盾，事實上並不能說是矛盾。在擬定崇高目標的同時，一步一步踏實地往前走才是最重要的。

老是抬頭看高掛在高處的目標也不是辦法。一想到要走那麼遠的路，可能就會感到厭倦，也會感受到自己的無力，因而產生挫折感。只要把崇高的目標放在潛在意識裡，日復一日踏實地往前走，就可以走到任何地方。

# 第3章

# 人人都是京瓷的經營者

## ◎決定價格就是經營

決定經營好壞的關鍵，在於價格的設定。決定價格時，是要薄利多銷，還是即便銷量少，也要提高利潤？價格的設定是不分階段的，有好幾種方式。

設定多少利潤，可以賣出多少數量？創造多少獲利？要預測這些數字是非常困難的，必須正確了解自家產品的價值，然後尋求讓量和利潤的乘積達到極大值的點。而且這個點必須是對顧客而言，還有對京瓷而言，都能感到滿意的數值。

尋求這一點，決定價格，是需要經過深思熟慮才能確認的。

所謂的「決定價格就是經營」，我認為在經營的領域上來說，這是非常重要的項目。事實上，當我把這個項目列入哲學中時，並不認為它有那麼重要。可是時至今日，我漸漸地了解到，決定價格是非常重要的事。

一開始，京瓷是專門製造電子設備專用的陶瓷絕緣零件，所以，我去跟一定要用到絕緣材料的真空管或影像管製造廠商要訂單，結果對方表示：「我們想把這個東西用在新的真空管上，你能幫我們做出來嗎？」於是我便試作了樣品。我請對方針對樣品進行評估，如果測驗結果良好，日後要量產真空管時，就可以要到訂單。京瓷就是從這樣的接單生產工作開始的。

當然，有時候客戶已經有先行合作的陶瓷廠商，譬如像東芝、日立這種大型企業大致上都已經有合作的陶瓷廠商了。當京瓷的業務員前去尋求訂單時，基於是新公司來要訂單的緣故，對方總會說：「現在我們跟固定一家廠商訂貨，你們公司也可以做得出這個東西嗎？如果估價比較便宜，就可以跟你們進貨。」

後來，公司漸漸發展，客戶也增加了，於是，和同業之間的競爭也變得愈來愈激烈。客戶當然想以最便宜的價錢製造自家公司的產品，自然也會想用最低廉的價格購買資材。因此，每當業務員前去拜訪時，對方幾乎都會說：「你們公司可以用多少價錢做我們的東西？估個價吧。」當我們提出估價時，又會被拒絕：「這個價格談不成。別的公司已經給我們比這低一成的價格了，如果你們堅持這個價錢，我沒辦法把訂單給你們。」業務員一聽，大吃一驚，心想這可不得了，飛奔回到公司來商量解決之道。

業務員知道，依照這個價格是無望拿到訂單的，非得降低一些價錢才行，於是重新製作了估價單，再拿去給客戶過目，只見對方瞄了單子一眼，然後說：「這個價格還是不行。你們的同業後來又給了更低的價格。」也就是說，客戶是「放在天秤的兩端在衡量的」。

這個時候，我們公司那個認真又老實的業務員又大吃一驚，驚慌失措地跑回來，「不得了，對手不是給低一成，而是低一成五的優惠價格呢！」可是，這可能是對方的採購人員基於商場上的策略而這樣說的。我們的業務卻一心當真、手忙腳亂，想要提出更低廉的價格給對方。

聽了整件事情的來龍去脈，我心想「聽起來有些可疑」。就算是競爭的同業，也不可能在那麼短的時間內以那麼低廉的價格製造出來。一開始，遇到這種情形，我會親自前往客戶那邊確認，有時候也會比業務員早一步去找客戶的資材採購人員談談。此外，我也會詳細地問公司的業務員：「我知道你的意思。我問你，你見到的是對方的什麼人？一開始是怎麼寒暄的？又跟對方說了什麼？」要求完整重現當時的狀況。

客戶所說的一成五，只是一個策略？還是事實？如果認定客戶這麼說只是一種殺價策略，便斬釘截鐵地告訴對方「我們只能降一成」，萬一這樣的判斷失準了，訂單就會被同業搶走。

我想，採用接單生產的人應該就會懂，人和設備都有了，工作卻遲遲不上門，會搞得大家無所適從。為了避免發生這種情形，辨別對方所說的話只是一種策略還是事實，就得非常重要了。

基於這個考量，我要求部屬重現當時的交涉情景。「我這樣說，然後對方這樣回」，透過還原現場，我雖然不在現場，卻也處心積慮地想從中多少得到一些辨別對方真正心思的蛛絲馬跡。

如果業務員以便宜一成五的價格拿到訂單的話，從那一瞬間開始，我們就得開始盤算在製造的過程中要降低一成五的成本。不論是哪一種產業，要在短時間內降低一成五的成本都不是容易的事。可是，業務卻只簡單地給一句話：「不行，一定要降到這種價格才能拿到訂單。」

我告訴業務員：「降低一成五不是那麼簡單的事。」業務卻威脅說：「既然總經理這樣說，那就提出降一成的價格好了。可是，如果因此拿不到訂單，我可不負責。」如果工作因為這樣就飛了，那也非我所願。所以，我對業務說了以下這番話；

只有負責製造商品的人要辛苦作業，那實在說不過去。如果價格很便宜，要多少訂單就有多少。可是，以這種方式拿到訂單，以一個業務員來說，那也不值得誇讚。即便負責的是業務工作，也得要絞盡腦汁，懂得運用技巧。也就是擁有提出讓客戶歡歡喜喜地下訂，覺得「這價格可以接受」的範圍內最高價格的智慧和技巧。

如你所說，如果便宜個一成五，客戶或許會買單。可是，超過這個價格，對方就真的不會買嗎？客戶或許只是對你漫天殺價，事實上，開一成的價格他照樣會買。不，就算開出更高的價錢，或許他照樣買單。

也就是說，只要開出比客戶想買的價格再便宜一點的價位，對方應該就會欣然下單。價格愈便宜，可能愈容易拿到訂單，可是，這樣就沒什麼意義可言。不過，如果開出更高的價格的話，訂單可能會被同業搶走，那也很傷腦筋。所以我們必須掌握這一點，低於這個價格，要多少訂單就有多少訂單，如果高於這個價格，訂單就會溜走。

想要看穿這一點，就需要投注心血和客戶進行價格的交涉。客戶說的話是策略還是事實？那是一翻兩瞪眼的事，如果像你一樣，對方說的話都照單全收，驚嚇而歸，只帶回一句「一定要給那種價格才行」的話，哪能成什麼氣候？

也就是說，所謂的決定價格，就是決定客戶會心甘情願購買的最高價格。不管是承包作業或任何事情，只要價格便宜，多半可以拿到工作；價格高的話，就會被競爭對手搶走。所以，在可以拿到工作的範圍內提出最高價格，這可不是業務負責人可以輕率地做決定的問題。必須徹底研究業務蒐集來的資料和情報的真偽，由經營高層決定價格。如果業務不動腦筋，只聽憑客戶予取予求而提出比其他公司低廉的價格才拿到訂單，這樣的經營方式就有問題了。

我本身是技術人員，擅長的是製造產品，所以我儘量不造成業務人員的負擔，根據業務帶回來的價格，把以最低成本製造產品視為自己的工作。所以從某方面來說，我對製造部門的要求比較嚴格，對業務人員比較鬆散。可是，有時候還是得對業務曉以大義，這就是「決定價格就是經營」的意義所在。

## 商品價格依經營者的智慧而定

為何訂定價格如此重要？容我在此以實例簡單說明。

我出生的故鄉是日本的鹿兒島，京瓷在那裡設有三個工廠，我偶爾也會去那邊巡視。到鹿兒島這般鄉下的城鎮，道路沿途經常可見小小的麵店。午餐時分，我也曾經跑進這種店裡用餐。

畢竟是鄉間的麵店，錯過午餐時間進去時，總是空空的、沒有客人。當我喊：「有人在嗎？」之後，才會有婦人從屋內探出頭來，帶著一副「有什麼事嗎？」的表情。屋外既然寫著「餐館」，當然是為了用餐才會進來吧。

照理說，應該說點招呼語，像是「歡迎光臨！」、「想吃點什麼啊？」之類的，但她卻一臉狐疑地看著我。「可以來一碗麵嗎？」我問。她這才繃著臉回話：「喔！要哪一種？」我點了「豆皮烏龍麵」，她便走進屋裡叮叮咚咚地做了起來。

從一開始就讓人感到不舒服！我正這麼想著，終於端上了一盤看起來半生不熟也似乎不好吃的麵。吃了一口，果然不好吃。問題是，這麼難吃的麵，價格竟然與京都近郊的麵店沒什麼不同！

雖說已經過了正午尖峰時段，一位客人也沒有。端看老婦人從屋裡探頭出來的表情，很容易想像先前一定一直沒有客人。我一直在想，為何如此鄉下的麵店，價格竟與京都街上的店家一樣？或許因為鄉下的薪資比都市低，對附近的居民而言定價實在太高了，所以都不來用餐，因此店裡沒有客人。

數個月後，我還是沒得到教訓，又前往同一家店。一看，原本一碗五百日圓的烏龍麵，竟然調漲到五百五十日圓。就老婦人的角度想，賣五百日圓時沒有客人進門，因為沒有客人來，所以不合成本。就此煩惱，所以才會調漲價格吧！問題是，這樣做會讓客人更不想來！也就是說，老太太根本不了解定價本來的意義。「豆皮烏龍麵，一碗大約五百日圓吧。」想必她只是這樣約略地訂個價格。像這樣的例子，在這世上真是太多了。當我在京瓷拔擢重要幹部時，我曾考慮「讓那些大學畢業、抱有主見的員工擔任幹部，然後看看公司是否真的能夠順利發展？或是讓那些了解商業本質的員工任職幹部？」我甚至想讓他們試著去經營「夜間營業的麵攤」。雖然後來沒有執行，卻對他們說了以下這番話：

我打算拿五萬日圓的資金，讓員工經營夜間營業的烏龍麵攤。無論是白天或晚上，每天都要開張營業、推著麵攤車出去叫賣。我想看看幾個月之後，你們可以將那五萬日圓變出多少利潤。在這期間，不用到公司上班。公司一樣會支付薪水。

接著，我也對大家說明我為何這麼做的理由：

首先，你得做出烏龍麵才行。所謂的烏龍麵，湯頭如果不好喝，就沒人想吃。因此問題來了，要怎樣才能做出好喝的湯頭呢？從柴魚熬出來呢？還是海帶？或者要兩者併用、熬出更好的高湯？此外，選用便宜的海帶比較好？還是貴的海帶比較好？還有，用小魚乾高湯會比較好嗎？柴魚要用哪一種？不同的方法會做出不同的湯頭，對吧？

另外，要從哪裡弄到青蔥呢？麵要怎麼處理？採購一球一球的生麵，就這樣直接使用嗎？還是買乾麵條來煮，然後分成一人份來賣呢？不不不，要更省錢的話可以自己做手工麵。那要從麵粉開始製作嗎？就像這樣，光是烏龍麵的原材料就有很多種方式可以選擇。即使只是一碗烏龍麵，也會因為經營者的不同，產生很多種不同的成本。

如果從工廠買進烏龍麵，便宜的話大約一球只要二、三十日圓！把這種麵放進做好的湯頭裡，切點蔥末、放上魚板。此外，單就魚板而論，我們還可以下一些工夫。比如說，與其切一塊厚片放在上面，不如切成三塊薄片展開來擺放，看起來更豐盛。像這樣，辛苦用心加上採購便宜的材料，一碗麵的成本大概用不到一百日圓！

接著，就是進入決定價格的時刻了。「售價要訂多少呢？」如果成本以一百日圓計算，那麼要賣兩百日圓或三百日圓都可以。但是，一定要考慮一個問題才行：「要訂什麼價格才能賣得最好？」

接下來的問題是，要把夜間經營的麵攤車推到哪裡去呢？這可以自由選擇。

賣不動的地方，花多少時間去走動還是賣不出去。若在酒店、酒吧等夜店集中的地方，晚上或許會有喝醉酒的客人來吃麵！此外，在熱鬧街道的外圍等候，也會有客人前來。如果說，在前往繁華街道之前，先繞去學生多的街道，煮點烏龍麵便宜賣給晚上還在用功的學生，還可以先小賺一筆！另外，在繁華街道玩樂的女性和喝醉的酒客們，最早也要晚上十一點以後才會來吃東西，因此也有人會以這為要領，等到十一點以後再開張！

哪個時段、到什麼地方、賣什麼東西，也是依經營者的智慧而定。這也會影響接下來的定價。想在學生街利用便宜價格銷售的人，就會用一百日圓的成本賣兩百日圓，用薄利多銷的策略取得勝算。或者也有人會先製作出非常美味的烏龍麵，然後訂出高價，以量少利多取勝。總之，這一切都是為了「訂定價格」，這會左右經營的策略。

需要三個月的話、設定三個月的時間也行。在這段期間內，要靠經營夜間烏龍麵攤賺取高額利潤。這樣的人，才是具有商業才華的人。在京瓷，我要拔擢的幹部就要是這種人，懂得訂定價格、可以獲得實值利益的人。

以上就是我的說詞。

## 把利益用作促銷費用——可口可樂的定價

讓我列舉各種實例來解說吧。首先是可口可樂公司。

我們這一代，大多都是在第二次世界大戰後的非法黑市中度過青年時期。當時，可口可樂從美國引進了日本。我記得，那時候可口可樂的價格非常高，比起彈珠汽水和碳酸飲料的西打，可以說是破例的定價。

試著喝喝看，只覺得味道很像藥水，當時我想：「這樣的東西竟然可以訂出比彈珠汽水或西打高出兩倍以上的價格！」而且，用很厚的玻璃瓶裝著，感覺上裡面的份量很少。因此，可口可樂剛進到日本時，我預料這樣的東西應該會賣不下去。

問題是，如您所見，可口可樂最後席捲了整個日本，而彈珠汽水、西打等飲料陸續被逐出市場。本來，飲料應該是百姓都喝得起的便宜價格，若不好喝就會賣不出去。但是，看到可口可樂顛覆了以上的常識，真是令我感到驚訝！

後來我才得知，當時的零售商只要銷售可口可樂，據說可以獲得很高的毛利。此外，店門口標示的「可口可樂」招牌也可以免費張貼。也就是說，比起彈珠汽水與西打，推銷可口可樂可以拿到獎勵金。

以往在夏日祭典時分，可以看到這樣的光景：夜店裡放著大桶的冰塊、上面擺滿了可口可樂的瓶子。年輕有活力的男生一邊喊叫著：「要可樂嗎？」一邊賣著冰鎮的可樂。像這樣，夜店的人拚命叫賣可樂就有利益可得。而且，光是這件事就足以讓人想像，一定可以收到很高的毛利。

因為售價很高，所以利潤的額度也會變高。這些利潤的大半部分被拿回來用作促銷費用，做廣告宣傳時，也可以提供龐大的資金。相反的，只取薄利進行銷售的彈珠汽水和西打，根本無法做出像可口可樂那般的廣告宣傳，也拿不出資金作為獎勵。因此，結局就是被市場淘汰。

總之，可口可樂的戰略就是利用訂定高單價，有效地將獲取的利益回頭用在促銷活動上。可想而知，這個方法的確奏效。這個案例告訴我們，訂定價格這件事並不單純，並非定價高就是不好、定價低就是好。重點在於你依據何種戰略行事。

## 用健康的大義名分做銷售——養樂多的定價

下一個例子是養樂多。

養樂多這個飲品，由名為代田菌的乳酸菌製作而成。其中的優格、代田菌等乳酸菌具有整腸的作用，據稱可以調整肚子的狀況，對身體有益。可爾必思也是用發酵的乳酸菌製成，不過養樂多的口號是，可以把發酵好的活乳酸菌送進腸內。

可爾必思從很早以前就是裝在大瓶子裡銷售，我的母親經常拿來加水稀釋給我們喝。我感覺那種可爾必思的味道跟養樂多並沒有太大的差別。而且，養樂多裝在小小的塑膠瓶裡。即便如此，價格方面養樂多還是非常高。

養樂多剛推出的時候，我也認為「那樣子是不會成功的！」因為市面上已經有可爾必思了，而且可爾必思不但便宜很多，也具有整腸的作用。為何如此小容器裝的養樂多會這麼貴，當時實在感到不可思議。

但是，養樂多不但在日本全國普及，公司也發展成優異的企業。不只在日本，在巴西或東南亞國家等國外地區的經營也非常成功。

養樂多公司在日本全國各地培訓名為「養樂多小姐」的銷售人員，這些女士們推著裝滿養樂多的購物車到處販賣。因為養樂多的單價很高，所以毛利也很高。也因此，公司可以支付很多的薪水。這些女士們可以獲得充分的收入，因此也熱中於四處徒步去銷售商品。

她們首先必須到公司接受研習訓練，在研習中，公司教導她們：「這份工作並非單純地只是銷售飲料。我們是在銷售健康。每天早上只要喝一瓶，對健康就有益處。養樂多提供健康給日本國民。」總之，這是一個健康產業，所以我們銷售養樂多。公司讓銷售人員了解以上這種大道理。

在養樂多的定價裡，含有這層意義。

## 首先以售價為依據

雖然前面我曾提到，決定價格時的普遍原則是「找出顧客會開心購買產品的最高價格」。但是，並非依照這個價格銷售，經營就必定可以順利進行。也有照著這個價格銷售卻得不到利益的案例。問題在於，訂了價格之後要用什麼方法在銷售中產生利益。

就製造商的立場而言，利益跟製造部門如何降低成本有關。當然，如果業務部門一味降價求售、取得訂單，那麼不論製造部門如何降低成本，也是無法獲利，因此必須盡可能以高價格拿到訂單才行。問題是，如果價格已經確定，此時能否在此定價下產生利潤，就是製造部門的責任了。

所有商品都一定有成本。一般而言，都是以成本加上利益來訂定賣價。在資本主義的社會中，一般認為這樣做是正確無誤的。

但是，在此我想說的並非此事。在我的另一本書《稻盛和夫的實學》裡曾提過「要以售價還原成本的方式求取成本」，也就是所謂的「首先以售價為依據」。在競爭如此激烈的現今社會，用成本加上想獲得的利潤，單純地用「成本＋利益」累加的方式來計算賣價的方法是行不通的。必須先決定售價，之後再核算出有利得的成本，要用這種計算方式才行。即使現在的市場經濟實態已改變，但是在資本主義社會的會計學中，幾乎都還停留在前面所說的「成本主義」狀態。而許多大企業也都沿用這種方法。

重點在於，萬一商品賣不出去時，就得降價求售。如此一來，利益就立刻消失了。因此我才強調「首先要以售價為依據」，然後根據售價去考慮如何降低成本，這樣才是經營之道。有關賣價也要注意，萬一訂得太低，那麼再辛苦努力工作也得不到利潤，因此必須訂在「市場能通用的最高價格」才行，這點非常重要。

### 靠商品的價值行銷

從很早以前，我就一直強調不採用「成本＋利益＝售價」的成本主義。即使面對京瓷的員工，我也是告訴他們以下的話：

京瓷不會依照成本主義決定售價，京瓷是依據商品的價值從事銷售。

例如，某客戶從京瓷採購絕緣材料，製作成真空管，然後以每根兩百日圓出售。雖然客戶從京瓷採購的絕緣材料每個要價二十日圓，但是真空管一根可以賣到兩百日圓，所以覺得賺很多、也很開心。即使那個絕緣材料的成本大約只有五日圓，但由於那是構成真空管零件的重要絕緣材料，可以充分獲利。如果客戶表示「二十日圓讓人樂於採購」，或許有人會說「五日圓的東西賣二十日圓不是暴利嗎？」但是，這樣不是很好嗎？

再說，和菓子店的情況也一樣，靠自己思考開發出新的和菓子，到底要如何定價？我想，用這項產品的價值來定就行了。這種新式和菓子味道很好，造型也很美，是非常好的商品。如果有客人表示兩百日圓他會樂於購買、也確實買了，就算成本大約四十日圓，還是可以賣兩百日圓。不要拘泥在「成本＋利益」，將成本四十日圓加上利益十日圓後以五十日圓賣出，這樣的想法是不必要的。

但是，如果做出外觀看起來像破饅頭類的東西，其他公司才賣五十日圓，自己卻訂出「兩百日圓」的價格，肯定是賣不動的。這種情況必須降到成本以下的三十日圓才能賣。

總之，如果是獨創的商品，就要考量「顧客大概會出多少錢來買」，然後用這個當售價，不需要因成本的價格而受限。

如果客戶接受價格並且付款，表示客戶也得到利益，因此根本不算是暴利。相反的，如果我們的成本是兩百日圓，加上四十日圓的利益後想要賣兩百四十日圓。結果客戶卻說：「兩百四十日圓我無法買，五十日圓還可以。」表示這項商品只有五十日圓的價值。把只有五十日圓價值的東西，花上兩百日圓去製作，這是技術人員的失敗。「因為成本是多少，所以賣價是多少。」不管你花多少工夫解說，對方是不會採信這種話的。

也就是說，商品的價格，由市場能接受的產品價值決定。

**考慮想要獲得多少毛利**

流通業的情況也一樣。例如，要批進某種物品販賣時，相同種類的物品如果沒有比同業多少便宜一點就很難賣。因此，就會考慮批進低於定價五至一〇%的東西，進行銷售。但是，用此方法時必須先考慮，用這個價格銷售的結果，會剩下多少毛利？最少要保持多少的毛利才行？

例如，用一百日圓進貨的商品，別家店賣一百三十日圓。或許有些經營者就會考慮，我們就便宜十日圓、賣一百二十日圓吧？不不不，用售價一百一十五日圓會更好賣吧！用這樣的價格進行銷售，的確會比較好賣，但是經營往往不會變好，反而會非常辛苦。這是因為經營者欠缺「要有多少的毛利，公司才能順利運作」的知識。因為他認為只要賣得比同業便宜就能賣，只依這種直覺就決定售價，所以遭受失敗。

京瓷偶爾也會接受委託代工的訂單。因為只是批進完成品轉賣，因此也有幹部認為：「賺個五％的佣金也就足夠了吧？」

在一般的零售業，據說毛利沒有三〇％是不行的。因此，即使是照相機、電氣產品的折扣商店，也是用低於售價三〇％的價格作為進貨的成本價。總之，廣告宣傳、銷售管理、利息負擔、人事費等，所有的經費加總起來大概是二〇％，為了確保擁有一〇％的稅前獲利，一定要保住三〇％的毛利才足夠，這樣的事情眾所皆知。

但是遇到外行的經營者時，會說：「只是進貨來賣，有二〇％的毛利就夠了。」接著又降價五％便宜賣，結果只能獲得十五％的毛利。最後，只能抱怨「如此努力工作卻經營得不好」，而陷入窘境。這就是定價錯誤、不了解自己需要多少利潤才足夠所造成的結果。

## 就算製造業也要得到高收益

就算是左手進貨、右手出貨的流通業者也一樣。如果沒有確保三〇％的毛利是不合算的。既然如此，和先前提到的烏龍麵攤一樣，如果製造業者只能獲取五％的利益，這樣也是很令人煩惱的。

我經常對製造業的人說：

「左手進右手出的買賣都可以獲得三〇%的毛利，我們這些技術業者要用多少人才、使用頭腦和機械，才能無中生有做出商品。如果這樣只能得到五%的利益，真的是情何以堪。難道我們做的是那麼沒有價值的東西嗎？只要是製造業，拿到五〇%的毛利也不足為奇，不是嗎？」

問題是，身為製造業卻可以拿得到五成毛利的企業，至今未曾見過。回顧歷史，產業的發達最早起於商業資本的蓬勃發展。遠古的人類總是到深山裡採集栗子等樹木的果實，或者以弓箭射殺獵物，過著狩獵採集的生活。後來逐漸安住下來，開始耕田，靠收穫食糧來安養家族，改變成農耕的生活方式。拚命努力耕作，才能得到豐收。漸漸地，芋頭、日本小米、粟米等多出來的糧食就開始儲存在家中，以便在沒有收穫時食用。

當人類開始有此「儲蓄」的行為之後，欲望也跟著增大。在狩獵採集生活的時代，如果獵捕過度，下次就可能無法找到獵物，因此大家都以濫捕為戒。但是，開始農耕生活之後，隨著畜養變成可能，人類的欲望也跟著膨脹。這一來，聽到「隔壁村的粟米好像有剩」時，有時就會出現強盜或小偷去奪取食物。人類之所以開始產生戰鬥和殺伐的行為，就是衍生自這樣的欲望。

漸漸地，有智慧的人出現了。他們想到，把便宜買進的多餘穀物，用高價賣到穀物不足的地方。也就是說，他們發現，把東西從盛產的地方移到因為不足而困擾之處，商品的價值就產生了。

由此誕生的商業資本家們，盡可能便宜買入、高價賣出，因此也讓務農的勞動者因為購買而受到重挫。也因此，事到如今依然處在商業資本強盛、產業資本弱敗的局面。本來，生產者具有技術、也投下各式各樣的資金，應該得到更高的利潤才對，事實上卻是流通業方的利潤比較高。

平常，我總提及：「稅前盈餘如果沒有達到一〇%，就別做了。」以此來激勵經營者們。就是為了激起大家的士氣，讓他們不服輸地說出：「這是什麼話？」我有意要當頭棒喝。

「銀行的利息通常都在六%到八%之間。銀行借出錢之後，即使什麼都沒做，每個月還是可以賺到大約六%到七%的利息。而我們這些製造商，稍有閃失就可能受到很大的損失。背著這樣的風險，如果沒辦法賺到五%左右的利益，根本就不合算。跟銀行相比較，我們製造商得付出這些勞苦，難道不應該得到更高的獲利率嗎？」

面對京瓷的製造部門，我也曾說過這樣的話。

## 降低成本可以讓人快速改變想法

因為京瓷接單生產製作零件，因此跟一般產銷機器的企業不同，不需要經營店面銷售產品。接受訂單的對象有如東芝、日立等大型電機廠商，業務就是依照特別的訂單生產和交貨而已，因此不需要擁有店面。為了能夠頻繁地拜訪客戶，當然有必要設立營業處。不過因為我們基本上是接單生產，所以也沒不必保有庫存。

當初，我就這樣的生意型態，考慮應該如何設定毛利。最初，我決定把售價的一〇%給業務部門。在此情況下，製造部門就可以用其餘的九成製作商品，而且必須要能夠獲利才行。

這項規則執行了一段時間，但後來我終於了解，針對照相機、手機通訊業或寶石商等以一般大眾為顧客的商品，一〇%的毛利根本不符合成本需求。

例如照相機，我們必須支援使用我們的零件的店家。因此，我們也要出資做電視廣告和報紙廣告。這些都由製造商的京瓷負責。如此一來，這些廣告宣傳費用都得從京瓷的毛利擠出來支付才行。除此之外，也要在零售店裡舉行促銷活動，也得準備各種獎勵金。換句話說，針對一般消費者製造商品的廠商，並非自己的業務賣出產品就好，也要幫助進貨的零售商從事銷售活動才行。也就是說，除了要拿毛利支付給自己的業務部門所需的宣傳費用，還要支付給零售商。

例如，零售商要求拿到三〇%的毛利。如果售價是一百日圓，對零售商的出貨價則為七十日圓。業務部門從這七十日圓當中取出三〇%當作公司的毛利，因此製造部門只剩下五十日圓左右，可以用來生產這項產品。

競爭激烈的產品，很容易在低價的情況下被以更便宜的價格售出。如果一味依照零售商的要求，大都是不合算的。即便如此，我們還是需要零售商幫忙銷售產品。所以，針對那個要求，非得確保住三〇%的毛利才行。

因為這樣，我才了解沒有三〇%的毛利根本無法生產，然後逐漸降低到一〇%左右。如果要從毛利拿錢支付廣告宣傳費，經常會出現赤字。不但如此，製造部門也因為用很緊的預算生產，因此不符合成本需求。我想，會出現這種情況的企業，應該佔一半以上。

「沒辦法了！」多位大企業的重要幹部露出放棄的臉色。我想，那是因為沒有訂好定價的緣故。就算訂了可讓客戶滿足的最高售價，但是各式各樣的經費不斷產生，利潤也隨之愈減愈少。因此，我們要徹底檢討，到底可以將成本降到多低？但是大家卻一直執著在「成本本來就是一直累計上升」。這樣一來，經營會受到壓迫也是理所當然。

假設我們要製造一只售價四千日圓的手錶！從四千日圓裡拿走所有的流通利潤後，只剩下一千日圓。問題是，將過去一直採用的晶振（譯註：即石英晶體諧振器）、電池和其他零件等的成本累計起來後，光是材料費就超過一千日圓了。在這種情況下，一定要改變原先的發想才行。

例如，有沒有什麼地方的晶振賣價是現有的二分之一、甚或是三分之一呢？同樣的錶帶，能否用五分之一的價格買得到呢？事先做好這些調查後，如果效果還是很有限，就進行價值分析（Value Analysis, VA）從設計開始修正吧。把原來的設計變成可以用一千日圓製作、還能獲利的款式。現在的時代，設計師必須依據市場決定的價格設計商品。

如果業者天真地只想靠降低材料成本解決問題，我想無論哪個廠商，最後都會因為經營虧損而感到痛苦吧！

## 關店前大拍賣也要確保收益

做生意時，很多人直覺認定賣得愈便宜，生意就會愈好。即使在我先前當成實例討論的流通業領域，認定「毛利沒有三〇%是不行」的人，我想也不太多。但是只要是能夠達到高收益的企業，應該還是抱持沒有三〇%不行的姿態在工作。

當我看到超級市場或折扣店，用比其他店低一〇%、甚至二〇%的價格降價販賣的時候，我原先猜想他們是為了「削減三〇%的毛利在銷售」。沒錯，應該有些店家會用這種方式，但是這樣最後還是會面臨倒閉。經營得很好的超市或折扣店，就算打折還是會設法把進貨價降低，讓獲得的毛利還是維持三〇%。

以前有某家超市推出「退還五%消費稅」的活動，導致各家超市都跟進。當中有些店家是從三〇%的毛利中扣除五%，等於只收到二五%的毛利；也有店家是向供貨商提出「因為我想做退還五%消費稅的促銷活動，請你也給我五%的折扣」的要求，並未改變三〇%的毛利。

順道一提一個有趣的現象，大家都將注意力集中在退還消費稅的成功，導致有些店推出折扣一〇%、二〇%的促銷活動，但是反而賣得不好。試著探討理由，「競價二〇%」是一般促銷活動經常使用的招式。用這樣的折扣都賣不出去了，「退還五%消費稅」反而大賣。換句話說，並不是愈便宜就賣得愈多。以為這樣可行的超市，降價一〇%、甚至二〇%促銷，結果這些超市的營業額並未增加、毛利也減少了，據說過程非常辛苦。

還有一則大家都知道的新聞。一家百貨公司因為經營不佳，於是舉行閉館前的大拍賣。據說顧客紛紛殺進店裡，好幾天店裡都擠滿人潮。不可思議的是，如果是閉館應該有賣完的時候，卻總是賣不完。而且，該百貨公司創下開店以來的最高營業額紀錄。

既然是閉館大拍賣，一定是用很驚人的低價不斷出清。當時我想，一定沒什麼賺錢。沒想到，所有折扣的部分完全由供應商負擔，毛利卻完全沒有改變。由這個實例，就可以充分理解商業資本一直很強、產業資本一直很弱的實態。

我並非指責商業資本不好。既然是閉館拍賣，還是得一次一次刊登「銀座某某百貨閉館大拍賣」的全頁廣告。光是這樣，刊登一次就要花費一千萬日圓到兩千萬日圓。從這樣的廣告宣傳費開始到種種經費來考慮，如果毛利沒有三〇%根本做不到才對。此外，閉館拍賣又是以超低價位拍賣商品，因此折扣根本不是從自己的毛利擠出來，而是推給廠商或供貨商負擔，百貨公司的經營可是很強的呢！

當然就像前面提及的，也有那種正直的傻瓜，心想既然要閉館了，就忽略了應該確保三〇%的毛利，用四折、五折的折扣在拍賣商品，因此也有商店出現赤字。其實真正懂得訂定價格的人，即使是閉館拍賣活動，也可以確保獲利，這就是經營。

## 定價是經營者的工作

雖然我說過「決定價格就是經營」，但是我指的並非只是決定價格的瞬間。既然定價是經營的本質，就應該注意整個流程。也就是說，從採購就有責任，製造部門在降低成本方面也有責任，必須全面顧及才行。再者，不論是提出減低成本的指示，或是為了便宜買到材料進行的交涉，都得由企業領導人負責執行。但是，有很多企業把這些責任交給負責材料與製造的部門，放任他們去決定，等到商品的市場價格不斷下跌，公司的營運就會馬上落入赤字。

也就是說，當你做出定價行動時，就應該同時想好如何節制成本。因為腦中已經知道要如何壓抑生產成本，並且練妥「要跟那個廠商如此交涉，用這個價位購買材料」等材料採購策略，才能做好定價。如果根本沒有想到這些，只是讓業務負責人去定價，這樣並不能稱為經營。至於思考如何用便宜的方式生產產品，則是技術人員的工作。

我在公司剛成立不久，就開始考慮這件事。「一般很容易認為，開發新技術是技術人員的職責，其實不是。我認為思考如何降低生產成本。才是技術人員該做的事。」

不僅是用相同的材料，然後儘量設法減低成本，而是從根本改變製作手法。例如，至今為止用一百日圓才能做出來的東西，是否能用五日圓就做出來？這種能夠設法找出新的方法、從根本去改變的，才是技術人才。只會做出新發明、大發現的人不是技術人才，我是這樣定義技術人員的功能的。因此我也用「我不要那種躲在象牙塔裡的技術人才」這句話，來激勵公司的技術人員。

用很薄的利潤展開生意，雖然營業額蒸蒸日上，結果還是處於痛苦的奮戰狀態，這樣的人還是存在。我想，原因還是因為定價的方法不對。

理由是，因為其他同業也有這種商品，所以商品的價錢不容易提升，因此無論如何努力也拿不到充足的毛利。這種時候或許不必拘泥於現有的商品，而是去開發新商品，用新商品確保利潤。

## ◎營業額擴到極大、經費縮到極小（量入為出）

所謂的經營是非常簡單的，基本上就是設法把營業額擴大，然後設法把使用的經費縮小。所謂的利益就是兩者的差，也就是出現的結果而已。所以我們只要經常念著把業績做得更大，把經費縮得更小。

因此，不應該被「材料費」應該佔「總產值」的多少百分比、或者「促銷費用」一定要多少等這樣的常識或刻板概念束縛住。

最重要的是，每天都要為了將營業額擴到極大、將經費縮到極小而努力。由此，再一邊凝聚創意的工夫，一邊培養頑強的持續力量。

我建立企業之後，首先遭遇到的問題是「會計中有損益表、資產負債表這些東西，經營者也必須了解這些才行」。我是技術人員出身，所以每天做研究、製造物品。由於很了解自己製造的商品功能，所以也可以向客戶做好解說、銷售商品。但是面對所謂的會計、財務等相關事項，既沒有經驗也欠缺知識。

雖然我讓會計人員對我做了種種說明，但是過去我一直認為，光是閱讀損益表就是非常困難的工作。因此我認為，不要把經營想成很困難的事，就算真的困難，也要盡可能地用單純的方式去理解。

之後我對會計人員說：

「所謂的經營，可以說是把營業額做大、使用的經費縮小，中間的差額就是利潤，對吧？」

「說快一點，就是這樣了！」

「這樣的話簡單多了，以後我們就這樣思考吧！」我就這樣跟員工你來我往地進行問與答。

這就是我在經營方面的立足原點，到現在這都還是我經營企業的大原則。

我創業的第一年，營業額達到兩千六百萬日圓，稅前盈餘為三百萬日圓。從第一年起就有一成以上的稅前獲利率，之後的稅前獲利率也一直增加，最高曾達到四〇％左右。之後比較低迷，大約在二〇％至一五％之間。公司成立至今四十年了，一直維持一〇％以上的稅前盈餘。

創業四十年，集團的營業額總計超過七千億日圓，以此營業額規模的稅前盈餘如果超過一〇％，就企業而言，我認為這也是很罕見的事。一般而言，如果營業額達到數千億日圓，稅前獲利率能有幾個百分點就夠了。

這種能夠持續維持高收益的理由，也是因為根據「將營業額擴到極大、將經費縮到極小」的想法，努力獲得的。因為我對會計不是很了解，只能用單純的方式去理解，沒想到這樣反而產生好的結果，從第一年就創出獲利超過一〇％的好成績。之後也是貫徹儘量增加營業額、減少經費的想法，因此可以維持高收益的狀況。

## 確立「阿米巴經營」

「將營業額擴到極大、將經費縮到極小」。持續以這樣的想法經營公司數年後，

「以每小時計算損益」的想法——即「阿米巴經營」的經營管理系統概念也開始萌芽。

從營業額裡扣除原材料等所有經費後，剩下的部分就是所謂的附加價值。用附加價值的金額除以全體員工的上班時數（含加班時間），就知道員工每小時創造了多少附加價值。在京瓷，這稱為「以小時計」，以此數字為指標而進行的經營模式，就是阿米巴經營體制。

以全體員工的平均薪資除以上班時間，就可以得到每小時的平均工資。假設一個小時的工資是一千日圓，就能觀察員工以每小時一千日圓工資的工作中，可以創造出多少附加價值。也就是說，讓員工可以思考，透過自己的勞動能夠創造出多少的附加價值。附加價值愈高，對公司的貢獻就愈多。如果你只能產生跟薪資同樣的價值，那就是正負抵銷，你對公司就毫無幫助。

如果企業的角色是對社會有所貢獻，還有以股利來回饋股東，那麼企業的員工就要創造出比企業付給員工的薪資更高的附加價值才行。阿米巴經營就是依據「一小時能產生多少附加價值」在管理整體經營的。

因此在京瓷裡，我們不說「我的部門賺這麼多錢」，而說「我的部門一小時可以產生幾千日圓的附加價值」。最後就是以「每小時計」為依歸。阿米巴經營系統就是以這種時間計算為基礎而建構的。

## 別被常識綁住，以高收益為目標

在我剛創立公司的時候，有一天在報紙上看到大企業的年度結算表，然後我思考了以下這些問題。

京瓷的客戶幾乎都是日本的大型電機廠商。比較這些企業的獲利率，大概都在三%至四%中間，雖然有一點差距，但各家企業的數字都很接近。

另一方面，當時京瓷的稅前利率大概是二〇%至二五%。那時我就感覺到，一般的經營者並沒有像我這樣思考「將營業額擴到極大、將經費縮到極小」，他們都以「這種產業，獲利率大概就是這樣」的成見或常識為基礎在從事經營。例如，參考其他廠商的獲利率後，發現大多數的企業都是三%至四%，自己的公司也是差不多的數字，所以他們就認為自己的情況算是好的。

也就是說，這個業界或那個業界的獲利率該是多少，已經變成常識，多數的經營者被這種常識綁住，因此普遍都維持接近的獲率。那時我就理解到日本為何沒有很獨特的經營者，就是因為經營者大都拘泥在常識的範圍內工作！

證據就在於，本來就經營高附加價值產業的企業不提，如果是經營普通產業的情況，同業之間原材料費用所佔營業額的比率大致差不多。在這樣的前提下，獲利率還可以差距好幾個百分點，主要就是因為公司的管銷費用不一樣。有的企業管銷費比率佔營業額的一八％，而有些企業可以控制到一二％至一三％。就是這個差別，造成稅前盈餘的差距。

當我看到其他企業的結算表，立刻就注意到這件事。有件事可以確定，同樣的業種通常都使用同樣的原料，所以製造的成本都很接近。那些能夠用特別便宜的價格買到材料的企業另當別論，一般的情況來說都很接近。不過有關廣告宣傳、交際費等銷售費用，就會依據不同的方法輕易地出現二、三％的差距。因此我就考慮到，首先要著手控制銷售費用，這就是能否提高獲利率的關鍵因素。

再者，我也很用心地抑制管理費用。因為那時我們還是很小的公司，所以我自封為「負責技術的業務經理」。事實上，我每天早上起來就到會客室做清掃工作，有時也會清掃廁所，一人擔任很多種職務。因為如果多僱用一個人，經費就會因此增加。但是如果公司員工都分工做雜務，就可以減少管理費的支出。

當時的京瓷就用這種做法，徹底努力地削減管理費。

## 要「把經費縮到極小」，就要細分經費的項目

話說，「把營業額擴到極大」就是為了讓客戶購買自家商品，拚命推銷。重點只此一點，別無他法。

由於京瓷的產品是各種工業用的零件，因此無法做出一般消費者期待的商品。當然，也無法因為做了廣告宣傳，就立刻大量銷售出去。所以，我們最多只能用雙腳頻頻造訪客戶，耐心地對他們解說我們製造的陶瓷零件多麼優異，然後不斷地重複努力。也就是說，如果要擴大營業額，除了努力做業務之外，別無良策。

因此，經營的樂趣其實在於「把經費縮到極小」。依據不同的對應策略，公司的獲利率就可能出現很大的差距。

我們想盡各種辦法要把經費縮到極小，其中一項就是細分經費項目。我把損益表上

的經費項目，分得比一般會計學上使用的項目更細。

京瓷有原料部門。我們把這個部門調和好的原料，交給成形部門。成型部門製作出陶瓷的形狀，然後送到燒結部門。在這個部門的爐中進行燒製後，再送到下一個部門。就這樣，依照順序進行工程。在這個前提下，看成本的時候，例如想調查電費成本，一般都只能做到全工廠一起計算。但是，這樣一來就無法區分電費是原料部門使用的電費、成形部門使用的電費、燒結部門使用的電費、或者是下一個檢查工程使用的電費。燒結陶瓷的窯是電爐，用電量非常大，到底燒結時會用掉多少電費，也無法掌握。

在此狀態下，無論喊多大聲的「節省經費」，到底要減哪些費用、從哪裡減、如何減，大家都不是很清楚。就算交代員工要「減少電費和水費的支出」，站在員工的立場，到底誰應該做什麼？根本無法具體領會。因此，雖然花了一點費用，我們在原料部門、成形部門、燒結部門等各個部門都裝了電表。這樣一來，哪個部門用了多少電就一目了然。如此一來，我就可以提出指責：「就因為你們讓烤爐一直開著不關，所以這個月的電費比上個月高。請你更細心地管理你的電爐！」

為了削減經費，我這個總經理在午休時間就會到工廠內巡視，沿途把那些開著沒關的辦公室、廁所的燈都關掉。我這樣做，或許有助於員工提升節約用電的意識。不過如果真的要達到節約的效果，只是這樣私下關掉電源還不夠，必須用具体的事實指出哪個部門多用了多少電、造成多少損失等。不能只是列出電費，然後就漠視不顧。只要任何時間、任何地點發生損失，就要到現場確認，並且讓負責人解釋原因。針對電力、天然氣的用量削減策略，都要做出必要的處理才行。

我經常拿著細分項目的損益表到工廠各處巡視，然後指責員工：「原來是你們的部門這裡有問題。」也就是說，聲明「請削減經費支出」的同時，也要讓他們知道「問題出在這裡」。做到讓現場員工看得見，讓負責人能具體地留意到問題。用細分經費項目對照著看，可以說是把經費縮到極小的秘訣，也是經營的重點。

## ◎每天計算損益

所謂的經營，並不是到了每個月底看著損益表進行工作。

每筆微小數字的累積，累計每天的營業額和經費，才會有每個月的損益表。因此，應該每天都抱持做損益計算的意識面對經營。不去看每天的經營數字而從事經營活動，就好像不看儀表板上的數據開飛機一樣。這樣一來，就無法知道飛機會飛往何處、會在何處著陸。同樣的，如果每天都不去留意經營，絕對不可能達成目標。

損益表就是每個人、每天的生活累積的結果。此事絕對不可忘記。

京瓷公司按月計算損益，依照每個月的數字檢視經營。正因為如此，才需要了解每天的損益，這就是我想解說的真意。

經營時，必須能夠充分掌握上個月的數字，清楚了解上個月的營業額有多少、經費是多少、利益是多少等等。在此前提下，再提出這個月要如何改善這些數字。如果不以前一個月的數字當基礎，是無法建立經營的。

因為每半年才讓會計、財務部門做結算，這時才能看到公司到底是賺錢或虧損。只有這種程度的做法，不能算是真正的經營。

## 每個月的結算，自截止日起，十日之內做出

為了能夠依據前一個月的經營資訊作基礎，進行這個月的經營，一定得在月底準時地結算營業額和使用經費。再怎麼延遲，至少得在次月的第一週結束前，提出實際的經營成績。再不然也應該在十天之內做好吧！假如前一個月的結果要花十天的時間才能知道，那麼想要針對上個月的缺失做出反應對策，到採取實際行動，也已經晚了十天了。

為避免太遲，可以將每天應該集結的傳票，在每個月底準時收齊。如果公司內部沒有會計部門，可以拿給會計師事務所，要求他們「這個月的結算，希望〇〇日做出結果」，只要把營業額的傳票先送過去就行。然後再把統計好的經費、人事費、以及轉帳的總支出帳交給會計師事務所，他們就可以立刻統計結果。如果做好這些準備，最慢應該也可以在十天以內做出前一個月的結算表。

但是，過去盛和塾學員們的企業，幾乎都無法在次月的前十日前提出結算表。即便

他們都理解這些資料可以活用於下一個月的經營。他們的理由是，立刻做結算要花費很多勞力，但是京瓷從成立以來就一直維持這樣的模式。從創立公司至今四十年，就算年營業額已經達到七千億的規模，還是有系統可以準確地遵行。

事實上，現在的京瓷也還是一樣，用上個月的結算表做這個月的經營。當我看到上個月的損益表，就能一目了然「上個月這項經費突然增加，所以利潤減少了」，於是交代這個月只要減少這項經費就行。因此可以立即採取對策，改善收益能力。

## 經營者的意志創造利潤

在此，我要說明如何「創造利潤」。所謂的創造利潤，乍聽之下好像是粉飾決算的手法，其實指的是「利潤可以用自己的意志創造」。

利潤本來可以說是拚命努力經營事業活動的結果，是自己產生出來的東西。既然如此，為何我敢大膽地說「創造」呢？

所謂的經營，就是得追趕每天的變動。但是這樣很容易變成一味地努力工作，然後結束一天。其努力的結果將會出現利潤，我也能理解經營者非常拚命努力地在工作。但是，如果利潤只是成果的數字，就無法從利潤裡面傳達出經營者的意志。

所謂的經營，是依據經營者的意志進行的。例如一位豆腐店的老闆，至今為止每天早上都做五十盤豆腐，但他突然興起，「今天努力一點做六十盤吧！為了這樣早起一個小時來做吧！」於是憑著自己的意志，創造更高的一天的營業額。接著，為了儘量壓低經費，他把到目前為止用手工擠壓豆漿的方法改了，「使用虎鉗可以更用力絞緊，這樣就可以多做出一點豆腐，大豆的用量就能減少一點了」。

就這種做法來看，利潤其實是可以創造的。利潤絕對不是胡亂編出來、沒有意義的數字。無論是增加營業額或是抑制經費，靠經營者的意志就有可能做到。

既然要從事經營，這件事就非常重要。如果遇到「上個月的結算狀況非常差，根本沒有利潤」的情況，就是經營者本身造成的。「奇怪，我已經很努力了，為何會變成這樣呢？」這樣的回答並不合理。所謂的利潤，無論好壞，全都代表經營者的意志。面對擺在眼前的數字，經營者對自己的表現根本沒有辯解的餘地。

## ◎貫徹健全資產的原則

京瓷非常嚴格避免發生不良資產。只在必要的時刻購買必要的東西，製作必要的產品，這是我們的原則。因為，購買多餘的材料或是製作多餘的產品，都會發生不良的庫存，浪費經費。

問題是，萬一還是發生不良資產，就要馬上處理它們。雖然可能造成一時的損失，還是不能被眼前的數字影響，必須拿出勇氣處理不良資產才行。如果放著問題不處理，以後就會造成更大的損失。

經營企業必須保持健全的資產狀態。

剛創業時，京瓷的產品是工業用的陶瓷零件。換句話說，所有的產品都是依訂單生產。也就是說，我們去拜訪大型電機廠商時，要用話語取得特殊產品的訂單：「我們用這種技術在做這種陶瓷材料。有沒有什麼工作可以讓我們為您效勞？」

客人會回答：「我們公司也正在考慮使用這種絕緣材料。研究部門正在探討是否有可能製作這樣的東西。跟我來，我介紹研究人員給你。」

到了研究單位，那位研究員說：「來得正是時候。事實上我正想製作這類產品，正在尋找這種絕緣材料。你們公司可以做嗎？我要這種功能、這種形狀的東西。」然後我回答：「如果是這樣的零件，我們可以製作。」結果，他就少量訂製幾個樣品。沒多久，我帶著辛苦完成的樣品前往。「非常好。這種產品未來要量產，這種零件也會大量需要，先快速做一千個給我吧！」類似的情況一直累積下來，才有今天的局面。

因為是依照研究人員給的設計圖生產，帶去的東西當然會被採用。所以，京瓷從創業開始就做到有獲利的經營。

## 展開「公司資產瘦身理論」

就這樣，經營公司大約兩年之後，稅務署的官員就來進行稅務調查了。

因為陶瓷產品是用高溫的窯爐燒結而成，再怎麼努力還是會有燒結時的耗損，產生瑕疵品。當時我們因為考慮到良品率的問題，因此當客戶訂製一千個時，我們會把瑕疵品也計算進去，總共做一千三百個，然後從中選出一千個良品出貨。問題是，原本預計會有三百個瑕疵品，最後只有一百個是瑕疵品。也就是說，良品有一千兩百個。因為只出了一千個，所以會剩下兩百個良品。如果有客戶追加相同的產品，那兩百個就可以立刻派上用場，因此就先存進倉庫當中。也因此，公司內都會存有這樣的良品。然而，這卻成了稅務調查時的問題。

在倉庫裡看到很多沒出貨的良品，稅務署的官員當然會問：「這是什麼？」

「這是某位客戶訂製的東西，因為多做了些，所以剩下來。」這麼一回答，稅務署的人接著說：

「那就是庫存囉。賣價多少呢？」

一邊說一邊看傳票。

「這一個要賣一百日圓呢！這裡有多少個？確實做出庫存的估價，我們要進行課稅。」

他這麼說。

「請等一下。之前客戶訂做一千個之後就再也沒有下單了，這些到底能不能賣出去還不知道啊！因為我們想說，如果有相同的訂單，這些就可以接著使用。捨不得丟棄所以留著。」

「因為可能會賣出，所以才會留著吧？那就是資產了！所以這部分要課稅。」

那時，我提出了「公司資產瘦身論」。「這種貨品是特別訂製的，沒有其他利用價值。如果訂製的客戶沒有下單，就沒有用了。如果是糖果，用便宜的價格或許還可以賣出去，這種產品是訂製的，所以對客戶以外的人根本沒有利用價值。換句話說，就只是像石頭般的東西。因此，假如以後能賣出去，我們就會繳稅。目前請先用零圓來估價，我完全沒有欺瞞您的意思。」

但是，稅務官員執意：「這是良品的庫存。」不論我解釋多少次「沒賣出去就是石頭」，對方就是不聽。更何況，那些東西不僅只是一次的訂單，而是好幾次訂單的庫存。當時約有兩百筆上下的訂單，在稅務官員的眼中，更加認為這就是公司的資產。

「現在雖然訂單一時中斷，如果訂單再來就能賣出去吧！」

「不，試用這個產品的工作已經結束，客戶也說過他不要了。」

「既然如此，為何還保管著？如果沒有必要就可以丟棄啊！」

「丟掉太可惜了。再說萬一如果訂單來了，從頭開始做是很困難的事！」

「既然具有這樣的價值，就是很偉大的資產了。請繳稅金！」

被他回嗆一句，我感到非常困擾。即使如此，最初我還覺得可惜，想要繳了稅把它們留下來。

問題是，深入考慮之後，我發現如果連是否能賣出去都沒有把握的東西也成了資產，那麼資產負債表上也要列出商品庫存，最後還要被當成所得，還要被扣稅。

事實上，只是像「石頭」的東西將來能否賣出去誰也不知道，卻必須繳納稅金。此外，連這樣的東西也算是資產，怎麼看都覺得不是很健全的做法。於是，當時我決定，把所有不需要的東西都丟掉。

## 廢棄不良資產，只保留健全資產

除了良品的庫存，京瓷也曾經為了該不該把用來讓陶瓷材料成形的模具列為資產，跟稅務署產生爭執。

當我們接獲試作陶瓷零件的訂單時，就算只做五百個，也需要很精密的模具。問題是，畢竟只是試作，有可能做完五百個就結束了。如果由京瓷負擔模具的製作費，之後又沒有訂單，對公司是很嚴重的事。如果模具的費用由客戶支付，京瓷就沒有負擔。

由於這類的模具都是非常高價的東西，所以完成試作品之後，也會為了之後的訂單而妥善保存。問題是，因為一直有新的試作品，公司裡面也因此累積愈來愈多、不知何時還會用到的模具。

在會計上，模具被列為固定資產的項目，因此確定會分期折舊。問題是，就算是模具，做完五百個零件後就完成製作的任務了。換句話說，就是使用完畢的東西。從客戶那裡取得費用後，那些只不過是眼前放在倉庫角落的物件而已。

但是，稅務署的官員卻說：

「有很多模具呢！製作這些模具花了多少錢呢？這些都是非常漂亮的模具，也要算是資產。請根據法定的年數，計算折舊。」

說著說著，稅務署也想針對模具課稅。

的確，這些沒有繼續使用的模具，外觀看起來真的是又氣派、精密度又高。問題是，不知道何時才會再使用。如果從此不再使用，即使第一年先做出幾成的折舊，之後就會變成資產，每年都得納稅了。

無論我如何解釋：「這只是試作的模具，我的客戶已經不需要，以後也不會有訂單了。因此，這些模具根本沒有價值。」稅務官員只回答：「這樣的話就該作廢。當作廢棄物處理，就不算是資產了。」

問題是，對我而言，那些畢竟還是可以使用的模具，心中因此有所抵抗。加上考慮到：「或許還會有人來試作三、五個，那時要重做一個模具很麻煩，還是留著吧！」所以還是留著。就這樣，到底要留下來還是毀掉拋棄，這件事曾經讓我感到相當迷惑。

問題是，也有經營者無法思考這類問題，所以一切委託會計部門或外界的會計師處理。也因此，「這些是你拚命努力的結果，這就是結算。因為你有這麼多利益，所以必須繳這麼多稅。」當他們被告知繳稅時，因為完全不了解會計事務，只好依照被告知的金額如實繳稅了。

法律上，將那一類的物品稱為庫存，有詳細的規定。問題是，也有公司把實際上已經用不到的備用品與商品等，將本來不能稱為資產的東西當成資產處理。乍見之下是個很賺錢的公司，但是，萬一要變現卻賣不了錢。也就是說，存了不能變現的不良庫存、不良資產，各地的企業往往都有這樣的情況。

我想，大家應該也有相同的想法。就算想賣，如果是已經放在倉庫裡兩、三年的商品，大概也只能論斤秤兩賣出吧！針對這樣的不良庫存或不良資產，經營者應該要親自去清理，儘量把不需要的東西丟棄才行。

這種「丟棄」的動作，好像很多經營者都在做。問題是，到底要在何時丟棄呢？要選在利潤出現的時候丟。因為一旦有利潤出現，就得繳稅。因此，能儘量減少不良庫存，就要不斷地丟。但是，如果結算時沒有利益，萬一丟掉這些會變成赤字經營，那就「不可以丟」。如此這般，經營者要配合自己的利益選擇「丟棄」或「保留」庫存，藉以調整結算的數字！

就此部分而言，最重要的並不是依據自己的利潤決定是否丟棄不良資產。不管有沒有利潤，本來就應該時常只保留健全的資產才對！能夠持續這樣的健全經營，就算遇到經濟不景氣，財務上還是會有緩和的餘地。例如，就算利潤只剩下三％，只擁有健全資產的三％與抱持不良資產的三％還是有天壤之別！在不景氣的時候，這樣的差距會造成很大的不同呢！

## 正確掌握金錢的流動

為了讓員工了解，在會計上要如何處理不知道今後會不會用到的模具，我舉了以下的例子說明。

最簡單的買賣，最容易了解的就是叫賣香蕉的景象了。一個沒有財產的貧窮老爹，因為街坊舉行祭典活動，就想著：「好吧！今天就把手上的現金，拿去開間小店賺錢吧！」他走到附近的市場花了五千日圓買香蕉，然後前往舉行祭典的神社附近。

負責攤位管理的人說，萬一要賣香蕉，就這樣擺在地面上實在很麻煩。因此他打算用裝橘子的空箱子，在上面鋪滿報紙後再放上香蕉來賣。於是，他跑到附近的蔬果店去找箱子。

「可以給我空紙箱嗎？」向店家拜託時，蔬果店的老闆打量了一下這個男人，心想平常連丟紙箱都嫌麻煩，「這傢伙好像很想要呢！」看著他踩在地上的腳跟，開口便說：「三百日圓。」沒辦法，老爹付了三百日圓買下紙箱。

總算開始賣香蕉了。敲著紙箱喊著：「來啊！來啊！」不這樣喊就沒有氣氛。

為了引來人潮，連旁邊的棍子都拿來揮舞了。但是，香蕉放在紙箱與報紙上，看起來沒賣相，不像能賣出去的樣子。於是他考慮買條布巾鋪在上面，再排上香蕉，因此跑去買布了。原本開價一千日圓的布巾，他殺價後以五百日圓買了下來。再把香蕉並排上去，終於開始賣香蕉了。

那天，花了五千日圓買來的香蕉總算賣完了，營業額為七千日圓。老爹想說賺了兩千日圓，今天很棒哪！心情很好，所以花了五百日圓去吃牛肉飯。

第二天，稅務署的官員找上門來：「你昨天賺了兩千日圓，利潤的一半、一千日圓拿出來繳稅！」老爹回說：「雖然我花五千日圓進貨，賣了七千日圓，表面上賺了兩千日圓，但是還有花掉別的資金。買紙箱花了三百日圓、布巾花了五百日圓，就是八百日圓了。所以，我實際才賺一千兩百日圓。雖然有賺一千兩百日圓，我知道應該要繳稅……。」

不過，稅務官員回道：「紙箱和布巾今天叫賣時還會用到吧！那是做生意用的工具，算是資產喔！」

老爹想著：「紙箱遲早會丟掉，布巾也已經破爛不堪、不敷使用了……。」稅務官員說：「雖然你說你只賺了一千兩百日圓，但是會計上你卻賺了兩千日圓，這就是社會遵行的原則！」雖然內心抱有不平，老爹什麼也無法反駁。

一般不了解會計的人，聽到「因為你賺了兩千日圓，所以一半的一千日圓是該繳的稅金」，就會點頭說：「喔！是這樣啊！」然後就誠實地繳出一千日圓的稅金。老爹的情況是，如果繳了一千日圓，那扣除工具費八百日圓，他只賺了兩百日圓。但是，他昨天還吃了五百日圓的牛肉飯，事實上他還虧了三百日圓。結果算下來他根本什麼也沒賺到。

像這樣，根本不懂會計而在做生意的人實在很多。

透過現在所說的實例，請務必理解一件事。為了實現現金流量的經營，最重要的就是要確實掌握金錢的實際流向。

### 「要用才買」好處多多

就京瓷而言，材料到必需時才採購，這是公司的原則。

古時候的貧窮家庭，都只能張羅一天的生活。主人拚命工作一天，領到日薪後才去買當天要吃的米。因為沒有儲糧，無法一次買一斗（十升，約等於十八公升），因此就買一升米，然後也買適量的味噌和醬油。隨當日的需要買一點點，這就是古時候貧窮人家典型的生活。

我在京瓷也一樣，要他們採行貧窮人家的做法，把「只採購現在需要的量」當成原則。

一般企業，在經濟稍微寬裕時就會儘量採買材料，想用便宜的價格購買。這也是一般人購物時的常識吧！但是京瓷卻剛好相反，執守「只買要用的份量」的原則。這樣做的結果，無論如何都會買到高的價格。「為何要做這種傻事呢？」大家都問我。為了讓大家了解我真實的心意，我用自己母親的實例跟大家說明。

第二次世界大戰之前，在我還是小學生的時候，我的父親開了一家員工大約有十個人的印刷工廠。

那時候，經常有從父親出生地的鄉下來的村民，推著兩輪車、擔著扁擔，帶著地瓜、蔬菜等農產品到鹿兒島市內來賣。賣不完的東西如果要帶回村子很沉重，大概都會找個認識的人家寄放。我們家也有父親以前居住地的村民經常過來，「請借我放一下喔！」母親眼見村民整天擔著貨物做生意，想說回去之前一定很疲倦、肚子也餓了，就在走廊請他們喝茶吃點心，表示慰勞。此時，這些村民一定會說：「這些是賣剩的，就便宜一點賣給妳吧！」將剩下的蔬菜留下就走了。那時母親心想：「一定是對他們很親切的關係，所以他們便宜賣給我。」所以非常高興。因為我們家有員工，家裡也需要很多食物，所以母親覺得自己做了很好的事。

有一天晚上吃晚餐的時候，母親對父親說：「今天村裡的人又過來了。因為地瓜賣不完所以便宜買下來，真好！」當時我也覺得很好，所以看了一下父親的臉色。沒想到父親非常不高興，大喊了一聲：「又來了，笨蛋！」我幼小的心靈當時覺得，因為我們對人親切，所以才能便宜買到，講一句「很好啊！」不是很好？我不知道為何父親會罵出「笨蛋」這樣的話？因為被父親罵了，母親的心情變得很不好，氣得臉都漲紅起來了。

從那以後，我就一直思考為何父親會生氣。直到某個時刻，我終於了解原因了。那天，我從學校放學回家，看到母親在院子裡一邊嚷著：「不好啦！」一邊挖著地面。一看，原來是以前向村民買來的地瓜。母親將地瓜埋在院子的地下保存，挖出來看時卻發現地瓜都腐爛受傷了，因此她很慌亂地將地瓜挖了出來。

母親把爛的地方切掉，然後把變小的地瓜蒸熟放在盤子裡：「去叫你的朋友們來吃！」因為我那時候是孩子王，於是擺出很好的架式大喊：「吃地瓜囉！」把朋友都找來吃地瓜。看著我的朋友們吃飽後高興地回家去，母親覺得自己做了好事，心情很高興。

就在那時，我忽然想到：「啊！我知道那時候為何父親會生氣了。」父親在工廠勞動一整天，母親從來沒有去現場看過。但是，只要聽到自己的老婆說「便宜買了」，父親直覺上認為，母親又浪費錢財亂買東西了。因此父親才會說：「笨蛋！」

就母親的立場來看，「面對你的親戚朋友，我那麼親切地買他們的東西，你卻對我抱怨……。」所以她生氣了。問題是，父親也沒抓到任何證據，只是察覺大概是這樣，所以就發怒了。我認為父親可能想：「對人親切是沒錯，但是妳到底要浪費多少錢才會甘心呢？」

我看到這樣的景象，心想：「原來如此，當初想著大量購買或許比較便宜，誰曉得代價卻如此高呢？」

一般人會認為要用時才買，價格較高、違反常識吧！其實這樣才是合理的採購方式！

理由在於，因為當下採買價格比較高，因此只買必要的量。人類是一種很有趣的動物，如果需要的東西數量有限，無論什麼東西都會很細心、謹慎地使用。但是如果倉庫裡堆積如山、數量很多，不管任何東西都容易胡亂使用。也就是說，像我母親那樣買了一堆地瓜，結果放到爛掉，產生跟自己的設想完全相反的現象。

例如，組裝一千個產品時，如果只有一千零五個螺絲或螺栓等零件，那麼就算是掉了一根螺絲，也一定會設法找出來，相反的，如果螺絲多到堆積如山，那麼少了一、兩個也不會在意。想要大量採購比較便宜，結果卻產生很多損失，根本沒佔到便宜。因此我覺得，當下採購才有利益可言。

此外，只買必需的量，就不需要倉庫，因此也不需要倉管人員。更好的是，因為沒有庫存，所以沒有庫存利息壓力。

在京瓷，至今仍沿用這種「當下才採購」的原則。在經營上，這具有非常大的利益。

## 把能力看成未來進行式

設立新目標時，非得大膽訂出超過自己能力以上的目標不可。決意將眼前怎麼也做不到的超高目標，變成未來要達成的重點。接著把大家的目標集合在這個重點上，想盡辦法，把眼前的能力提高到可以對應新的目標為止。

大家的情況都是依據現在擁有的能力，判別會做或不會做。問題是，這樣就無法達成新的、或者更高的目標。

唯有「無論如何都要完成現在做不到的事」，抱持這樣的想法出發，才有可能達到更高的目標。

「把能力看成未來進行式」，正好可以對應「京瓷哲學」中「追求人的無限可能性」。我想，把「追求人的無限可能性」換成這樣的說法也行：「相信自己有無限的能力！」

這句「把能力看成未來進行式」也代表著「自己具有無限的可能」，對企業家、經營者、未來想要獲得大成就的人而言，具有非常重要的意義！

在此我想說明：「人類面對未來時，能力也會不斷地伸展。請以這為前提，然後去設計自己的人生。」

問題是，大家就算聽到了，也只會簡單地回答一句：「那太勉強了，我做不到。」那是因為他們只就眼前的能力，斷定自己行還是不行。

事實並非如此。人類的能力在面對未來時還會往前成長、進步。因此如果從幾年之後來看，眼前做不到的事，那時都是做得到的。再者，如果不相信自己做得來，人類就不會進步。所謂的人類，無論站在哪個點上，都可以由此往前進步。這是神創造給我們的長處。也因此我才會強調：「把能力看成未來進行式。」

因此，不要說：「我沒學過，也沒有這方面的素養，也沒有技術，所以我不會做。」即便從現在開始，也要好好努力。從現在開始學習，就能培養出面對未來的優秀能力。所謂人類的能力，是可以無限發展的。

我想，世界上應該沒有那種想要放棄人生，只想維持現狀過完一生的人。在內心的某個角落，雖然想著自己也要努力過美好的人生，但是遇到難題時，就會脫口而出「我做不到」的話。千萬不可以如此。即便遇到非常困難的事，還是要想著自己可以克服，相信努力去做就能成功，必須要相信自己。

如果只就眼前的能力評價自己，不是太慘了嗎？請停止用自己現在擁有的能力評價自己！請相信未來能力還會繼續發展，然後向前努力吧！這就是所謂的「把能力看成未來進行式」。

## 首先要相信能力會進步

前面曾稍微解說，在我的腦裡浮出這句「把能力看成未來進行式」，是在我創業時。

當我出去賣陶瓷絕緣材料時，大型電機廠商的研究人員口中所提出的期待產品，通常都是特別難製造的東西。問題是，當時我們也只能接到這種試作的訂單。

當時，名古屋有很多大型的陶瓷公司。從早期開始就製造陶瓷器具的公司，也兼做陶瓷材料。因此，對剛成立的小企業京瓷而言，當然拿不到那些名古屋陶瓷大廠已經拿走的訂單。會跟我們談的，都是那些大廠婉拒接單的零件：「不，這太困難，我們無法做。」對方的研究人員一面攤開那些很難做的東西，一邊問：「你們公司能做這種東西嗎？」情況就是這樣。我們無論資本與技術、能耐都跟大企業有天壤之別，商談的卻淨是大企業拒絕做的困難工作。

當下如果回答：「不，那個太困難。」就沒有生意可接了。既沒有資金又欠缺技術力的小型企業，在商談時如果說出「無法做」這樣的話，是難以存活的。如果不想辦法，公司就沒辦法生存。所以我只好勉強回答：「我會想辦法的！看看做出來的情況如何，或許可行。」聽我這麼一說，對方的研究人員會回答：「如果是或許，那就不用做了。」因此，我不得不再加把勁、鼓起勇氣說：「沒問題，我能做。」

只有一條路可選，無論如何都要拿到訂單。於是我連解決方法都還沒想到，就說出「我可以做」，拿下試作訂單。此外，我們還煞有介事地做出「三個月後會交出試作品」的約定。

回到公司，我對著人數稀少的幾個研究人員說：「我跟他們談了許多，終於在『我能做』的回答下拿到訂單了。我想從現在開始努力，在三個月內交貨。雖然目前我們還沒做過這種產品，但如果採用這種方法，應該可以成功。我們趕快來做實驗吧！」一說完，大家齊口同聲地回我一句：「稻盛先生，那是做不到的啊。」

事實上，過去也真的沒做過如此困難的工作。以當時京瓷的技術能力，就算被說很難達成也是沒辦法的事。問題是，如果當時我承認無法達成，公司根本就沒有立足的餘地。為了讓研究人員同意，我才說出「我們要將自己的能力看成未來進行式」這樣的話。我自己也知道，以現在的能力是做不到。問題是，三個月之內，我們的能力應該會隨著不斷的實驗而進步才對。我是這麼認為的。

## 「說謊只是權宜之計」

周遭的人就此問題調侃我：「稻盛先生，還沒能力做的東西，您經常會用『我能做』來拿到訂單呢！」這句話很刺耳，聽起來好像在譴責我做了什麼詭辯、或者靠說謊取得訂單一樣。

這樣讓人聽到可不好，如果放著不管，萬一哪天被抓住小尾巴，一定會造成誤會。我一定得設法讓他們了解我的心情，讓他們伸出援手幫助我。因此我這麼說：

「我並沒有說謊。根據我們目前的能力，未來是可能做得到的。如果到了約定的日期我們沒有完成試作品，那我算是『說謊』。問題是，如果到那時候我把試作品做出來了，我就不是說謊。因此，這不能說是說謊，而是『權宜之計』。」

釋迦牟尼佛也說過，對於不明白道理的朋友，講出並非事實的話以方便解說，並不是說謊。

既然說出「三個月之後會帶試作品過來」，萬一做不到而被指責「你說謊」，那是沒有辦法的事，只能回答「誠心感到抱歉」這種謝罪的話，然後說明之前的話是為了權宜之計。對當時的幹部而言，我會讓這句話變成謊言或真實，三個月後答案就會出現。所以我說，在這段時間內我們得拚命努力、設法完成試作品。

在完成試作品之前，每天就像在走鋼絲一樣，真的是卯上生命危險、不斷重複地做非常困難的實驗與討論。當時唯一可信的就是「把自己的能力看成未來進行式」這句話。無論如何，正因為我們清楚知道現在的能力根本做不到，所以只能把這句話當成能支持我們做下去的唯一救命繩。

## 正因為用未來進行式掌握能力，才有進步與發展

例如，有一個既沒有錢、也沒有技術的人，他調度到一億日圓的資金，考慮在一年之後展開某項事業。就算他再三研擬構想，有這樣的技術、這樣的人才，打算實現這樣的事業，但是就眼前而言，也只是夢話而已。不過，他如果花了一年時間，說服金融機構、相關人士，也準備了一億日圓的資金，並能磨練自己身為經營者的能力達到應有的水準，那個夢就不再是夢了。

再者，如果有大學等機構的優秀研究者，或者遭公司解雇而離開的中高年技術人才被介紹進來，就算自己沒有相同的技術，或許還是可以把這項企畫發展成事業。

就這樣，想盡辦法也要讓夢想實現、不斷努力，一定會開拓出一條道路。因此，我從沒有錢、沒有技術、什麼也沒有的時候開始，就用未來進行式掌握自己的能力，以此為武器，一直推展工作到現在。直到現在我們成為營業額達到約七千億日圓、稅前獲利率超過一〇%的企業集團，但是，我們將其視為一項財產，一直做到現在。

這並非尋常的一句話，但是，對研究人員而言應該具有重要的意義。換句話說，只有能夠做到「用未來進行式掌握能力」的研究人員，才能夠獲得優異的研究成果。

在大型企業等機構中，經常建構專案團隊來從事各種研究，我認為，絕不可以讓不相信這句話的人加入團隊當中。無法成功的專案團隊，一定是成員當中有人不了解這句話的意義、或不相信這句話。這樣的案例非常多。

不單是一個企業的發展，可以說整個人類的進步、發展都可以依這句話決定。大家絕對不要看輕自己的能力，要相信自己內在藏有非常高的可能性，就算是眾人都覺得困難的工作，也希望你不要放棄、努力貫徹到底。

## ◉讓所有人徹底了解目標

為了達成目標，就一定要讓全體員工通盤理解該目標才行。也就是說，必須讓全員共享目標，每個人把目標當成自己擁有的東西。

無論是業務或製造部門，都要把當月的數字如「營業額」、「生產總值」、「淨銷售額」、「每小時計量」等數字都確實地裝進腦海裡。必須做到詢問職場裡的任何一個人，都可以立刻作答才行。

**在京瓷的「阿米巴經營」與「每小時核算利潤」制度中，若是能讓全體員工通盤理解目標，透過共享目標來提高每個人的參與企劃的意識，這就是讓大家團結、朝同個目標邁進的能量。**

這個「讓所有人徹底了解目標」的項目，也是在京瓷剛創業時統整的概念，是從我無論無何都想把所有員工的力量集結起來的想法中產生的。一般情況，就算經營者將自己的想法告訴幹部，也很少會傳達到一般員工耳中。可能是因為當時公司還很小，我為了得到許多人協助，就算只有多一個人也好，而打算告訴全體員工。

原因就在於公司愈小，愈有必要讓末端的員工也一起幫忙。

如果包含末端員工在內的所有職員都持有跟經營者相同的想法，應該就可以集結全體的力量。基於這種考量，我從創業時期開始就一直非常重視「要讓所有員工徹底了解目標」。

這種思維與「京瓷哲學」裡包含的「公開透明的經營」項目有關。在京瓷裡，由結算內容開始，所有的資訊都是公開的。也就是說，不只是讓大家通盤知道目標，也分享現狀和結果讓所有的員工知道，這就是京瓷的做法。

這種做法的效果是，可以推展透明度高的經營，所有的員工可以擁有經營者的思維。也就是說，經營者的意識可以在每一個員工身上萌芽。

在過去的中小企業當中，經營群與員工之間會有代溝，因此經常發生工會的上層團體介入而發生爭論。當我在經營的第一線努力時，也有團體組織所謂的職業性工會運動，展開運動的團體，力量甚至可以滲透到中小企業中，以受他們庇護的工會型態形成組織。也會煽動沒有工會的公司說：「你們公司只有經營者過得舒服，勞工都是被壓榨的。」十分活潑地運作、強迫這些公司員工也組織工會。

企業的經營群總是說：「員工從來不了解經營者的辛苦吧！」另一方面，員工也不去考慮經營者的心情，只主張：「不管怎樣加薪就好，希望你們改善待遇。」因為這樣，對立根本沒有解決，雙方又不肯坦誠地商量，因此勞資關係就出現糾紛。

因為社會上這樣的事層出不窮，我才一直想讓勞資關係變成非對立、而是雙方都擁有經營意識的關係。勞資無法合為一體的經營，我認為主要是因為勞資雙方的立場相差太大，也不想去了解對方所導致的。

我認為，如果有員工可以站在跟經營者的我同樣的立場來思考經營，就可以超越一般所謂的勞資關係。為了達到這個目的，我也想讓全體員工都擁有經營者的胸襟。

也就是說，如果每個人都具有大家是在共同經營的意識，就不會產生勞資對立等問題。正因為如此，我才會倡導「讓所有人徹底了解目標」。我如果感到辛苦、煩惱，也會把一切原委告訴全體員工。我就這樣想著，然後經營到現在。

我一直認為，透過這種做法，讓全體員工都能夠參與經營工作，就是京瓷的勞資關係能圓滿運行的基礎。

# 第 4 章

# 為了推展每天的工作

## ◎提升盈虧計算意識

京瓷在各阿米巴經營單位實施「每小時核算利潤制度」！讓職場內每個人都清楚理解工作的成果。要讓每位員工都具有經營意識，就必須認真地思考，要怎麼做才能提高自己所屬的阿米巴組織「每小時」獲利，並且去實踐才行。

平時我們一直說，即使是一支鉛筆、一支迴紋針都要珍惜，就是這種想法。要將掉在地板上的原料、堆積在職場角落裡的不良品，看成如同金錢一樣，要做到這樣的程度，就必須提升我們的盈虧計算意識才行。

「提高每天的盈虧計算意識」，幹部就不用說了，我甚至對全體員工都持續這麼要求。這裡的「盈虧計算意識」與「成本意識」意思是一樣的。換言之，這就是我一直說要在工作時，請對所有事物都要秉持「成本意識」去從事工作。一提到「合乎利潤」，有人很容易就想成「得到利潤」，其實不是。而是經常「考慮到成本」這件事，才能成為提升盈虧計算的關鍵。

在工作時如果根本不去考慮成本、也就是原價，這樣是無法做好經營的。

例如，以在旅館的餐廳用餐為例子吧，當看到餐廳裡冷冷清清的，在好幾位侍者、女侍無事可做地到處站著。放眼望去，只有幾個客人吃著價格大約一千日圓到一千五百日圓的咖哩飯。這時像我這樣的人會在腦裡很快地核算該餐廳一天的營業額、員工的薪資等，然後想到「啊！這樣不合乎利潤呢！」經營者能否就自己正在經手的工作，在各種場合下、每一瞬間抱著成本意識去思考，還是漠然不關心地看著，兩者的經營結果會出現很大的差距。身為經營者，不可以這樣毫不在意地過日子，無論任何時間，都應該意識到成本才行。

若要更具體地解說，就像在公司裡把某件工作交代給秘書。但是這位秘書的工作技巧很差，明明只是把整理成一張紙的內容輸入電腦後再拿給我，卻得花半個工作天。

最近的大學畢業生起薪大約是二十萬日圓吧！我想，就算是中小企業，包含加班費的人事費用，平均每個月也都要支付每位員工三十萬日圓左右吧。如果連獎金也算進去，平均大約是四十萬日圓。如果每個月的工作天數為二十天，平均一人一天的人事費大約為兩萬日圓。一天的上班時間以八小時計算，每小時為兩千五百日圓。再除以十，每六分鐘為兩百五十日圓。也就是說，就像計程車的計費表一樣，每六分鐘就得花費兩百五十日圓。

想到這裡，只是閒晃走過的員工就會顯得很礙眼。兩百五十日圓請他這邊走走、那邊晃晃，看到什麼事也不做、就只是到處閒晃的人，真是叫人無法忍受。

或許因為我是經營者才會那樣想吧！不過我一定會對員工說：「你的工資每六分鐘是兩百五十日圓。所以六分鐘內如果沒有創造出高過這個金額的價值，公司就會虧本。」如果員工意識到這件事，他們就會覺得萬一誤失一小時的工作時間，就會設法在下一個小時賺回五千日圓，不，甚至是一萬日圓來彌補才對！

「你今天早上一直呆坐著沒做事吧！那你已經浪費掉一萬日圓了。」如果經營者直接對員工這樣說，會讓人感覺很嚴厲、不留情面，或許會引起員工的反彈。問題是，如果員工能夠自動自發地想：「回想一下，我今天上午一直沒專心呢！因此讓公司損失了一萬日圓。」公司的經營一定會愈做愈好才對。

也就是說，這個項目要傳達的是，必須讓全體員工經常意識到：「現在我在這裡做的事，究竟要花費公司多少成本？」。因為只有經營者具有這種意識，無法沉默地看著員工的作為，就會生氣並遷怒周遭的人，但是這樣只會造成反效果，一點也不能朝提升盈虧計算的方向前進。另一方面，如果員工具有跟經營者一樣的概念，就會領會經營者說的「如果做這件事，不合乎利潤吧？」並且跟從。如果大家經常抱持成本意識，就可以減輕經營者的辛勞吧。

這樣的意識，不僅是在企業，在旅館裡的餐廳、拉麵店時，也會在腦中立即開始試算「這裡的生意做得好嗎？」必須做到這種程度才行。如果能養成這種習慣，自己要創立新事業時，就能合乎利潤；或者說，只要稍微計算一下，就會了解某種事業也許誰來做都很難成功。無論在工作或玩樂時，都要經常發揮成本意識觀察事物，如此一來，生意機會也會一下子大幅擴展。

讓員工抱持這樣的成本意識，不斷教育他們。這樣一來，如果能多培養出一位對成本敏感的員工，就會影響公司，改善公司的盈虧。

## 培養成本意識，從知道一顆螺絲、一顆螺帽的單價開始

公司規模還很小的時候，我經常到工作現場巡視。有一天，突然看到大約一公斤的原料散落在地板上，我感覺好像被刀砍到一樣，立刻把員工召集過來，大罵：「為什麼讓原料這樣撒出來？」

的確，在組裝工廠等現場，大家非常拚命地工作，因此也有可能不小心把螺絲或螺帽掉落在地板上。但因為在流動的生產線上作業，所以無法一個一個撿回來，只能任這些材料散落在地上，繼續進行生產線組裝的工作。期間如果有人不小心踩到地上的螺絲或螺帽，這些材料便會損壞而無法使用。因此我一看到這些材料大量散落在地上，就會想：「這樣子不合乎利潤。」

因此，我在製造現場看到螺絲掉在地上時，就會問：「這裡有螺絲掉了，這一顆值多少錢知道嗎？」大體上，員工都給我「為什麼會問這種事」的表情，然後回答「不知道」，打工的女性也不知道，於是我必須告訴他們「這個是多少錢」。

也就是說，所謂的盈虧計算意識，是從知道一顆螺絲、一顆螺帽到底價值多少錢開始培養的。浪費掉一個會造成多少損失？如果無法掌握這些，根本不可能提升盈虧計算

意識。因此，經營者理所當然要具備強烈的成本意識，甚至要實施教育，讓成本意識滲透到每個員工的腦海中，這件事也愈來愈重要。

## 以節儉至上

我們在經濟稍微寬裕時，不知不覺就會說「這樣還好吧！」或者「不用什麼事都那麼小氣吧！」像這樣，對經費的感覺就鬆懈了。這樣一來，各部門浪費的經費就會膨脹，最後損害到公司整體很大的利益。

只要一度染上這種鬆懈的習慣，經營者在情況變嚴重後，即便想要重新節約經費，已很難再回復原來的情況。因此，不管處在何種狀況，都要經常提醒自己節儉才行。

把花出去的經費抑制在最小限度，可說是我們能做到最切身的經營活動了。

我剛創立京瓷時，因為既沒錢也沒有任何資源。所以，我當然會對同事們一直強調「節儉至上」的想法。直到現在已經創業四十年，在合併會計結算中營業額規模達到七千億到八千億日圓，獲利將近八百億日圓了，為何還在講「以節儉至上」，並且為何還持續執行呢？

人類的想法是一直不斷在改變的。我曾經就「京瓷哲學」裡的「人生方程式」跟大家說明過，這是「京瓷哲學」的主幹，也是最重要的項目。那時我一直強調一個人所具有的思考方式、哲學是最重要東西。「想法」其實是不斷變化的，人並不會一生都以相同的思維一直走下去。某些時候可能具有非常優異的思考方式，因此事業也經營得很好，人生也過得很順利。但是隨著成功後環境不斷改變，人的思考方式也會跟著變，逐漸走向墮落。接著好不容易獲得成功的事業又失敗，公司也破產，這樣的事也有可能發生。也就是說，經營者抱持的思考方式是會改變的，隨著思維的改變，經營的狀態也會跟著變。

「以節儉至上」的想法非常樸實，對今天的京瓷而言，也許有點小氣過度的感覺。但是，就像我經常說的「現在是過去努力的結果，未來是由今後的努力決定」，這樣的想法，即使變成營業額達到幾千億日圓的世界級規模企業，還是不該改變。能夠成為企業主幹的思考方式，不會因為環境改變而改變，這是我的想法。

或許是自己也被說服了，我再怎麼做也無法過奢侈生活。例如，出差一個人用餐時，在飯店用餐有時一餐就得花費幾千日圓、有時接近一萬日圓。雖然有人可以毫不在意地享用昂貴的晚餐，但那種感覺，對我而言是無法置信的。

試著想想，我們在家裡用餐時，我想每餐成本恐怕不到數千日圓吧！明明如此，在飯店用餐，隨隨便便就要花上幾千日圓呢！

我非常喜歡利用週日到超級市場去購物。推著購物車跟在妻子身邊，然後說「買那個吧！」、「買這個吧！」地要她買。妻子就對我發怒說：「你根本很少在家，也不在家吃飯，還嚷著買這個、買那個。」不過整個採買的過程就讓我開心極了。就這樣我說、她買，就算心想「今天好奢侈啊！」到櫃台結帳，也不過才花了一萬五千日圓。然後我問這些食品可以保存多久，妻子說大概保存十天沒問題。

或許我身上還有小氣、斤斤計較的習慣吧，我經常到吉野家吃牛肉飯。一個人去真的有點害羞，「你也一起來吧！」就找我的司機陪我去。大碗的飯太多，一個人吃不完，所以我就點兩份普通的份量，再加一碟牛肉。蓋飯上的牛肉吃完後，兩人再分另一碟牛肉，放在碗裡的飯上面繼續吃。單單這樣，就讓我覺得很富足。

連續十年、每晚花五千到一萬日圓吃晚餐，這種事明明對我的經濟情況而言，應該不是什麼了不起的事，卻是我就算死也做不到的恐怖事情。我並非因為沒錢，而是無法相信有那種神經，可以每晚毫不在乎地吃如此高價的食物。

有些人會在獲得一點成功之後，就經常到飯店吃豪華的餐點，當我看到或聽到這樣的人時，總會感到疑惑。我想，這些人當初創立公司時，一定也是以節儉為宗旨來經營公司的吧！但成功之後，因為漸漸有經濟的實力支撐，所以過這種程度的奢侈生活也沒問題，就慢慢養成奢侈的習慣。不過人類啊，想法就是因此慢慢地改變的。

### 要持續偉大的經營，就要維持偉大的思考方式

若要維持偉大的經營，就得持續擁有偉大的思考方式才行。短期間，如五年、十年內的成功或許比較容易，如果經營中小企業，要長期守護員工、維持企業的繁榮，我認為是非常困難的事。

並非今天做得很順，明天就保證順利。今天很努力，明天也很努力，必須持續沒有盡頭、永不結束的努力才行。想到那種痛苦，一開始，思緒就會陷入意識薄弱到不清醒的狀態呢！

在此情境中，有一陣子我甚至曾想，如果我們是奧運選手會有多輕鬆呢？當然，要當上奧運選手是非常難的，但是當上奧運選手，不但可以獲得周遭的讚美，對本人而言也是值得驕傲的偉大事蹟才對吧！為了達成目標，除了需要天份，也需要過人的努力。不過，只要配合四年一次的奧運行程去努力，我想還算是簡單吧！

另一方面，經營者少說十年，甚至必須維持公司二十年、三十年、四十年的繁榮，持續努力工作，期間連一點點的傲慢都不能有。在公司還是中小企業時，以節儉至上，拚命簡樸、努力工作，之後不論自己變得多有錢，公司變得多龐大，還是得繼續維持才行。沒有相當的節制心，是無法做到這樣的。

跟這樣的經營者相比較，我認為當個奧運選手還比較輕鬆。因為選手就算在五年、十年當中抱持必死的決心拚命努力，之後就不必那麼辛苦了。

我想，實際上奧運選手的辛苦是超乎我們的想像才對。但是，過去的我，或許是因為覺得以經營者的身份生存下去實在是太過嚴酷了，或許因此才會拿奧運選手出氣吧！

雖然話題有點離題，我想「以節儉至上」的想法，不僅是中小企業必需，儘管公司成長為一家偉大的企業，還是需要不變地、繼續執行的概念。請各位千萬別忘記初衷，經常在心中謹記節儉才好。

## ◎只有在必要時，採購必需的東西

當我們採購物品或原料時，不應該以大量購買、價格比較便宜為理由，輕易購買超過必需數量的東西。

因為多餘的部分形同浪費。就算可以一下子大量地便宜採購，還得準備倉庫來保存這些庫存品，這樣就會產生庫存的利息，花費多餘的經費，而且萬一因產品的規格變更等緣由，也可能造成這些庫存完全不能使用的風險。

製造廠商還是要謹守製造廠商的本分，應該專心靠製造來提升利益。因此，只有在必要時、採購必需數量的物品，這樣的思考方式很重要。

有關這個項目的內容，事實上我在「貫徹健全資產的原則」中已經提及。但乍看之下，好像違反了「儘量大量採購就是降低成本」這個經濟理論。但是，即使到現在，我還是嚴格地要求員工採行這個不太合乎經濟的採購方法。也就是，就算採購價格高一點，也只在必要的時候採購必需的數量。

大量採購時如果產生庫存，就需要為此準備倉庫，並且耗費庫存利息。除此之外，每次結算時還得盤點。已經不能使用的東西必須當成廢棄物處理掉。結局是，當初雖然以為便宜買進，日後卻產生看不到的損失。

京瓷把這種「在必要的時候採購必需數量」的做法稱為「當下採購」。「當下採購」的優點不只是我剛才提到的那些內容。因為只買必需的份量，使用上也會格外細心，這樣應該不會產生不當的浪費。如果原料的庫存很多，就算製造過程中失敗，只要從倉庫再拿材料出來重做就行。但是，沒有庫存就不允許出現失敗，工作者也必定會小心處理，兩者也具有連帶關係。

「當下採購」雖然價格可能稍貴，但是以上提到的好處就可以彌補過來，還綽綽有餘！

## ◎貫徹現場主義

製造產品的原點就在製造現場，業務的原點就在跟客戶接觸的當下。因此，有任何問題發生時，首先，比什麼都重要的就是回到現場。離開現場，在桌面上無論說多少的理論和辯解，絕對無法解決問題。

人們常說「現場就是寶山」，主要就是因為現場藏有可以成為解決問題關鍵的第一手資訊。透過不停地前往現場察看，不只可以找到解決問題的頭緒，更可以找出提高生產力與品質，甚至與接受新產品訂單有關的、先前沒想到的啟示。這不只限於製造或業務部門，也適用在所有的部門。

日本有很多企業積極採用大學畢業的優秀人才。這些人在大學學過各種東西，具備了高度的知識。因此，特別是中小企業「想要年輕、優秀的員工」，很容易就優先採用這樣的人才。或者即便是從其他公司過來的，只要一有優秀的技術人員加入就非常高興，想要依對方的意見進行工作。這些人才也想活用至今學到的東西活用，努力地在工作上表現吧！

我本人也是在大學裡學習有關化學合成的理論，例如使用什麼設備、觸媒，產生什麼樣的化學反應後會生成什麼東西，並一直實際運用在工作上。問題是，這樣的人才容易陷入一種錯覺，認為只要知道做法就可以很輕易地工作。但是實際做了之後，很難做得順手。也就是說，理論上應該「會做」的，事實上並非如此簡單。

關於這點前面我也提過了，舉陶瓷材料的合成為例，所謂「這種原料與那種原料混合、用多少的溫度燒結，就可以產生這種陶瓷」的理論，看書就知道。問題是，單就「混合原料的粉末」這項作業，和混合液體或氣體的情況就不同，也不知道應該要混合到何種程度最恰當。因此就算依據理論去做，也做不出自己想要的陶瓷。也就是說，並非因為「知道」，就一定「會做」。因為你根本不知道現場的狀況，原來會做的東西，有時候甚至做不出來。

我經常說「重視經驗法則」，兩者意思有些相近，這些項目都是我在企業做研究時所身感受的。直到擁有學習得到的知識，與在現場實際工作所獲得的經驗這兩樣之後，才可以說自己「會做」。正因為有這種實際的感受，我才一直強調經營者有時也要跟製造現場的員工一起工作、了解現場，是很重要的。

## 現場主義在所有部門都通用

創業十幾年之後，京瓷在美國聖地牙哥第一次展開海外產品生產。我們買下快捷半導體公司（Fairchild）擁有的工廠，開始進行作業，只從日本派了三、四位技術人員到當地去，最初問題很多，實在很難順利進行。因此我好幾次親自飛到當地，到現場去察看。問題是，美國籍的廠長卻經常對我說：

「你來了以後就到現場跟員工一起工作，這樣做令我很煩惱。日本總公司的領導者，而且是企業經營者，穿著像工作服般的服裝到工廠現場去，幫忙做作業人員的工作，這是無法想像的事。領導者明明應該有別的事做才對。如果讓人看到你在做時薪三、五美元，和作業員一樣的工作，人家會懷疑你是否只能做這樣的工作？還是來玩的？你又沒有英語能力，到現場萬一被員工以『連英語也不會說』而看輕你，以後在工作上就會出現阻礙。如果你想了解現場的事，只要告訴我們，我可以帶著員工到你跟前說明，請你不要從你的辦公室跑出來。」

針對他的話，我感到非常生氣。

「你在說什麼！我從以前到現在都非常重視現場的工作，不管你們怎麼說我，我還是要到現場去！」

這樣對廠長說了之後，我經常跟他吵架。

現場有一個工作慢吞吞的人，我曾經因為盯著他看，跟這個員工吵架。這個員工以前隸屬於美國的海軍陸戰隊，是曾經在硫磺島戰役中跟日本軍隊打仗的勇者，因此現在很難忍受在日本人的領導下工作。加上日本的領導者竟然跑到跟前責罵他，因此他很生氣，開始以「這個日本混蛋！」對我咆哮。先前提到的廠長看到這一幕，就露出「不是跟你說過了嗎？」的臉色。即便如此，我還是貫徹「現場主義」至今。

那時候，我知道美國人經理沒有去現場看過，他把上面交給他的資訊直接輸入主機電腦中，就用這種方式管理生產。他強調：「我只要按個按鈕，就可以從監視器看到所有的資訊，根本不需要去現場。」因此我就說：「你自己到現場去看看，就應該會知道，為什麼進到這裡的資訊會是如此糟糕。」罵他之後，又是一陣吵架。

或許大家不相信，在三十多年前的美國，工廠裡不太會算術的員工大概佔了將近一半呢！因此無法掌握正確的生產量，當地稱為監督者的人，手上握著跟實際情況完全不符合的數字，卻說著「這是現在的數字」。

如果輸入的數據是錯誤的，那麼有再多的電腦管理系統也沒有意義。但是他們卻寧可相信這些數據，認定那是很棒的系統。不僅是製造商品，即使在生產管理上，不了解現場的情況是不會成功的。回想起來，那時我再次體認到，「現場主義」真的是非常重要的思考方式。

## 線索此起彼落地出現在現場

把這種「現場主義」教給我的，是一位前輩員工。他是一個非常認真的人，我記得他總是默默地工作。

我們在混合作為陶瓷原料的粉末時，會使用到一種稱為「球磨機」的陶器製的容器。形狀像瓶子，裡面裝著可以磨碎材料的球，啟動時球不斷旋轉翻滾著，把粉末攪拌均勻。我剛開始做實驗時，因為在學校學過「把這種原料和那種原料放進球磨機裡混合」，就毫不在意地操作著。

有一次我看到那位前輩坐在清洗場裡，拚命地刷洗球磨機。中間的球有時表面會有凹洞，實驗時用的粉就塞在凹洞裡，並且凝結成塊。他就用刮刀挖出來，把球洗得非常乾淨。

大學畢業的優秀青年，卻坐在清洗場裡做這種細微的工作。於是我一邊在心裡想著：「平常就覺得他很沉默又沒什麼風采，那種簡單洗一洗就好的東西還要這麼做，總覺得他做事有點不得要領。」一邊看著這位前輩的背影。

問題是，總是隨意洗好就算了的我，一直得不到好的實驗結果。因此我的頭像被「哐！」敲了一記的感覺。我發現簡單洗一洗的話，上一次實驗所使用的粉多少會殘留在上面。只因為混入這些非常少量的異物，陶瓷的特質就改變了。

「這麼說，那位前輩用刮刀般的器具，仔細地把凝結在球上凹洞裡的粉塊挖出來、把球清洗乾淨，接著還從腰間取出毛巾一個一個擦拭。原來如此，就是因為他能夠細心到這種程度，才能得到自己想像中的實驗結果嗎？」

那位前輩並非直接教我這件事，這是從他無言的行動當中，教會我的事。

無論如何還是一定要去現場巡視。這是無論在製造業、流通業、所有的行業都通用的原則。

以前我見到律師中坊公平先生（譯註：一九二九年～二〇一三年，京都大學法學士，隸屬大阪律師會）時，曾經問他：「身為律師的您表現非常優異，您的秘訣是什麼？」結果中坊先生回答我「現場主義」。我以為律師只要閱讀桌面上的資料思考就可以了，中坊先生卻說：「我所有的知識都是從現場學會的，現場一定有可以解決問題的關鍵。」聽他這樣說，我再度體認到，即使業種不同，道理還是一樣。我期待各位也一樣，不只了解理論，也要到現場了解之後，再去執行工作。

下一個項目「重視經驗法則」，講的也是相同的道理。也就是說，自己如果沒有親身去做，就不能說你真的「會做」。有關這個項目，可以閱讀《京瓷哲學手冊》的說明，然後我們接著談「製造最新、最完美的產品」。

## ◎重視經驗法則

在企業從事技術開發或製造物品時，經驗法則是不可欠缺的。光靠理論無法做出東西。

以製造陶瓷為例。把原料的粉混合、成形，然後用高溫燒結出來，只要學習，大家都可以理解。問題是，所謂的把粉混合到底是怎麼回事？除非你親手碰觸，努力去做，否則絕對無法理解。如果是液體或氣體，是可以完全混合，但是粉體到底要混合到什麼程度才算適當，這是只能靠經驗法則才能了解的領域。

把經驗法則與理論結合之後，才能夠開始研發優秀的技術、製造優秀的產品。

## ◉製造最新、最完美的產品

我們製造的產品必須是「最新、最完美的產品」才行。打個比方，優秀的產品應該像剛剛印出來的紙鈔一樣，讓人光是看就覺得紙張邊緣非常銳利，用手摸的觸感非常好。

產品可以表現製作者的心。粗線條的人做出來的，多數是粗糙的東西，纖細的人做出來的通常都是很細緻的東西。我認為，那種先做出一大堆產品，再從中挑出良品的構想，絕對無法做出令顧客喜悅的東西。

必須在完美的工作過程的基礎下，全員集中精神工作到連一個瑕疵品也沒有，必須讓每一個產品都成為完美的產品，以此為目標才行。

以前我想製造集體電路封裝，以下是我讓某個技術人員擔任領導，進行研究開發時的故事。

那時候半導體封裝是還沒有人體驗過、非常辛勞、嚴峻的工作。在幾乎已經沒有創意、歷經長時間辛苦研發，終於做出類似的東西時，負責開發的領導人拿著樣品跑來找我。雖然我理解這是他費盡苦心才做出的東西，但是在我的眼裡看起來，產品上好像沾著一層薄薄的髒污的感覺。

主要因為，半導體封裝是在氮氣與氫氣混合的氣體中燒結成形，因為裡面沒有氧氣，所以只要稍微有脂肪成分的東西黏在基板上面，燒結時就會碳化，製品就呈現稍具灰色的感覺。

因此我就說，「有點髒污的樣子！」但是製品已經都滿足了半導體封裝的所有特性，因此領導就認定「做出來了」，拿過來給我。但是我一看到製品時，就說出這樣的話。

「原來如此啊！製品的功能是沒問題。不過不行！」

結果那位領導就回答說：

「為什麼？所有特性都滿足了。」

接著我就回答他：

「你看看，不是有點髒嗎？」

辛苦做出來的東西，竟然被這種理由突然給「否決」，他擺出生氣的臉色讓我看。

「你也是技術人員，應該依據理論來說話吧！明明就應該如此，你說有點髒是什麼意思？有點髒跟製品的功能特性沒有關係，只用感覺判斷，不是很奇怪嗎？」

「根據測試的結果，你說這已經非常符合特性，但是會這樣變色，就規格來說是已經達到合格標準的樣品，但是不能說是已經達到最好的結果。我想，所謂具有偉大特性的製品，看起來應該也要很漂亮才對。」

我再進一步對他說明。

用棒球作比喻的話，也有投手選擇用變化球方式在投球，大體上來說，優秀的選手，他的姿態也應該很美。製品也一樣，好產品就要看起來像好產品，也應該具有良好的品質。

「這個陶瓷本來必須是是純白，必須是完美無缺、最新穎的，完美到讓人不敢用手去觸摸的程度才行。如果外觀可以美到這種程度，就特性來說也一定是最好的東西。」

在此我用了「最新、最美的產品」來表現，很頑固地拒絕他送上來的樣品。所謂

「最新、最美的產品」，就是具有最高品質的最完美產品。之後因為我追求品質到連外觀也要一看就覺得美的程度，半導體封裝的生意終於以成功收場。

在那之後，這句話就在公司內部到處流傳。要以讓人覺得「如果粗心大意去觸摸，可能就會受傷、破損，要戴上手套去摸」，外觀看起來也是最好、最美的程度作為目標。因此大家要拿京瓷製品時，隨便就用手去觸摸已經變成禁忌，員工會告誡彼此，一定要戴上手套去摸才行。

我想，就是因為有這種姿態，京瓷才能從中小企業變成中型企業，再從中型企業發展成為大企業。

## 「六波羅蜜」與「京瓷哲學」

這點不只是針對產品而言，也可以說是針對員工的行為舉止。透過員工們偉大的行為表現，社風也具備品格，也就是說要必須變成最完美、最好的企業才行。

「京瓷哲學」也可以說是一種「戒律」。「身而為人要如何做才正確，要貫徹用對的方法做對的事！」這是我經常強調的話，其實和釋迦牟尼佛的戒律是同樣的。

釋尊說，人生終極的目的就是開悟。佛教有句話說「到彼岸」，我們凡人可以理解為到與這個世界相對的極樂淨土世界。事實上釋尊說的彼岸，應該是指開悟的境界，一個人如果開悟就可以進入安心立命的境界，這種境界就是極樂淨土。

至於前往極樂淨土的方法，釋迦牟尼佛勸大家進行名為「六波羅蜜」的修行。所謂六波羅蜜的第一項修行為「布施」。除了把多餘的錢送給他人，所有幫助別人的行為都可以算是布施。

我經常提到乍見之下與經營企業的精神相矛盾的「利他心」。這項「為世界、為人類」的利他心，跟布施指的是同樣的事。中小企業的經營者，為了守護員工日夜努力工作，這也是為了他人盡心力，我認為也是偉大的布施。

第二項是「持戒」，意思是指遵守戒律。釋迦牟尼佛開示說：「人類有六個煩惱」。所謂的煩惱，是因為人類擁有肉體才產生的，有人甚至是因為這些煩惱讓人生變得失敗，這樣的情形很多。

釋尊開示的六項煩惱如下，首先是所謂的「貪」，是指食慾、性慾、名利心等只要是人都具有的欲望。這些欲望是只要擁有人類的肉體，無論如何都是必要的，但是不可以太過度。

其次是「瞋」，是指任憑自己的怒氣散發，任意妄為、帶給周遭人麻煩的心。

其次是「痴」，是指過於無知、一直露出不平不滿的聲音，看到比自己好的人就嫉妒不悅，這種卑劣的心。

其次是「慢」，是指忘記謙虛，變得傲慢的心。

其次是「疑」，如字面所示，是指容易懷疑的心。

其次是「見」，是指把所有事都看成邪惡不正、往壞處解釋的心。

釋迦牟尼佛把貪、瞋、痴、慢、疑、見視為六大煩惱，告訴眾人必須予以克制，也就是所謂的「持戒」。

第三個項目是「精進」。是指拚命努力勞動的意思。我要求大家做到「不輸給任何人的努力」。要做到就算別人都已經睡了，自己還在努力工作的程度，這就是精進。禪宗的和尚為了開悟，要執行非常嚴格的修行。無論從事農作、清掃工作或打坐（冥想）都卯盡全力去做，這就是所謂的精進。

經營者也要像他們一樣，每天拚命努力地經營公司。也就是說，經營者從事的努力與禪宗的和尚並沒有不同。雖然也想和其他的人一樣，取得長時間的休假找個地方旅遊，但是想到把公司丟下會不會潰散了呢？心裡便擔心得不得了，結局就是從很早到很晚都拚命忙著工作。雖然沒有進行坐禪的精進，但是這應該也可以稱為偉大的精進才對。

第四個項目為「忍辱」。這有「忍耐」的意思。在經濟不景氣的情況下，大家拚命地咬牙忍耐，釋尊說這也是修行方法之一。

第五個項目為「禪定」。意思雖然是指打坐，用我的方式解釋，雖然不一定是「打坐」，但是無論如何，每天都要有一次，讓心情靜下來的時間才行。因為沉醉在經營時，不知不覺間腦部的血液就會上升，有時會讓人失去冷靜判斷的能力。為了防止這種情況，一天至少一次讓心情平靜下來，維持頭腦的冷靜。所謂的禪定，我想就是這樣的意思。我想在睡著之前，如果能在床上靜靜地閉上眼睛，做到讓心情平靜的程度也可以吧！

如果能留意以上說到的五項修行，最後就可以到達第六個項目的「智慧」。會知道支配宇宙森羅萬象的根本原理，也就是所謂的開悟。

## 留意六波羅蜜，終生磨練自己的人格

如上所述，釋迦牟尼佛開示說，開悟是人生的目的，並舉出六波羅蜜的修行方法。儘量控制、減少自己的煩惱，忍耐辛勞痛苦，讓心沉靜下來，為他人盡心力，拚命地整頓自己的人生，佛說能做到這樣，就可以達到開悟的境界。其實這些項目跟我至今提及的「提高心志」、或者「磨練心」、「讓心更單純」、「淨心」等理論是同樣的。

問題是，你我皆是凡人，不可能達到像釋加牟尼佛所說的開悟的境界。我們還會做壞事，想法錯誤然後反省，自己糾正，在不斷嘗試錯誤當中生活。因為我們是有肉身的人，不知不覺就充滿抱怨，生氣，或產生欲望。總之各種煩惱都會出現，因為我們是人，所以這是理所當然的。但是，只要我們盡可能控制這些欲望，重要的是我們能夠磨練自己到什麼程度。也就是說，我們盡其一生，能夠進行六波羅密的修行方法修到何種程度，那就是到死為止所創造的我們的人格、也就是靈魂。唯有靈魂才能帶到另一個世界，也就是說，就算我們的肉體死亡消失，唯有崇高的靈魂可以帶到另一個世界，這是我的想法。

為了要把人生的方程式中的「想法」提升得更優秀，請務必把釋尊的六波羅蜜放在心上。只要磨練自己的心，那麼即使不特別期待，公司也會很可觀地成長才對。但是，也不要將企業變得偉大看成豐功偉業，我希望大家一定要理解，在提升的過程中磨練出來的自我人格、人性，對大家而言才是寶貴的財產。

## 傾聽產品在說話的聲音

當有問題發生，或者工作碰到瓶頸時，要很謙虛、認真地持續觀察問題的對象或狀況。

例如在製造現場，不管使用多少方法，就是無法改善良品率，處處碰壁的情況經常出現。這時候，要從製品到機械、原材料、治具（譯註：協助控制位置或動作的工具）為止，仔細、深沉地觀查整體工程，重新用單純的眼光一直專注地看著現象。如果有不良品或沒有整頓好的機械設備，應該可以聽到機器發出的哀鳴聲。產品本身就會訴說如何解決問題的啟示。

面對問題不要帶著先入為主的觀念或偏見，重要的是，要以謙卑的心，觀察原本的樣貌。

這跟京瓷製造的產品有非常密切的關係。

我們製造的陶瓷是一種燒結的物品，雖然同樣是燒結，但是跟一般的陶瓷器又不一樣，主要是供應電子工業用的高精密度零件。這種產品的原料是粉末狀的金屬氧化物，例如氧化鋁、氧化鐵、氧化鎂、氧化矽等。把這些原料的粉末倒進模具裡，沖壓成形，然後在高溫的爐火中燒結，然後變成硬度、密度很高的陶瓷。

一般的陶瓷器具燒結都會用到一千三百度的高溫，但我們的陶瓷依據情況，有時用一千六百度、一千八百度的高溫來燒成。在一千六百度的世界，火焰的顏色不是紅色，而是看到的瞬間就會刺痛眼睛般、快速流竄的朦朧白色。在此狀態下沖壓成形的產品會非常快速就燒結縮小，收縮率較大的物品大約會縮小兩成左右的尺寸，必須讓整體的收縮方式整齊一致才行。

這樣的陶瓷製造方法是至今為止的學問還未研究到的，幾乎都是靠經驗法則。因此，我們也只能不斷重複自己的實驗，並且靠此導引經驗法則。

因為不明白的地方很多，例如「良品率」，每個製造廠商都不一樣。即使用同樣的設備、做同樣的工作，有些企業是赤字經營，也有企業很賺錢。可以這麼說，製造工程當中的良品率，就可決定企業的優劣。

因此，無論是我在建立公司之前，或是公司成立之後，我都經常前往現場。去的時候我一定帶著放大鏡，把製品拿起來用放大鏡仔細地旋轉察看。那種放大鏡用一片可以放大五倍或十倍，用兩片倍率就倍增，用三片倍率就更高。

製品是非常小、精密度卻非常高的東西。例如，零件裡如有圓形或方形的孔洞，洞角部分如果有些許缺陷，這樣就是不良品。當然這種缺陷用肉眼是看不見的，所以要用放大鏡慎重地檢查，同時察看產品上有沒有不純的雜質。明明必須是純白的陶瓷，如果表面上有一粒像芝麻大小的黑點，這也是不良品。我單手拿著放大鏡檢視有沒有這樣的瑕疵品。也就是說，我用耳朵傾聽製品對我所說的話。

## 提高良品率首先要從觀察產品開始

就這樣，我到製造現場坐下來，用自備的放大鏡拚命地觀看產品。用放大鏡看不清楚時，就用顯微鏡，有時花一個小時在觀察。這樣做之後，思考時竟然把產品完全當成人在看待，如果產品有缺陷出現，就說「這孩子到底是在哪裡受傷的呢？」腦中思考實際的工程然後一邊推測原因。

規格嚴謹的製品，製作出一千個，有時只能取得一百、甚至五十個良品。最典型的東西就是積體電路，俗稱ＩＣ的半導體用製品。行動電話等電子製品裡全部都是使用ＩＣ，在只有兩、三公分的四方形矽基板上，搭載著幾十萬個所謂的晶體管（transister）、二極管（diode）。用顯微鏡放大來看，就可以看出緊密組裝在一起的晶體管。只要裡面包含著不純的物質，就變成廢品。

由美國矽谷發跡的半導體產業，不久之後在日本發展到很大的規模，情況宛如在顯微世界裡打仗一般。勝負就看一片硅晶圓片上能產生多少良品，也就是良品率決勝負。

最初的情況很慘，從一片矽晶圓片上，有時只能出現一、兩個良品，因此ＩＣ是非常高價位的零件。最後良品率逐漸提升，從一片矽晶圓片上可以取得幾千、甚至幾萬個製品，價格也立刻非常快速地往下滑落。拜半導體降價之賜，所有使用半導體的電視、收音機等電子產品的價格也一直下滑。

像這樣的良率提升，最早就是從仔細觀察產品開始的。這樣做之後，產品就會告訴你哪裡受傷、哪裡痛。然後就可以依據觀察了解工程什麼部分有問題，並加以修正。

雖然現在我用「在說話」這個擬人化的用法，事實上，我認為能夠用這樣的心情，認真地看著產品是非常重要的。

## 投入了對產品的深切意念，才開始聽得到「聲音」

以下是創立京瓷之前，我在任職的企業做研究的故事。那時把粉末固定，製成形狀，然後放進小小的實驗爐裡，加溫讓材料燒結。我的技術不足也是原因吧，總之就是燒不出好的東西。在燒的過程中，到處凹凸不平，只能燒出像魷魚乾一般的東西。我不知道為何燒的時候會彎曲，那時幾乎每天都是一邊推測、一邊重複在做實驗。

過程中我終於了解，原因是沖壓時上方與下方的加壓方式不同，導致粉末的密度不同所引起的。密度低的下方燒的時候縮幅比較大，所以就往下凹陷進去，經過很多次實驗所以知道原因。當然書本裡不會告訴你這種事，只能靠自己的力量去發掘這些現象。

問題是，就算我了解凹陷的機制，但是怎麼做都無法讓密度保持一定。我必須交樣品給客戶，心想一定要早點做出來才行。雖然我努力用心改變方法去燒，還是燒不出想要的東西。

有一次，我很想知道到底在烤爐裡是如何凹陷彎曲的，想看看樣子，所以就在爐上開了一個小洞，從小洞窺視裡面的狀況。還有到底在哪一種溫度時、以什麼方式彎曲。我仔細地觀察狀況。結果真的就在溫度上升時開始彎了。無論做多少次實驗，東西就像活的一樣會彎曲。看著看著實在無法忍了，不知不覺產生衝動，想用手伸進洞裡把東西壓住。

因為爐裡面是一千多度的高溫，如果真的這樣做，當然我的手瞬間就融化了。明明知道危險，還是會不自覺地想把手伸進去。我想，除非到這種拚命努力的地步，應該是聽不到「產品在說話的聲音」吧！

事實上，就在我很想將手伸進去壓的時候，突然開始留意到「高溫時如果壓住就不會彎」。因此，我就找具有耐火性質、適當重量的東西壓在上面燒，結果真的就做出表面平整的產品了。或許這也是從傾聽「產品的聲音」所導引出來的解決方法吧！

對自己研製的製品還是要充滿無限的感情。我認為除非注入像「想抱著自己的產品睡覺」的心思，否則是無法做出優良產品的。

## 傾聽產品說的話，做出最完美的產品

我想到一則與「想抱著自己的產品睡覺」相關的故事。很早以前，有一個廣播電台的廣播用機材壞了，需要替換零件。壞掉的零件是冷卻廣播用真空管的「水冷式腹卷機」。三菱電機公司連絡戰爭期間生產腹卷機的管線業者，業者說，因為已經遺失技術，所以沒有辦法製造。感到無限煩惱的三菱電機，跑來剛剛成立不久的京瓷。

對只做過小東西的京瓷而言，那是超大型的產品。當然，我們也沒有生產的設備。話雖如此，我卻回答對方「可以做」，所以真的就不做不行了。

問題是，製作大型的陶瓷製品並非容易的事。雖然使用的原料和一般陶瓷器一樣，但是由於尺寸很大，因此在成形、乾燥期間很容易產生裂痕，甚至破裂。如果外表先乾燥，就會產生裂痕。所以，一定要做到平均速度的乾燥。再者，如果乾得太快也容易破裂，因此必須用布把還沒全乾的柔軟產品包捲起來，不時吹上水霧保持濕度，因此才能逐漸地讓全體達到乾燥。更重要的是，為了避免產品因為太重而變形，夜間還要抱著產品，選擇在溫度較適中的窯邊，慢慢旋轉，烘乾製品。

現在想起來，那時幾個晚上都抱著產品睡覺。在那段期間，我幾乎是定睛一直觀察著產品，也因此，我聽到了產品對我訴說的話。

在《京瓷哲學手冊》裡有「製作最新、最完美的產品」這個項目，強調要做出嶄新、完全找不到缺點的完美產品，這過去的經驗其實是有關連的。

## 別把損失視為當然

雖然，我所談的是陶瓷這種特殊業界的故事，但是我現在提到的事，並非只限於這個業界才會發生。無論製造任何商品，流通業者的工作也一樣，無論是哪個業種，都應該要力求完美才行。工作時一定會發生很多耗損，但是如果把這些耗損視為理所當然，就會產生問題。

「員工在作業中會弄掉、弄破或弄丟產品，要處理的產品數量那麼多，這樣的耗損是理所當然的吧！」你不是這樣想嗎？我認為不應該把這種耗損視為理所當然，只要能減量、再少還是要減。能貫徹這種完美主義，企業應該很快就會改變。

從父親那一代做到今天，加上自己這十年、十五年都是這樣做的，因此決不會錯，我們都會做出這種定論。不過，我們應該改變這樣的思維，洗耳恭聽產品是否有發出哭聲。傾聽產品的聲音，就是在改善、改良企業的切入點。

我偶爾會陪妻子去超市購物，有時會看到那裡會賣一些有缺損的糕點。即便是我們這些外行人看不懂的一點點傷，食品的售價就會減為一半甚或三分之一。此外，在家具店裡，外表只有一點點受損的東西就會變成特價品，用非常低廉的價格出售。

當我想到，只是一點點的損傷，價格就立刻掉到一半，我就更覺得應該在製程中非常小心地處理產品，認真調查在什麼地方發生這種錯誤，然後設法改善製程。我認為無論從事任何生意，這樣的態度都非常重要。

## 發明、發現都是觀察力的禮物

容我試著再舉一個關於開發非晶矽感光滾筒（Amorphous Silicon Drum）的實例。京瓷採用非晶矽滾筒這種感光體製造列表機。名為「Ecosys」的商品，是從電腦列印資料時使用的列表機，其心臟部分是用非晶矽製造的感光滾筒。

一般的列表機、或者複印機的感光體都是使用有機材料。這種有機材料類似柔軟的塑膠，但是京瓷使用的是硬度很高的非晶矽製造的感光體。使用有機感光體的一般列表機或複印機，只要列印一萬到兩萬張，滾筒就會受到磨損，所以必須更換新的材料。但是，非晶矽滾筒即使大量印刷到三十萬、五十萬張，滾筒也不會磨損，直到列表機壽命終止，都不需要更換滾筒。

我認為拋棄式產品對環境並不好，因此決定採用這種非晶矽滾筒，京瓷是全球量產這種非晶矽滾筒的先驅企業。

非晶矽滾筒的製作方法是，在仔細研磨過的鋁筒表面，用細的薄膜覆蓋成膜，為了讓薄膜成膜，必須用結合矽與氫的超強毒性氣體甲矽烷，將這種甲矽烷放進容器裡，引起等離子體放電，利用放電的能量將甲矽烷氣體分解成矽與氫。因為氫氣會排放出去，所以只留下矽會黏著在滾筒的表面。

問題是，放電總是不安定，因此無法掌握固定的動作。例如瞭望空中的閃電時，自己覺得閃電的方向會往東，結果卻同時也往西。因為無法預測會在何處放電，所以也無從知道閃電會往哪個方向走。等離子體的放電也跟閃電類似，根據放電實況，有時候會發生部分矽膜黏合得太多。所謂太多，其實只要多出千分之一釐米的厚度，功能就產生差距。由於鋁筒上的矽膜如果厚度不均勻，列表機感光體的功能就無法發揮，這種差距會是很大的問題。

在學術上，雖然有依據「非晶矽滾筒等離子體放電的薄膜形成法」這樣的理論，但在生產上，量產的技術卻還未被確立。學術上，只要在實驗中有一次的成功，就可以確立理論了。但是，像我們這樣的廠商卻無法重複量產出一樣的東西。

京瓷花了三年做各項實驗。某一天，有一位部屬跑來報告：「完成了！」飛奔似地趕去一瞧，果然做得不錯。不過，當我提出「再試著重新做一次」時，卻發現那是不可能的事。之後，又花了幾個月的時間，又有「成品」出現了。然而，卻無法再現當初那一款的樣貌。

雖然是良品，若無法再現一模一樣的東西，對廠商而言是沒有意義的。因為無法達成這樣的目標，我對研究員說了以下這樣的話。

「我們要試著創造出成功當時的景象。比如說，成功的那一天，早上出門時是抱著什麼樣的心情？如果那天你出門前和家裡的太太吵架了，那就先吵完架再來上班。要讓自己處在和當時一樣的心理狀態。不僅在物理方面的條件要相同，如果在精神方面的條件也相同的話，或許可以做出一樣的東西。」

當時，這樣的研究在世界各地都進行著，不過終究尚未有成功的量產結果。京瓷雖然有大約兩次的成功經驗，但是卻無法重現成功。煩惱到最後，我曾想要結束這樣的研究算了。但是有一天晚上，我突然想到現場去看看。實驗室整夜進行工作，用交接班方式進行。我到研究室窺視了一下，正打算讓他們說說「現在發生了什麼樣的現象」，沒想到研究人員卻頻頻點著頭、正在打瞌睡。受到驚嚇的我，從後方大叫了一聲：「做什麼！這樣不行吧？」對著他發怒。

東西的發明、發現，可以說是在不斷觀察下得到的禮物。無論多麼細小的東西都能觀察得到的銳眼，才能開始具有發現真理的能力。我強調要「傾聽產品的聲音」，其實就是在強調這種觀察的重要。

如果欠缺敏銳的觀察，就不知道要如何做才能順利往前。我這樣想之後，就用新的研究人員取代這位打瞌睡的員工。照理說，放掉一位已經研究好幾年的研究員，就無法活用他累積下來的經驗，會造成很大的損失。但我同時把研究場所也換掉了。一直以來，我們都在鹿兒島的工廠研究室裡進行實驗，我把場所移到滋賀縣八日市工廠的研究所。我只從鹿兒島帶走一位研究團隊的領導人，其他的研究人員全部換掉了。

幾乎可以說在功虧一簣的時間點，我全部做了更換。然而，無謀也是一件好事。萬一失敗了，過去三年的努力就會全部浪費掉。但是，我決定選用擁有銳利觀察力的研究人員。接下來的成功或失敗，勝負便見分曉。結果，我們很漂亮地打贏這場戰，這也是今日京瓷的 Ecosys 列表機存在的證明。

## 敏感地聽取機器的哭泣聲

再講一項重點。無論是豆腐工廠或麵包店，製造的機器偶爾會發出異常的聲音。我認為這是非常嚴重的問題，因此我經常用「機械在哭！」斥責現場的員工。

一般的情況，機器這種東西，只要一開動就一定會發出聲響。問題是，買了新機器、剛開始試著運轉時，發出的應該是讓人感覺很舒服的聲音，運轉當中如果突然發出很大的聲音，那一定是因為機械發生異常的狀況造成的。話雖如此，現場的工作者卻會忽視機械的動作是否正常，甚至忽略現場的異常聲音。我認為這是大問題，因此總是嚴格地要求員工注意。

可能是養成習慣的關係，有時搭車出門，我也會仔細聽引擎的震動聲音。出現跟「平常的聲音」不一樣的聲音時，我就會對司機先生說：「這聲音不是很奇怪嗎？」接下來司機先生一定會這樣回答：「不，跟平常沒有差別啊！」我說：「但是，跟昨天之前的聲音不一樣，不是嗎？」就算我如此說，司機先生還是強調沒有不同。

這是因為觀察者的敏感度有差別。因為敏感度不一樣，所以司機先生說沒有不同，我說不一樣。「去檢查看看吧！」我要他開去修車場檢查，結果真的有異常，例如少了一顆滾珠軸承等。

我認為這種敏感度，對預知危險情況而言是非常重要的能力。

## 欠缺諧調感覺的人無法發覺缺陷或異常

還有，對於環境的整理、整頓和清掃，我總是嘴巴念不停，一直要求。因此，就算我突然走進現場，大體上也都很乾淨。問題是，看看其中的辦公桌和品檢桌，經常會看到堆放的資料和紙張朝各個方向擺著。辦公桌大致上都是四角形，紙張也是四角形，因此紙張放在桌面上如果有的斜放、有的橫放，感覺上總是怪怪的。因此我總是會讓一角對齊桌角擺放整齊。

「桌子是方形的，沿著桌邊放東西，如果不平行就沒有平衡感覺，感覺很不舒服吧？四角形的地方就保持四角形，請把邊緣放整齊。」

如果有人將筆筒放斜斜的，我就會把它放回跟桌邊平行的方向。我還因此變得出名。只要我一到現場，大家就慌亂成一片，趕快把桌上的東西重新擺得很整齊。

總之，這就是一種「諧調的感覺」。我經常在有顏色的紙上寫出「愛、誠與諧調」，如果一個人在四方形的桌上會把東西胡亂放置，還不會感覺到不舒服，我想他既無法理解什麼是好的產品，也應該做不出來才對。放在桌上的東西如果失去均衡的感覺，就會覺得很討厭、心情無法平靜。正因為擁有這樣的感覺，到現場時才會留意「好像哪裡不對勁」。如果不能對不諧調的東西感到奇怪，就無法察覺不良和異常的情況。就是因為這樣，我才會嘴巴一直碎碎唸著整理、整頓這件事。

我認為這與「傾聽產品說話的聲音」也有關連，也是很重要的事。

## ◉貫徹一對一的對應原則

處理事物時不可以用大概的方式去計算，應該一項一項做出明確地對應處理，此事很重要。

例如，不可以出現沒有開立傳票就動用現金或物品，或者沒有確認動用的現金或物品，就開立傳票的情況。有關應收帳款的收款，也應該一筆營業額對一筆款項分開個別對應處理，一對一核銷。

還有，關於生產活動與業務活動，針對累積成「總產值」、「總收益」所需的經費要正確地對應，有必要採行嚴格控管的損益估算制度。

在《稻盛和夫的實學》這本書中，我在「貫徹一對一的對應」項目裡有詳細的解說。

做好的產品在交貨時，都會做所謂的出貨傳票（出貨單），跟商品一起交出去。

然後對方在「確實有收到這些物品」之後簽收蓋章，這就是最早記錄公司的營業額的動作。或許有些地方的做法稍微有點不同，我相信大多數的企業都是像這樣，應該會採行商品跟著傳票流動的系統才對。

問題是，在許多中小企業，總經理常常對著負責財務的會計人員說：「現在我得親自跑一趟送貨給客戶，請拿五萬塊給我。」或者說：「現在很急！總之先拿五萬塊借我，借款的代傳票等會兒再補！」說完就拿著現金跑了，這樣的案例經常看得到。

站在會計人員的立場，從公司的金庫裡拿出了五萬日圓，就應該立下「總經理拿走五萬日圓」的證明，作為代用的傳票，放在金庫裡面。否則結算時數字與現金尾數不合，就會產生麻煩。無論是現金或物品有變動時，一定要有傳票附在上面，這是經營的鐵則。沒有傳票絕對不可以動用現金、物品。企業內全部的人都該遵守，沒有例外。

我開始注意這件事，是在公司剛成立的時候。有個年紀比我大的員工在業務部門工作。人很樸實柔和，人品也很好，是個認真的員工，我跟大家都非常信賴他。他負責的客戶是大型的電機器業，商品應該賣出去了，但是過了好幾個月都沒有收到帳款。問他原因時，他回答說：「客戶對我說要慢一點付款。」因為他是個很認真的人，雖然我心想：「是這樣嗎？」最後還是接受他的解釋。

但是，有一次他三天沒來上班。客戶連絡我們說：「委託你們做的東西，一直都沒送到，到底怎麼回事？」我感覺非常奇怪，雖然這樣做不對，還是打開那位員工的抽屜。一看，找出好幾個月前應該已經交貨的交貨單，交貨單都在，那麼商品到哪裡去了呢？

我試著問本人，想了解實況。他說，當時因為客人非常生氣：「你不早點把東西送過來，我們的產品就無法做了。」於是，匆忙地帶過去後，對方很快地收下東西，隨後馬上就回頭去工作了。因此，傳票也沒有蓋簽收章，沒有辦法之下，只好收進自己的抽屜裡。

因為這樣的傳票實在是太多了，我嚇了一跳。於是，我陪同這位員工一起到客戶的地方：「某月某日，這位負責的同事交貨了。不過，事到如今我們還沒有收到貨款。」話雖如此，對方卻以沒有傳票為由，所以他根本沒有跟會計聯繫。也因此，當然就沒有應付帳款。「我們交過來的東西您已經用了吧？」我問他。他回答：「是啊！用掉了。」但是沒有傳票，我也不知道怎麼做才好！」也有一些客人根本不說他們用了，真是遇到很大的麻煩呢！

這位業務員好像也親自跑去拜託對方，但是因為他是個軟弱的人，無法對客戶說強硬的話。結局就變成那樣了。所以說，公司如果有一個軟弱的員工，就會惹出很大的麻煩。

因為這件事，讓我留意到一對一對應的重要，「如果交了貨，一定要讓對方蓋簽收章」。無論人、東西、金錢等任何東西，只要變動都應該立下傳票。「一對一對應」的原則，就是在那時候決定的。

## 完全沒有特例

京瓷的規模成長到相當龐大之後，也曾經發生過這樣的事。在經濟不景氣的時候，一家大型電機廠商的客戶要求我們：「因為景氣不好，目前的應付帳款三億五千萬日圓，我這個月先付五千萬日圓，下個月也會付五千萬日圓。無論如何拜託你們了。」

我們跟那家客戶企業的很多部門都有生意往來，例如半導體部門或電視部門等。也就是說，京瓷對這家企業的應收帳款加總起來的金額是三億五千萬日圓。

聽到這番話，我們的業務負責人也說：「這個月付五千萬，下個月也會付五千萬日圓。」他打算就這樣處理帳務。我對這位業務員問道：

「等一下，這五千萬日圓到底是針對哪些商品的收入金額呢？」

「沒有，就是先付五千萬日圓。」

於是我對他說：

「我們公司的規則裡『該項貨品是該項金額』，如此一對一拆帳核銷。那五千萬日圓你要如何對應呢？還有，對方想要針對哪些訂單先支付呢？用概括的方式核銷，會計上是比較容易。但是請你跟對方確認，這筆款項要如何對應。請跟對方說，因為這樣做無法一對一對應會很麻煩，我們無法接受這種付款方式。」

據說對方聽到這些話非常生氣，最後還是點頭接受了。

因為不景氣，就我們的立場而言，也想早點收到金錢。或許一般的企業會覺得「五千萬日圓也好，先收了再說」。但是，這樣就會破壞一對一的對應原則。我們一直沒有任何特例，至今仍貫徹這項原則。

## 一對一對應可以提升企業的透明度，防止不正當的行為

我曾聽過足以代表日本大公司的人，說出以下讓我吃驚的故事。

到了每年三月的結算時刻，各個企業的業務部門經理為了達成預定的營業額或利潤目標，會拜託生意往來的客戶：「我們的營業額不足，感到很煩惱。實在很抱歉，你們可以給三億日圓的業績嗎？」

給三億日圓的業績，根本沒有出貨給客戶，要怎麼做？情況是這樣的。客戶先開立進貨的傳票，業務部門再開出出貨單，做出出貨的紀錄。然後到了四月中旬前後，客戶再開出退貨傳票。也就是說，先操作今年的收入，再跟明年度的帳一起合併計算。

聽到這種事，我真的非常驚訝。只要跟對方聯手，用傳票就可以做任何壞事了，不是嗎？做出這樣的事，表示公司公布出去的營業額數字根本不正確。沒有商品就代表根本沒有發生經費，也就是說營業額百分之一百是利潤。這樣的操作不只是營業額數字增加，同樣金額的獲利比率也增加了。

我認為，所謂的經營數字，是由經營者創造出來的東西。問題是，不應該是不正確的，那應該由經營者的意志「我想達到這樣的營業額」而創造出來的成果。但是，很多

經營者實際上都是用傳票作業方式，就自己的方便在操作經營數字，而且從中小企業到大型企業，都有這種粉飾的行為。絕對不可以容許物品都沒動，而只有傳票動的情況。還有，最不能容許的是粉飾結算。因此，我才會如此強調一對一對應原則的必要。要做到即使是總經理也不可以做出不正當的事。也就是說，經營者為了自制，也應該設立一對一對應的原則。再者，旁人看到之後也會說：「那家企業採行的結算非常公正。」如此一來，也可以證明企業的透明度。所以，若要提升企業經營的透明度，採行這種一對一對應的原則非常重要。

## 有無採行一對一對應，看獲利率變動就可理解

要一眼看出企業有沒有執行一對一的對應法則，是有方法的。

無論什麼企業，營業額和獲利每個月都會變動。即便營業額的變動比較無法掌握，獲利率的變動應該不會改變太大才對。如果獲利率的變動實在太大，首先的問題就是，沒有做好一對一的對應。

例如，上個月的營業額為十億日圓，獲利率為五％。這個月的營業額雖然降為八億

日圓，獲利率仍然為五％。這樣的企業顯示有做到一對一對應。

問題是，如果上個月的營業額為十億日圓，獲利率為十五％，但這個月的營業額為八億時，獲利率卻突然變成赤字，就說不通了。也就是說，從獲利率的變動，就可以知道有無做到一對一對應。

那些管理部門效率不彰的企業，大體上都無法做到一對一的對應，因此一定可以看到變動。這些企業整體上雖然有獲利，例如，從去年上半年到今年上半年整體來看雖然有獲利，但是就每個月看，卻是時好時壞，數字雜亂不齊。這樣的現象表示，經營者根本完全不知道自己的企業狀況究竟是好還是壞。

## 海外公司也要徹底執行一對一對應的會計措施

以下是相當早之前，京瓷到位於舊金山南方的矽谷的故事。當時半導體產業在矽谷方興未艾，我們的工作非常忙碌。京瓷從總公司送出兩位員工，雖然這兩位年輕的派駐海外員工都是理工科出身，卻做過業務、會計等所有的工作。

雖然想把財務交給其中一人管理，但是他並不了解美國的會計系統，為此我們特別聘請住在舊金山的日裔合格會計師，在短暫時間內幫忙照看會計方面的問題。之後我還陪同這位派駐員工到史丹佛大學的圖書館，借了最簡單的會計學書，兩人一起研究。原來美國是這樣在處理傳票的啊！一邊咕噥，一邊學習的情況，至今記憶猶新。

之後他成長了，公司也不斷擴張了。有一天我到當地出差，「總經理，我們的業績成長到這樣了。」他把資料拿給我看。問題是，仔細看才發現，某個月獲利率非常高，某個月卻出現很大的赤字。

「你不就是進口日本京瓷生產的製品，然後賣出去而已嗎？也沒什麼人事費用，其他的經費也不是很高，為什麼會出現赤字呢？」

面對我的質問，他如此回答：

「是會計師教我做的。」

我試著調查才知道，那位會計師以為理工科出身的員工可以理解，所以沒教他複式簿記，只教他單式簿記。

美國當地發出電訊給日本：「請儘早出貨！」總公司就趕緊空運到舊金山。貨品到舊金山機場時，請報關行的業者儘速通關，然後把貨物裝上貨車，立刻交貨給快捷、英特爾等客戶。他就連絡的內容看日本方面空運了多少個產品，立刻寫出貨傳票，這張出貨傳票就隨著貨物送給客戶。

問題是到那為止，雖然出貨手續完備，但是卻沒有進貨手續。通常我們是以信用狀（Letter of Credit，常用縮寫為 L/C）方式結算，經由銀行提出要求付款的信函，大概會遲十日送達。也就是說，貨物已經賣掉的時刻，還沒有完成進貨手續。

情況就是，東西賣掉以後才進貨。月底賣掉的業績全部都是獲利，但是下個月辦理進貨，就只有進貨而沒有業績，所以就變成赤字。

「這樣不就沒有做到一對一對應了嗎？根本還沒進貨卻可以出貨。沒有進貨，就等於沒有貨物，沒有貨物就不可能出貨才對。在這樣的情況下，你應該先開一張假的進貨傳票，辦理進貨手續才對。這樣做之後，就不會一個月黑字，另一個月出現赤字，金額就會吻合。」

我這樣告訴他，立刻讓他改變作業方式。

這還有後續的故事。京瓷股票上市時，我請一位監察人來幫我做監察。那位先生看我是技術人員，他想，會計對我而言一定很棘手，加上公司才成立沒多久就要上市，財務方面一定有很多問題，因此最初很猶疑要不要擔任京瓷的監察人。經過我的拜託，最後總算接受了，那位先生最早注意到的就是海外公司。

因為在國內自己眼光掃得到，所以不會做得太差，但海外一定是一團亂吧！特別是在海外公司，很多經營者都會做不必要的浪費。因此他一開始就想先去海外的當地企業做調查。沒想到，當地那位員工只是技術人員，又不是專業會計出身，卻可以正確地做到一對一對應，讓他感到非常訝異，甚至說：「真是難以置信，沒看過可以做到如此準確的公司！」從此以後便得到他很大的信任。

一對一對應不只可以防止不當的情況發生，還可以讓處理過程變得清楚、透明。我認為無論如何一定要徹底做到「人、物、錢等所有的東西變動時，都有傳票跟著走」。

## ◎貫徹雙重查核的原則

人都會犯單純的失誤，還有，有時明知不可為，卻像著了魔一樣做出不當的行為，這樣的事也可能發生。

為了防止這種失誤或不當的情況，必須由一個以上的部門或人來執行重複確認的機制。有關物品的採購，要由收貨部門與驗收部門進行檢查；公印的使用者與保管者要分開；數字的計算要經過雙重的驗算，以上是具代表性的項目。

特別是有關金錢往來或物品的管理，更要徹底執行所謂的雙重確認，建立能夠預防失誤與不當行為的機制才行。

這也是我在《稻盛和夫的實學》第五章「籍由雙重查核保護公司與員工」所說明的內容。

很早以前，有一個中小企業的財務負責人，十年之間一直違法挪用企業的資金，因為金額太大而爆發開來，媒體大肆報導。這種問題不是只有當時報導，現在也還是經常出現在報紙版面上。

例如，京瓷從還是小企業開始，幾十年都固定由一位女性負責會計，期間沒有任何不正常的現象，所以很信任她。沒想到她交了男朋友，為了取悅對方竟然供給幾千萬、幾億日圓的金錢。當然不只是女性，男人侵佔公款的事件，每年都會發生。針對這些，總經理的評論不外乎「幾十年來都一派認真地工作，所以很信任他，真是驚訝！」

再老實認真的人，如果負責金庫、掌控金錢，不知不覺就可能像著了魔般。譬如說，最初因為家裡錢不夠用，反正也沒人來查，就先借用一下，下個月領薪水再還就行。本來只是想借用，結果一直還不了，同樣的狀況周而復始。就是這樣一直累積小小的錯誤，最後演變成大事件。

只要是人，誰都會有衝動的時候，如果內心的防線被突破，當事人做出犯罪的事，難道不是管理的責任？如果能建立起讓人想使壞也做不到的機制，應該就可以讓人免於犯罪。這是我的想法。

話雖如此，但我並非基於人性本惡的理論，也就是說，我並不認為人天生是壞的，為了不讓人做壞事才設立雙重查核。雖然大家本性都是善良的，但是偶爾也會有鬼使神差，因此，不要讓他有機可乘就好，也就是說，雙重查核，是為了讓人免於犯罪。

## 公司章也要雙重查核

我最初設立的雙重查核制度，主要是針對契約用印。那時我是總經理，因此公司的遠期支票、即期支票，以及所有的契約書都需要我蓋章。但因為我是技術人員，就像前面提到的，我必須經常到製造現場去看產品，參與製造、調整機器，甚至還要到處做業務的工作。不可能一直坐在位子上蓋章。回想起來，至今為止我只有少數幾次自己用印。

那時我想讓總務與會計替我用印。但因為只要有我的印鑑章或公司章，想領多少錢都可以，萬一有人惡意使用它，就無法避免悲劇發生。但也不能因此就不信任他人，印章一直放在我這裡也會妨礙工作。所以我把製作需要用印文件的工作，與用印的工作分開，由不同的人執行。

例如由會計部經理保管印章，當有人要求「請在這份文件上蓋章」，會計部經理就必須確認文件的內容、蓋章並負起責任。但是，經理自己不可以製作文件。

同時，存放印章的盒子有鑰匙，鑰匙則交由經理以外的人保管。當經理說：「現在我得在這份文件上用印，請拿印章給我。」部屬就會再次確認文件，「是這份文件要用印嗎？」然後從金庫拿出印章的盒子，用鑰匙打開盒子取出印鑑給經理。就這樣經過兩重、三重把關，就可以防範錯誤，目的是為了預防人們犯罪。

## 單純看待事物

我們有時候會把單純的事物想得很複雜。但是，若要掌握事物的本質，事實上，必須將複雜的現象重新釐清成單純的事物才行。因為事象愈單純，就愈接近原本的面貌，也就是真理。

例如，乍見之下很複雜的經營，追根究柢，以「把營業額做到最大，把經費縮減到最小」這個單純的原則就可一語道盡。京瓷的「每小時核算利潤制度」，也是基於這種用單純的角度看待事物的思考方式。

如何以單純的角度看待複雜的東西，這樣的思考與發想非常重要。

我本身是技術人員。所謂的技術者、研究者，就是做實驗，觀察實驗中發生的現象，尋找真理的人。這也跟發現、發明相連結，但是做實驗時會產生各種複雜的現象。如果讓這些複雜的現象維持複雜，就完全無法判辨事物。數字也一樣，變數愈多、愈複雜，就愈難得到解答。

用單純的方式看待複雜的現象，也就是說，看起來雖然很複雜，但是觀察、找出導致這個現象的源頭，這種做法非常重要。

剛創立京瓷時，我對會計一竅不通，就算給我看損益表或資產負債表，然後說明「這就是獲利」，我也無法完全理解。

「資產負債表左側的資產裡，有流動資產和固定資產兩個項目。右側有資本額、留存收益等項目。左側有現金，右側有資本額和利益，是否兩邊加起來就是我們擁有的錢？」

當我這樣想的時候，會計負責人很訝異地說：

「你在說什麼？左側是借方，也就是資產；右側是貸方，也就是負債、資本。這是對照資產與負債、資本寫成的。」

「不對，這裡明明寫著資本額，為什麼資本額會跟負債並列在一起呢？這是我們公司的錢才對吧？」

「跟外行人說明這個很麻煩哪！」

「那算了。簡單地說，所謂的經營就是提高營業額，從營業額裡扣除經費，剩下的就是利潤吧！」

「的確是這樣沒錯。」

「那就別麻煩了。總之只要把營業額拉到最高，把經費縮到最小就行了。」

經過這樣的意見交換之後，至今我都是依照這項最簡單、最根本的原則從事經營。

我認為，像愛迪生等有名的技術人才或科學家，大體上都擁有可以將複雜現象變單純的直覺力與分析能力。讀理工科的人都需要擁有這些，同時我也非常重視這樣的能力。

在公司內部的會議中，也有人喜歡說「這是非常複雜的故事」，把原本複雜的事情說得更複雜，這讓人很困擾。特別是那些學識豐富的人，傾向於把單純的事說得很複雜。如果用很單純的話表達原本單純的事物，大家就可以輕鬆地聽他說話才對，故意說得很複雜，其實只是想展示自己有學問吧？但真正聰明的人，是那些可以把複雜的事物，用簡單的話說明的人。用複雜的話解說複雜的事，然後說：「反正外行人不會懂的。」會說這種話，應該是他自己也不清楚自己在講什麼。因此我一直以來都很努力，盡可能用更簡單的方式去處理問題。

## 透過添加新要素，讓複雜的現象變單純

以下是過了相當久之後，我跟數學家廣中平祐（譯註：生於一九三一年，日本數學家、日本學士院會員，一九七〇年獲得菲爾茲獎）先生交談的故事。廣中先生因為解開了誰也無法解答的數學難題，因此獲得素有數學諾貝爾之稱的菲爾茲獎。我問他到底是用什麼方法解開那個問題，他回答說：「用容易理解的話來說，就是用三次元的方法，去解二次元無法解答的問題。」

我把他的說法解釋為，用單純的思考為複雜的東西找到答案。廣中先生這麼說：

「例如，有一個在平面交叉的十字路口。那個路口沒有號誌燈，如果四個方向都有車開進路口，包括轉彎車和直行車，交通立刻就會陷入大混亂。因此我就在那裡設計了

立體交叉。從上面俯瞰，是交叉的十字路口，但是一條馬路在下面，另一條馬路就像高架橋一樣在上面。這樣就算沒有交通號誌燈，車子也可以順利通過。」

就像這樣，廣中先生把二次元的東西改成三次元，因此解決難題。也就是說，透過加入一個因素，把現象變單純了。

## 靜心就可以看到事物的精髓

那麼，要怎麼做才能讓複雜的事物看起來變簡單呢？那就是禪定，也就是讓心平靜下來。帶著混亂無序的感覺，就無法單純地看待複雜的現象。不過，保持像禪定時平靜的心情，用沉著的眼光觀察事物，就可以看出事物的真相。有句話說「打開心眼」，也就是說，這樣做就可以打開心的眼睛。

我每天都唱誦白隱禪師（譯註：又稱白隱慧鶴禪師，一六八五年～一七六八年，為日本江戶時期佛教臨濟宗著名禪師）的《坐禪和讚》經文，藉此來讓心情平靜。我認為，一天至少一次，讓自己的心平靜下來，沉著地思考事物，是非常重要的事。反應快、頭腦聰明又有能力的人，在全力經營下，或許一時之間確實可以讓公司的業績成長，但是這種成長也很脆弱，有一天一定會遭遇挫折，然後一蹶不振。因此，慎重且單純地處理事物，採行直搗核心的經營是必要的。

無論在企業界、經濟界或政治的世界，我想，能夠成為領導者的人，都是先天就具有化複雜為簡單的能力。不具備這種能力的人，我認為根本無法成為領導者。

《京瓷哲學》全書到此結束。衷心期待讀者能夠反覆閱讀本書，將內容活用在每天的工作與企業經營當中。

國家圖書館出版品預行編目（CIP）資料

稻盛和夫　京瓷哲學（暢銷紀念版）：穩健經營的哲學與實踐／稻盛和夫著；陳柏誠、陳惠莉、呂美女譯. -- 第二版. -- 臺北市：天下雜誌股份有限公司，2025.3
504 面；14.8×21 公分. --（天下財經；536）
譯自：京セラフィロソフィ
ISBN 978-986-398-984-4（平裝）

1. CST：企業經營　2. CST：職場成功法

494　113003608

天下財經 536

# 稻盛和夫　京瓷哲學（暢銷紀念版）

## 穩健經營的哲學與實踐

京セラフィロソフィ

作　　者／稻盛和夫 Kazuo Inamori
譯　　者／陳柏誠、陳惠莉、呂美女
封面設計／Dinner Illustration
內文排版／顏麟驊
責任編輯／劉宗德、賀鈺婷、張齊方
校　　對／鮑秀珍、呂美女
日文校對／劉珈盈、林宜佳

天下雜誌群創辦人／殷允芃
天下雜誌董事長／吳迎春
出版部總編輯／吳韻儀
專書總編輯／莊舒淇（Sheree Chuang）
出版者／天下雜誌股份有限公司
地　　址／台北市 104 南京東路二段 139 號 11 樓
讀者服務／（02）2662-0332　傳真／（02）2662-6048
天下雜誌 GROUP 網址／ http://www.cw.com.tw
劃撥帳號／ 01895001 天下雜誌股份有限公司
法律顧問／台英國際商務法律事務所・羅明通律師
印刷製版／中原造像股份有限公司
總 經 銷／大和圖書有限公司　電話／（02）8990-2588
出版日期／ 2025 年 3 月 5 日第二版第一次印行
定　　價／ 550 元



書號：BCCF0536P
ISBN：978-986-398-984-4（平裝）